"十四五"职业教育国家规划教材

职业教育国家在线精品课程配套教材

高等数学

（上册）

（第三版）

主 编　骈俊生　黄国建　蔡鸣晶
副主编　缪 蕙　崔 进
　　　　郭 萍　胥继珍
编 者　张忠毅　白洁静　王 卉
　　　　王 罡　冯 晨　吴玉琴
　　　　张育蔺

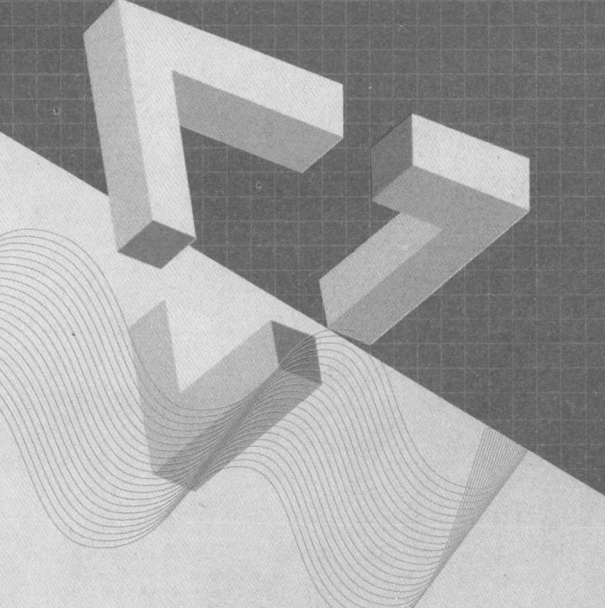

中国教育出版传媒集团

高等教育出版社·北京

内容提要

本教材第二版曾获首届全国教材建设奖全国优秀教材二等奖,是"十三五""十四五"职业教育国家规划教材,职业教育国家在线精品课程配套教材。

本教材在深入研究高职数学课程未来发展方向、吸收近年来高职数学课程教学改革成果和成功经验、改进课程内容设置、优化校本课程标准的基础上,深度融入数学文化及数学思想方法,凝练了数学核心素养。教材融入党的二十大精神,注重展现数学与科技创新的关联,体现时代特征。教材注重立德树人、德技并修,充分发挥数学学习在形成世界观、人生观、价值观等方面的独特作用。

本教材遵循学生认知规律,以"学用数学"为主线进行内容编排,突出数学技术与专业技能融合,精选素材,版面灵动,契合高职学生学习特点。

本教材分上、下两册。上册内容包括:函数的极限与连续、导数与微分、导数的应用、不定积分、定积分及其应用。下册内容包括:常微分方程、向量代数与空间解析几何、多元函数微分学、多元函数积分学、无穷级数。

本教材是新形态一体化教材,书中二维码链接了微课程,学生可以随扫随学。本教材已配套建设了职业教育国家在线精品课程"高等数学(一元微积分)"和江苏省精品在线开放课程"高等数学(微积分进阶)",可在"爱课程·中国大学 MOOC"或"智慧职教"平台进行线上学习。本教材配套 PPT 课件、试题库等数字化资源,具体获取方式请见书后"郑重声明"页的资源服务提示。

编写团队围绕本教材延伸编写了系列配套教材,有供课后练习用的《高等数学练习册》,有供复习提高用的《高等数学辅导教程》,有少学时版的《高等数学》(精要版),还有使用本教材之后可能会进一步学习的《线性代数与概率统计》(通用类)等,能满足高职大部分专业的数学课程学习所需。

本教材既可作为高等职业教育专科、本科,成人高校和应用型本科各专业高等数学课程教材,也可作为工程技术人员的参考书。

图书在版编目(CIP)数据

高等数学.上册/骈俊生,黄国建,蔡鸣晶主编
. ——3版.——北京:高等教育出版社,2022.9(2024.5重印)
ISBN 978-7-04-059093-7

Ⅰ.①高… Ⅱ.①骈…②黄…③蔡… Ⅲ.①高等数学 Ⅳ.①O13

中国版本图书馆 CIP 数据核字(2022)第131349号

GAODENG SHUXUE

| 策划编辑 | 马玉珍 | 责任编辑 | 马玉珍 | 封面设计 | 马天驰 | 版式设计 | 徐艳妮 |
| 责任绘图 | 黄云燕 | 责任校对 | 窦丽娜 | 责任印制 | 刘思涵 | | |

出版发行	高等教育出版社	网 址	http://www.hep.edu.cn
社 址	北京市西城区德外大街4号		http://www.hep.com.cn
邮政编码	100120	网上订购	http://www.hepmall.com.cn
印 刷	高教社(天津)印务有限公司		http://www.hepmall.com
开 本	787mm×1092mm 1/16		http://www.hepmall.cn
印 张	15	版 次	2012年8月第1版
字 数	460千字		2022年9月第3版
购书热线	010-58581118	印 次	2024年5月第6次印刷
咨询电话	400-810-0598	定 价	39.80元

本书如有缺页、倒页、脱页等质量问题,请到所购图书销售部门联系调换
版权所有 侵权必究
物 料 号 59093-A0

"智慧职教"服务指南

"智慧职教"(www.icve.com.cn)是由高等教育出版社建设和运营的职业教育数字教学资源共建共享平台和在线课程教学服务平台,与教材配套课程相关的部分包括资源库平台、职教云平台和 App 等。用户通过平台注册,登录即可使用该平台。

- 资源库平台:为学习者提供本教材配套课程及资源的浏览服务。

登录"智慧职教"平台,在首页搜索框中搜索"高等数学(一元微积分)",找到对应作者主持的课程,加入课程参加学习,即可浏览课程资源。

- 职教云平台:帮助任课教师对本教材配套课程进行引用、修改,再发布为个性化课程(SPOC)。

1. 登录职教云平台,在首页单击"新增课程"按钮,根据提示设置要构建的个性化课程的基本信息。

2. 进入课程编辑页面设置教学班级后,在"教学管理"的"教学设计"中"导入"教材配套课程,可根据教学需要进行修改,再发布为个性化课程。

- App:帮助任课教师和学生基于新构建的个性化课程开展线上线下混合式、智能化教与学。

1. 在应用市场搜索"智慧职教 icve"App,下载安装。

2. 登录 App,任课教师指导学生加入个性化课程,并利用 App 提供的各类功能,开展课前、课中、课后的教学互动,构建智慧课堂。

"智慧职教"使用帮助及常见问题解答请访问 help.icve.com.cn。

第三版前言

《高等数学》(上、下册)出版已有十年。教材第二版曾获首届全国教材建设奖全国优秀教材二等奖,是"十三五""十四五"职业教育国家规划教材,也是职业教育国家在线精品课程配套教材。十年来,教材从第一版到第二版,影响力日渐提升,辐射面不断扩大,得到了全国各地越来越多师生的欢迎和信赖。本教材首创的融入数学思想方法等育人元素的鲜明特色,在人才培养实践中发挥了重要作用,受到了广泛赞扬和肯定。

数学是高技术和现代产业体系的重要支撑,在推进新型工业化,加快建设制造强国、质量强国、航天强国、交通强国、网络强国、数字中国中发挥着重要作用,优秀数学教材对培养数字经济时代高素质技术技能人才意义重大。因此,本次教材修订我们做了大量的前期调研工作,认真学习我国高职教育的相关政策文件,深入研究高职数学课程未来发展方向,总结了近年来高职数学课程改革成果,吸收了多种较为成熟的数学教学改革成功经验,改进课程内容设置,优化校本课程标准,为教材修订做了充分的准备工作。

第三版教材融入党的二十大精神,注重展现数学与科技创新的关联,体现时代特征。第三版教材继承了前两版已经形成的优良基因,更加注重落实立德树人根本任务,深入挖掘数学课程德技并修的育人价值,以充分发挥数学学习在形成世界观、人生观、价值观等方面的独特作用。第三版教材与前两版的关系不仅是继承和完善,更是深化、优化、发扬和升华。第三版教材的主要特色有:

一、深度融入数学文化与思想方法,凝练数学核心素养,注重立德树人

数学不仅是运算和推理的工具,也是表达和交流的语言,更承载了独特的思想和文化,是人类文明的重要组成部分,具有对学生进行思维训练和能力培养等素质教育功能。教材除了将主要育人目标在每一章开头的学习目标中特别列出,还通过核心概念和理论的背景介绍,让学生感悟知识的起源与发展过程,用数学与科学研究成果以及数学家和数学史趣事开阔学生视野,激发学习兴趣与好奇心,增加教材可读性。教材对各章蕴含的重要数学思想方法单独成节,讲解思想方法的历史形成与凝练过程及其典型应用,并结合教材内容适时地以"小点睛"栏目点拨各知识点所蕴含的数学思想方法等数学文化元素,发挥数学学科独特的育人价值与功能,培养学生辩证唯物主义思维能力与正确的世界观、人生观、价值观,提升学生的思维品质和科学精神,激发学生的学习动力与民族自豪感,发挥教材素质教育功能,落实立德树人根本任务。

二、突出数学技术与专业技能融合,以"学用数学"为主线进行内容编排

在知识点展开脉络上,教材以问题驱动理念设计,按照"学用数学"的主线编排,每章都按照"案例→概念理论→计算→应用→思想方法→数学实验→知识拓展"的逻辑顺序组织完整的教学单元。从专业或生活案例出发，引导学生抽象出本章要解决的一个典型数学问题，通过学习解决该问题需要掌握的数学知识和运算技能，提高学生数学建模和逻辑推理能力，从而解决案例中的数学问题，达到预定的学习目标。

三、遵循学生认知规律，精选素材，版面灵动，契合高职学生学习特点

为满足不同学校及不同基础学生的需求，教材内容的取舍都是建立在精心调查研究基础上的。教材以"学习目标"提示每章学习任务；"小贴士"栏目对重要内容进行补充说明或对知识点和解题方法进行归纳整理；"请思考"栏目激发学生深化知识能力；"小点睛"栏目点拨数学知识中蕴含的数学思想方法；除了核心知识点，每一章的"知识拓展"版块是对相关知识的补充和提升，可以供学有余力或有进一步学习兴趣的学生学习提升；"本章小结"版块将该章主要知识点及典型例题进行归纳，帮助学生自学与复习；每章节所配备的习题及复习题按照难易程度递进编排，以使学生根据各自具体情况进行课后自学、复习、巩固和提高；数学实验中的 MATLAB 软件及其应用，帮助学生学会借助计算机软件完成复杂运算、图形绘制等人工相对困难的工作，培养学生运用计算机解决数学问题的能力。

教材在版面编排方面注意突出重点，以更好地传递信息，增加趣味性和易读性，契合高职学生的认知规律和学习特点，吸引学生注意力，提高学习效率。

四、一体化设计，配套建设了职业教育国家在线精品课程等优质数字化教学资源

精心打造与教材一体化设计的数字化教学资源，形成了职业教育国家在线精品课程等与教材互联互通的新形态一体化优质教学资源。教材通过二维码与我们开发的优质数字化教学资源相联通，可以随扫随学，习题答案也可扫描二维码查看。学生可在"爱课程·中国大学 MOOC"和"智慧职教"平台上进行线上学习。教材为线上线下混合式教学创造了条件，有效拓展了教与学的时空。

另外，针对数学课程独特的解题练习需求，我们还在"爱习题评测系统"建设了与教材配套的数字化习题资源库，提供丰富的习题资源，设定出题组卷等功能，以供广大师生按需选择使用。

五、延拓编写了系列化配套教材，以满足高职各专业数学课程需求

为进一步扩充教材功用，我们围绕本教材编写了系列配套教材，满足高职各类专业数学课程学习所需。其中，有为课后练习配套的《高等数学练习册》，有供复习提高使用的《高等数学辅导教程》，有适合较少学时使用的《高等数学》（精要版），还有使用本教材之后可能会进一步学习的《线性代数与概率统计》（通用类）等。

本次修订由骈俊生教授主持。在大量调查研究和广泛征询教材使用学校师生、专家、相关编辑等的宝贵意见的基础上，骈俊生教授领衔的编写团队完成了此次修订工作。在此，我们对热情关心和指导教材修订的领导、专家、同行和编辑致以最诚挚的感谢！敬请专家、同行和广大读者继续关心支持本教材建设，为进一步提升教材质量提出宝贵意见！

编　者
2022 年 11 月

第二版前言

《高等数学》(上、下册)出版至今已经六年了。本教材首创的直接渗透数学思想方法的特色,凸显了其在学生培养方面的重要功用,得到了本专科各类院校的极大关注和赞扬,全国选用本教材的院校越来越多。

随着时代的进步,我国高等教育也在突飞猛进地发展,高职教育的内外环境有了一定的变化,信息化教学技术逐渐成熟,作为高素质技术技能型人才培养的重要公共基础课程,高等数学教材也必须与时俱进,适应信息化时代高职学生的认知特点和学习需求,这是本次教材修订的重要出发点。

自第一版教材问世以来,编者一直在持续不断地进行着高职数学的教学研究和教改实践。在相关课题研究的基础上,我们集中力量进行了数学课程信息化教学资源的系统建设,近年来率先建成了"高等数学"等若干门高职数学系列在线开放课程,分别在"智慧职教"和"爱课程·中国大学MOOC"等平台上线开课,受到了高等院校师生的热烈欢迎,有的课程首次开课就吸引了数万人注册学习,充分体现了信息化教学的优势,促进了混合式教学在高职数学教学中的运用,对高职数学课程教学质量提升起到了重要的推动作用。

数学课程除了使学生学到数学知识,还具有对学生进行思维训练和能力培养等素质教育功能。第一版教材的编写已经充分注意到了这些方面,因而教材美誉度很高。本次修订考虑到近年来生源等客观因素的变化,为了更好地贯彻因材施教原则,编者以高素质技术技能型人才成长和未来发展需求为本,对原教材中相应教学内容进行了合理筛选和调整优化。围绕突出数学技术应用、满足专业技能培养需求、连通信息化教学资源、融入数学文化和素质教育,并结合高职学生的学习特点,精心设计、组织和安排每一个教学内容,着力打造优质精品教材,以更好地实现高等数学的课程功能,为学生参加专业技能学习和未来可持续发展打牢基础。

因此,我们在保持并发扬第一版教材优良基因的基础上,主要作了以下方面的修订:

(1) 突出数学技术与专业技能的融合。新版教材在知识点展开脉络上,突破传统数学教学模式,探索与专业技能融合的案例式数学教学解决方案,契合了高职教学特点。修订后的教材以"学用数学"的主线贯穿编排内容体系,每章内容都按照"案例→概念理论→计算→应用→思想方法→数学实验→知识拓展"的逻辑顺序组织为一个完整的教学单元。如"多元函数积分学"学习单元内容依次为:案例引入、二重积分的概念与性质、二重积分的计算、二重积分的应用、变量替换法、数学实验、知识拓展等。

（2）增加了数学实验。教材融入了计算机软件技术，教会学生用 MATLAB 进行复杂运算、图形绘制等，将人工相对困难的工作交给计算机完成，培养学生运用计算机解决数学问题的能力。

（3）打破传统数学教材常规，设置灵动栏目，高效引导学生学习。每章开头添加了"学习目标"，给即将进行的学习以适当提示；适时设置"小贴士"栏目，对重要内容进行补充说明，或进行归纳提要；增加了"请思考"栏目，引导学生深入思考；通过"小点睛"栏目，点拨学生注意体会此处所用到的数学思想方法。这些改变使得教材编排更加合理，重点突出，增加了趣味性和易读性，符合新时代大学生学习特点，能够有效吸引学生学习注意力，提高学习效率。

（4）知识拓展、本章小结、习题、复习题等内容也做了相应优化调整。

（5）进一步发挥信息化教学优势，依托编者信息化资源建设团队精心打造的优质信息化教学资源，对教材进行更全面优化的新形态一体化建设，重要知识点旁添加了二维码，连通新形态一体化教材与线上学习资源，学生通过扫一扫教材中的二维码可以随时随地学习相应内容及获取习题答案，有效拓宽了学生的学习时空。

本教材分上、下两册。上册内容包括函数的极限与连续、导数与微分、导数的应用、不定积分、定积分及其应用。下册内容包括常微分方程、向量代数与空间解析几何、多元函数微分学、多元函数积分学、无穷级数。

本教材由南京信息职业技术学院骈俊生教授领衔的教学团队编写。与教材配套的有在"智慧职教""爱课程·中国大学 MOOC"等平台上线的在线课程，还配套出版了《高等数学辅导教程》及《高等数学练习册》，以供课程教学选用。

教材在编写过程中，得到了多位领导和专家的热情关心和指导，高等教育出版社的相关领导和编辑为本书的编写出版倾注了大量心血，对此，作者一并致以最诚挚的感谢！

编　者
2018 年 6 月

第一版前言

高等职业教育肩负着培养高端技能型人才的光荣使命。高等数学作为一门重要的基础课程,除了具有基础工具的作用外,还具有对学生进行思维训练和能力培养等素质教育的功能。学习高等数学有利于学生智力、学习能力与创新能力的提高,有利于学生职业生涯的可持续发展。我们在认真研究了高职人才培养目标、高职学生学习特点和国内外优秀教材编写经验的基础上,结合多年来高职高等数学教学与改革经验,编写了本教材。

本书在编写过程中力求贯彻以下原则:

1. 渗透数学思想,提升数学素养。教材中每章都选择了主要涉及的典型数学思想方法,作为单独一节内容编入。通过对数学思想方法的学习,训练学生的思维方法,提高学生的思维能力,发挥数学对学生职业能力和职业素养形成的重要支撑和明显促进作用,使学生终身受益。

2. 注重简洁直观,突出实际应用。结合高职的教学特点,教材在保持高等数学学科基本体系的前提下,力求通俗化叙述抽象的数学概念,简化理论证明,强化直观说明和几何解释。

3. 丰富题材内容,增强可读性。在介绍数学思想方法的同时,还介绍一些相关的数学史以及数学思想方法在日常生活中的应用,力求内容生动有趣。

4. 融入数学建模,突出数学应用。在微分方程的简单应用中,通过实例,运用数学建模思想培养学生的数学应用意识。

5. 通过小结和拓展,满足多层次需求。应高职学生的数学基础差异及分层次教学的需要,教材每章都有本章小结和知识拓展。本章小结将该章主要知识点及典型例题进行归纳,帮助学生自学及复习。知识拓展是对相关知识的补充和提升,供学有余力或有进一步学习兴趣的学生阅读学习。

6. 配备复习题,培养自学能力。教材针对每章基本知识配备了复习题供学生练习,并在书后附有答案。学生在课后可以高效地对该章知识进行自学、复习、巩固和提高。

本书分上、下两册。上册内容有:函数的极限与连续、导数与微分、导数的应用、不定积分、定积分及其应用。下册内容有:常微分方程、向量代数与空间解析几何、多元函数微分学、多元函数积分学、无穷级数。

本教材由骈俊生主编,参与编写的其他人员有:吴玉琴、缪蕙、冯晨、张育蔺、王罡、廖芳芳、蔡鸣晶、杨和稳、黄国建。教材的策划、立意、框架结构及最后统稿由骈俊生教授完成。

  教材在编写过程中,得到了各级领导和专家的热情关心和指导,南京信息职业技术学院领导给予编写工作大力支持,高等教育出版社的相关领导、编辑也为本书的顺利出版倾心工作,在此一并表示衷心的感谢!

  由于编者水平和编写时间所限,书中错误和不足之处在所难免,敬请专家、同行和广大读者批评指正,以便今后修订完善。

编 者

2012 年 7 月

目 录

第一章 函数的极限与连续 …… 1

第一节 函数及其性质 ………… 2
一、函数的概念 ……………… 2
二、函数的性质 ……………… 5
三、初等函数 ………………… 6
四、分段函数 ………………… 7
习题 1.1 …………………… 8

第二节 极限 …………………… 9
一、极限的概念 ……………… 9
二、无穷小与无穷大 ………… 13
三、极限的四则运算法则 …… 15
四、两个重要极限 …………… 17
五、无穷小阶的比较 ………… 21
习题 1.2 …………………… 23

第三节 函数的连续性 ………… 24
一、函数的连续性 …………… 25
二、初等函数的连续性 ……… 27
三、函数的间断点 …………… 29
四、闭区间上连续函数的性质 … 30
习题 1.3 …………………… 32

第四节 数学思想方法选讲——极限思想 ……………… 33
一、极限的思想方法 ………… 33
二、极限思想的应用 ………… 36

第五节 数学实验(一)——MATLAB 软件入门、MATLAB 作图与极限计算 ……………… 39
一、MATLAB 软件入门 ……… 39
二、MATLAB 中平面图形的作图方法 ……………… 42
三、用 MATLAB 计算函数极限 ……………………… 44

知识拓展 ……………………… 47

本章小结 ……………………… 51
一、知识小结 ……………… 51
二、典型例题 ……………… 54

复习题一 ……………………… 57

第二章 导数与微分 ………… 59

第一节 导数的概念 …………… 60
一、导数的定义 …………… 60
二、导数的几何意义 ……… 64
三、函数的可导性与连续性的关系 …………………… 64
习题 2.1 …………………… 65

第二节 导数的计算 …………… 66
一、导数公式及四则运算法则 ……………………… 66
二、复合函数的导数 ……… 70
三、隐函数与参数式函数的导数 ……………………… 73
四、高阶导数 ……………… 75
习题 2.2 …………………… 78

第三节 函数的微分 …………… 81
一、微分的概念 …………… 82
二、微分的几何意义 ……… 83
三、微分的基本公式及运算法则 ……………………… 84

四、微分在近似计算中的
　　　　应用 …………………… 86
　　习题 2.3 ……………………… 87
第四节　数学思想方法选讲——
　　　　反例证明法 …………… 88
　　一、反例证明法的实质及
　　　　应用 …………………… 88
　　二、反例的构造方法 ……… 90
第五节　数学实验（二）——
　　　　使用 MATLAB 计算
　　　　导数和微分 …………… 91
知识拓展 ………………………… 93
本章小结 ………………………… 96
　　一、知识小结 ……………… 96
　　二、典型例题 ……………… 97
复习题二 ………………………… 100

第三章　导数的应用 …………… 103

第一节　微分中值定理 ………… 104
　　一、罗尔中值定理 ………… 104
　　二、拉格朗日中值定理 …… 105
　　三、柯西中值定理 ………… 107
　　习题 3.1 …………………… 108
第二节　函数的性质 …………… 108
　　一、函数的单调性 ………… 108
　　二、函数的极值 …………… 110
　　三、函数的最值 …………… 112
　　四、曲线的凹凸性 ………… 114
　　五、函数的分析作图法 …… 116
　　习题 3.2 …………………… 118
第三节　洛必达法则 …………… 119
　　一、"$\frac{0}{0}$"型或"$\frac{\infty}{\infty}$"型
　　　　未定式的极限 ………… 119
　　二、其他类型未定式的
　　　　极限 …………………… 122
　　习题 3.3 …………………… 123
第四节　数学思想方法选讲——
　　　　特殊化与一般化 ……… 124

　　一、特殊化与一般化的
　　　　概念 …………………… 124
　　二、特殊化与一般化思想的
　　　　应用 …………………… 126
第五节　数学实验（三）——用
　　　　MATLAB 计算函数
　　　　极值和最值 …………… 128
知识拓展 ………………………… 130
本章小结 ………………………… 135
　　一、知识小结 ……………… 135
　　二、典型例题 ……………… 135
复习题三 ………………………… 136

第四章　不定积分 ……………… 139

第一节　不定积分的概念 ……… 140
　　一、原函数与不定积分 …… 140
　　二、不定积分的基本公式 … 142
　　三、不定积分的性质 ……… 143
　　习题 4.1 …………………… 145
第二节　不定积分的计算 ……… 146
　　一、换元积分法 …………… 146
　　二、分部积分法 …………… 155
　　习题 4.2 …………………… 159
第三节　数学思想方法选讲——
　　　　逆向思维 ……………… 160
　　一、逆向思维及其特点 …… 160
　　二、逆向思维应用举例 …… 161
　　三、如何培养逆向思维 …… 164
第四节　数学实验（四）——
　　　　使用 MATLAB
　　　　计算积分 ……………… 164
知识拓展 ………………………… 166
本章小结 ………………………… 169
　　一、知识小结 ……………… 169
　　二、典型例题 ……………… 170
复习题四 ………………………… 173

第五章　定积分及其应用 ……… 177

第一节　定积分及其计算 ……… 177

一、定积分的概念与性质 …… 177
二、微积分基本定理 ………… 184
三、定积分的积分法 ………… 187
四、广义积分 ………………… 190
习题 5.1 ……………………… 193

第二节 定积分在几何上的
　　　应用 ………………… 195
一、定积分的微元法 ………… 195
二、定积分求平面图形的
　　面积 ………………………… 196
三、定积分求体积 …………… 199
四、平面曲线的弧长 ………… 201
习题 5.2 ……………………… 202

第三节 定积分在物理上的应用 … 202
一、变力沿直线段做功 ……… 202
二、液体的侧压力 …………… 203
三、引力 ……………………… 204
习题 5.3 ……………………… 205

第四节 数学思想方法选讲——
　　　化归法 ……………… 205
一、化归的基本思想 ………… 205
二、化归的基本原则 ………… 207
三、化归法应用举例 ………… 208

第五节 数学实验（五）——
　　　使用 MATLAB
　　　计算积分 …………… 210
知识拓展 ……………………… 211
本章小结 ……………………… 212
一、知识小结 ………………… 213
二、典型例题 ………………… 216
复习题五 ……………………… 218

部分习题答案 …………… 221

参考文献 ………………… 222

第一章

函数的极限与连续

学习目标

- 理解函数的概念,会求函数的定义域,掌握基本初等函数的图像和性质
- 能写出复合函数的复合过程,了解初等函数的概念
- 了解函数极限的概念
- 掌握极限的四则运算法则
- 掌握两个重要极限
- 了解无穷小的比较,会用等价无穷小代换计算极限
- 理解函数连续性的概念
- 能建立简单的函数模型
- 了解 MATLAB 软件,会用 MATLAB 绘制简单的平面图形,会用 MATLAB 计算函数极限
- 理解极限思想方法,认识有限与无限、常量与变量、精确与近似、任意与确定等的对立统一关系,增强辩证思维能力

16、17世纪,新兴资本主义的工业化进程,促进了科学技术的快速发展,对运动与变化的研究逐渐成了科学研究的重要问题.在这种背景下,函数渐渐被数学家们所认知和提出,笛卡儿创立的直角坐标系也为形象地表述变量之间的变化关系提供了更加直观的方式.随着牛顿和莱布尼茨提出了微积分的概念,函数的概念和理论得以日趋完善.在我国,函数一词最早出现在清代数学家李善兰的译著中:"凡此变数中函彼变数者,则此为彼之函数."

函数是一个重要的数学概念,是微积分的研究对象.本章主要介绍函数的概念和性质、函数极限的概念和极限运算,讨论函数的连续性.高等数学的主要研究对象就是函数,函数的性质以及基本初等函数的图像和性质是学习高等数学的必备内容.极限的思想方法贯穿整个高等数学,是研究高等数学必不可少的思想方法和分析工具.利用极限可以研究函数的一个重要性质——连续性.

连续复利的案例 某人有 50 万元,想投资某基金 15 年,假设这个基金年平均利率为 8%,那么 15 年后他可以有多少钱?

本金是 50 万元,则第一年的本利和是 50(1+8%) 万元,第二年的本利和是 50(1+8%)(1+8%) 万元 = 50(1+8%)^2 万元,以此类推,第 15 年的本利和是 50(1+8%)^{15} 万元,计算结果约为 1 586 085 元.

推广一下,设 P 是本金,r 为年复利率,n 是计息年数,若每满 $\dfrac{1}{t}$ 年计息一次,如何求本利和 A 与计息年数 n 的函数模型呢?

由题意,每期的利率为 $\dfrac{r}{t}$,第一期末的本利和为 $A_1 = P + P \cdot \dfrac{r}{t} = P\left(1+\dfrac{r}{t}\right)$;把 A_1 作为本金,则第二期末的本利和为 $A_2 = A_1 + A_1 \cdot \dfrac{r}{t} = P\left(1+\dfrac{r}{t}\right)^2$;再把 A_2 作为本金,如此反复,第 n 年(第 nt 期)末的本利和为 $A = P\left(1+\dfrac{r}{t}\right)^{nt}$.

更进一步,如果计息间隔无限缩短,即连续复利,又该如何计算本金和利息总和呢? 这个金融问题不仅在连续复利中有用,而且在自然界很多地方,如物体的冷却、镭的衰变、细胞的繁殖、树木的生长等都有重要应用.

第一节 函数及其性质

一、函数的概念

(一) 区间与邻域

1. 区间

在研究函数时,常常用到区间的概念,它是数学中常用的术语和符号.

设 $a, b \in \mathbf{R}$,且 $a < b$. 我们规定:

(1) 满足不等式 $a \leqslant x \leqslant b$ 的实数 x 的集合叫作闭区间,表示为 $[a, b]$;

(2) 满足不等式 $a < x < b$ 的实数 x 的集合叫作开区间,表示为 (a, b);

(3) 满足不等式 $a \leqslant x < b$ 或 $a < x \leqslant b$ 的实数 x 的集合叫作半开区间,分别表示为 $[a, b), (a, b]$. 这里的实数 a 和 b 叫作相应区间的端点.

以上这些区间都是有限区间,数 $b-a$ 称为这些区间的长度. 此外还有无限区间,例如:$(-\infty, b) = \{x \mid x < b\}$,$[a, +\infty) = \{x \mid x \geqslant a\}$,实数集 $\mathbf{R} = (-\infty, +\infty)$ 等都是无限区间.

2. 邻域

邻域也是一个经常用到的概念. 以 x_0 为中心的任何开区间称为点 x_0 的邻域,记作 $U(x_0)$.

设 δ 为任一正数,则开区间 $(x_0 - \delta, x_0 + \delta)$ 就是点 x_0 的一个邻域,这个邻域称为**点 x_0 的 δ 邻域**,记作 $U(x_0, \delta)$,即

$$U(x_0, \delta) = \{x \mid |x - x_0| < \delta\} = (x_0 - \delta, x_0 + \delta).$$

点 x_0 称为此邻域的**中心**,δ 称为此邻域的**半径**. 有时用到的邻域需要把邻域的中

心去掉.满足不等式 $0<|x-x_0|<\delta$ 的一切 x 称为**点 x_0 的去心 δ 邻域**,记作 $\overset{\circ}{U}(x_0,\delta)$.即

$$\overset{\circ}{U}(x_0,\delta)=\{x\mid 0<|x-x_0|<\delta\}=(x_0-\delta,x_0)\cup(x_0,x_0+\delta).$$

为了方便,有时把开区间 $(x_0-\delta,x_0)$ 称为 x_0 的左 δ 邻域,把开区间 $(x_0,x_0+\delta)$ 称为 x_0 的右 δ 邻域.

(二) 函数的概念

1. 函数的定义

定义 1.1.1 设 x 和 y 是两个变量,D 是一个给定的非空数集,如果对于 D 中每个数 x,变量 y 按照对应法则 f,总有唯一确定的数值与 x 对应,则称 y 是数集 D 上的 x 的函数,记作 $y=f(x)$.数集 D 叫作这个函数的定义域,x 叫作自变量,y 叫作因变量.当 x 取遍 D 中一切数时,与 x 对应的 y 的值组成的数集

$$M=\{y\mid y=f(x),x\in D\}$$

称为函数的值域.

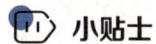

> **小贴士**
>
> 如果变量 y 按照对应法则,总有唯一确定的数值与 x 对应,这样确定的函数称为单值函数,否则称为多值函数.今后如果不特别指明,所给函数均为单值函数.

由函数的定义可知,两个函数相同的充要条件是其定义域与对应法则完全相同.如 $f(x)=\sqrt[3]{x^4-x^3}$ 与 $g(x)=x\sqrt[3]{x-1}$ 这两个函数的定义域都是 $(-\infty,+\infty)$,而且对应法则也相同,它们为相同的函数;而函数 $f(x)=x$ 与 $g(x)=\dfrac{x^2-x}{x-1}$ 定义域不同,它们是不同的函数.

函数 $y=f(x)$,当 $x=x_0\in D$ 时,对应的函数值记为 $f(x_0)$,即

$$f(x_0)=f(x)\mid_{x=x_0}.$$

> **小贴士**
>
> (1) 函数定义域的求法需要注意以下常见要求:
> ① 分式的分母不能为零;
> ② 偶次根式下被开方式必须大于或等于 0;
> ③ 对数的真数必须大于零,底数必须大于 0 且不等于 1.
> (2) 函数的本质取决于定义域及对应法则,函数与选用什么字母来表示变量是无关的.例如,$y=x^2$ 和 $s=t^2$ 表示的是同一个函数.

例 1 确定函数 $f(x)=\sqrt{3+2x-x^2}+\ln(x-2)$ 的定义域,并求 $f(3),f(t^2)$.

解 该函数的定义域应为满足不等式组 $\begin{cases}3+2x-x^2\geq 0,\\ x-2>0\end{cases}$ 的 x 值的全体.解此不等式组,得 $2<x\leq 3$.故该函数的定义域为 $D=(2,3]$.且

$$f(3)=\sqrt{3+2\times 3-3^2}+\ln(3-2)=\ln 1=0,$$

$$f(t^2) = \sqrt{3+2t^2-t^4} + \ln(t^2-2) \quad (\sqrt{2}<|t|\leqslant\sqrt{3}).$$

2. 反函数

定义 1.1.2 设有函数 $y=f(x)$,其定义域为 D,值域为 M.如果对于 M 中的每一个 y 值 $(y\in M)$,都可以从关系式 $y=f(x)$ 确定唯一的 x 值 $(x\in D)$ 与之对应,那么所确定的以 y 为自变量的函数 $x=\varphi(y)$ 叫作函数 $y=f(x)$ 的**反函数**,它的定义域为 M,值域为 D.

习惯上,函数的自变量都以 x 表示,所以函数 $y=f(x)$ 的反函数常表示为 $y=f^{-1}(x)$.函数 $y=f(x)$ 的图形与其反函数 $y=f^{-1}(x)$ 的图形关于直线 $y=x$ 对称.

例如,$y=x^2(x\geqslant 0)$ 的反函数为 $y=\sqrt{x}$,它的定义域为 $[0,+\infty)$.

> **小点睛**
>
> 反函数是一个典型的逆向思维的案例.如果给定一个 x,都有唯一的 y 与之对应,就建立函数 $y=f(x)$;反过来思考,如果给定一个 y,也存在唯一的 x 与之对应,那么也就建立了函数 $x=f^{-1}(y)$,$y=f(x)$ 与 $x=f^{-1}(y)$ 两者互为反函数.思维上的逆向,就产生了反函数这个概念.

3. 复合函数

我们先看一个例子,设有两个函数 $y=e^u$ 和 $u=\sin x$,以 $\sin x$ 代替第一式中的 u,得 $y=e^{\sin x}$.我们说,函数 $y=e^{\sin x}$ 是由 $y=e^u$ 和 $u=\sin x$ 复合而成的复合函数.

一般地,有如下定义:

定义 1.1.3 设函数 $y=f(u)$ 的定义域为 U,函数 $u=\varphi(x)$ 的定义域为 X,若 $D=\{x\in X|\varphi(x)\in U\}\neq\varnothing$,则对任意 $x\in D$,通过 $u=\varphi(x)$,变量 y 总有确定的值 $f(u)$ 与之对应,这样就得到一个以 x 为自变量、y 为因变量的函数,该函数称为 $y=f(u)$ 和 $u=\varphi(x)$ 的复合函数,记作

$$y=f[\varphi(x)],$$

D 是它的定义域,u 称为中间变量.

有时还会遇到两个以上的函数所构成的复合函数,只要它们顺次满足构成复合函数的条件即可.

> **小贴士**
>
> 所谓复合函数,实际上就是以内函数的函数值作为外函数的自变量,这种构成函数的方式,极大地丰富了函数世界.对复合函数而言,重点要掌握复合函数的分解,即弄清楚函数是由哪些简单函数复合而成的,谁是外函数,谁是内函数.这个问题跟后面的复合函数求导,以及积分学中的凑微分都密切相关.

例 2 试将下列函数复合成一个函数:

(1) $y=\sqrt{u}$ 与 $u=1-x^2$.

(2) $y=\arcsin u, u=\sqrt{v}, v=x^2-1$.

解 (1) 将 $u=1-x^2$ 代入 $y=\sqrt{u}$,即得所求的复合函数 $y=\sqrt{1-x^2}$,其定义域为 $[-1,1]$.

(2) 将中间变量依次代入: $y = \arcsin u = \arcsin \sqrt{v} = \arcsin \sqrt{x^2-1}$, 所得函数即为所求函数 $y = \arcsin \sqrt{x^2-1}$, 它的定义域为 $[-\sqrt{2}, -1] \cup [1, \sqrt{2}]$.

例 3 指出下列函数是由哪些简单函数复合而成的:

(1) $y = \cos^2 x$.

(2) $y = \sqrt{\ln(2^x - 1)}$.

解 (1) 函数 $y = \cos^2 x$ 是由 $y = u^2, u = \cos x$ 复合而成的.

(2) 函数 $y = \sqrt{\ln(2^x - 1)}$ 是由 $y = \sqrt{u}, u = \ln v, v = 2^x - 1$ 复合而成的.

二、函数的性质

(一) 奇偶性

定义 1.1.4 设函数 $y = f(x)$ 的定义域关于原点对称, 如果对于定义域中的任何 x, 都有 $f(-x) = f(x)$, 则称 $y = f(x)$ 为**偶函数**; 如果对于定义域中的任何 x, 都有 $f(-x) = -f(x)$, 则称 $y = f(x)$ 为**奇函数**. 不是偶函数也不是奇函数的函数, 称为**非奇非偶函数**.

几何特征: 奇函数的图形关于原点对称, 偶函数的图形关于 y 轴对称. 常函数 $y = 0$ 是唯一的既是奇函数又是偶函数的函数.

例 4 判断函数 $f(x) = \ln(x + \sqrt{x^2+1})$ 的奇偶性.

解 因为该函数的定义域为 $(-\infty, +\infty)$, 且有

$$f(-x) = \ln(-x + \sqrt{x^2+1})$$
$$= \ln \frac{1}{x + \sqrt{x^2+1}} = -\ln(x + \sqrt{x^2+1})$$
$$= -f(x),$$

所以 $f(x) = \ln(x + \sqrt{x^2+1})$ 是奇函数.

(二) 单调性

定义 1.1.5 设函数 $y = f(x)$, x_1 和 x_2 为区间 (a, b) 内的任意两个数.

若当 $x_1 < x_2$ 时, 有 $f(x_1) \leqslant f(x_2)$, 则称该函数在区间 (a, b) 内**单调增加**(单调递增);

若当 $x_1 < x_2$ 时, 有 $f(x_1) \geqslant f(x_2)$, 则称该函数在区间 (a, b) 内**单调减少**(单调递减).

几何特征: 单调增加函数的图形沿横轴正向上升, 单调减少函数的图形沿横轴正向下降. 例如, 函数 $y = x^2$ 在区间 $(-\infty, 0)$ 内是单调减少的; 在区间 $(0, +\infty)$ 内是单调增加的. 而函数 $y = x, y = e^x$ 在区间 $(-\infty, +\infty)$ 内都是单调增加的.

(三) 有界性

定义 1.1.6 设函数 $y = f(x)$ 在区间 I 上有定义, 若存在一个正数 M, 对任意 $x \in I$, 恒有 $|f(x)| \leqslant M$ 成立, 则称函数 $y = f(x)$ 为 I 上的**有界函数**; 如果不存在这样的正数 M, 则称函数 $y = f(x)$ 为 I 上的**无界函数**.

几何特征: 如果 $y = f(x)$ 是区间 I 上的有界函数, 那么它的图形在 I 上必介于两平行线 $y = \pm M$ 之间.

应当指出: 有的函数可能在其定义域的某一部分有界, 而在另一部分无界. 因此,

我们说一个函数是有界的或是无界的,应同时指出其自变量的相应范围.例如,$y=\tan x$ 在 $\left[-\dfrac{\pi}{4},\dfrac{\pi}{3}\right]$ 上是有界的,但在 $\left(-\dfrac{\pi}{2},\dfrac{\pi}{2}\right)$ 内是无界的.

(四)周期性

定义 1.1.7 对于函数 $y=f(x)$,如果存在一个不为零的数 L,使得对于定义域内的一切 x,有 $x+L$ 属于定义域,且等式 $f(x+L)=f(x)$ 成立,则 $y=f(x)$ 叫作**周期函数**,L 叫作这个函数的**周期**.

对于每个周期函数来说,周期有无穷多个.如果其中存在一个最小正数 a,则规定 a 为该周期函数的**最小正周期**,简称**周期**.我们通常说的某个函数的周期指的就是它的最小正周期.例如,$y=\sin x$,$y=\tan x$ 的周期分别为 2π,π.

三、初等函数

(一)基本初等函数

在初等数学中已经讲过以下几类函数:

幂函数: $y=x^\mu$ ($\mu \in \mathbf{R}$,是常数).

指数函数: $y=a^x$ ($a>0$,且 $a\neq 1$).

对数函数: $y=\log_a x$ ($a>0$,且 $a\neq 1$).

三角函数: $y=\sin x$, $y=\cos x$, $y=\tan x$, $y=\cot x$, $y=\sec x$, $y=\csc x$.

反三角函数: $y=\arcsin x$, $y=\arccos x$, $y=\arctan x$, $y=\operatorname{arccot} x$.

以上这五类函数统称为**基本初等函数**.下面我们复习一下反三角函数.

反正弦函数 $y=\arcsin x$ 的定义域为 $[-1,1]$,值域为 $\left[-\dfrac{\pi}{2},\dfrac{\pi}{2}\right]$,它在闭区间 $[-1,1]$ 上是单调增加函数(图 1.1).

反余弦函数 $y=\arccos x$ 的定义域为 $[-1,1]$,值域为 $[0,\pi]$,它在闭区间 $[-1,1]$ 上是单调减少函数(图 1.2).

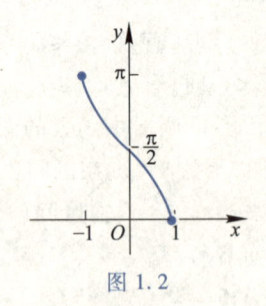

图 1.1

图 1.2

反正切函数 $y=\arctan x$ 的定义域为 $(-\infty,+\infty)$,值域为 $\left(-\dfrac{\pi}{2},\dfrac{\pi}{2}\right)$,它在区间 $(-\infty,+\infty)$ 内是单调增加函数(图 1.3).

反余切函数 $y=\operatorname{arccot} x$ 的定义域为 $(-\infty,+\infty)$,值域为 $(0,\pi)$,它在区间 $(-\infty,+\infty)$ 内是单调减少函数(图 1.4).

图 1.3

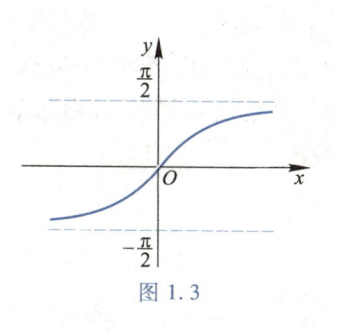

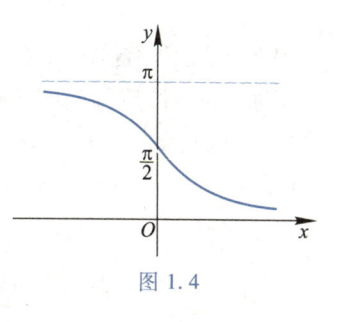

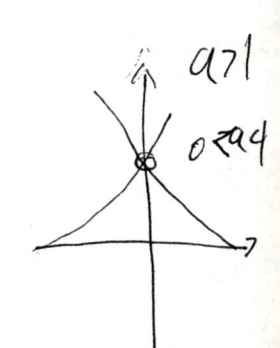

图 1.4

以上四个反三角函数都是有界函数,且都不是周期函数.

(二) 初等函数

定义 1.1.8 由常数和基本初等函数经过有限次的四则运算和有限次的函数复合步骤所构成,且可用一个式子表示的函数,称为**初等函数**. 如, $y=\arcsin e^x$, $y=(3x-1)^4$ 等.

> **请思考**
>
> 不是任何两个函数都可以复合成一个复合函数的,如 $y=\arcsin u$, $u=2+x^2$ 是不能构成复合函数的,请说明理由.

四、分段函数

有时,我们会遇到一个函数在自变量不同的取值范围内用不同的式子来表示的情形. 这样的函数称为**分段函数**. 分段函数除个别外,一般不是初等函数.

> **小贴士**
>
> 分段函数常见的有两种形式,一种是分段两侧解析式不一样的,形如 $f(x)=\begin{cases}g(x), & x>x_0, \\ h(x), & x\leq x_0;\end{cases}$ 还有一种就是分段两侧解析式是一致的,只在分段点不一样,形如 $f(x)=\begin{cases}g(x), & x\neq x_0, \\ a, & x=x_0.\end{cases}$ 后面可以看出,这两种分段函数在计算分段点极限、导数等时,处理办法是不一样的.

例5 设 $f(x)=\begin{cases}1, & x>0, \\ 0, & x=0, \\ -1, & x<0,\end{cases}$ 求其定义域、值域及 $f(-2)$, $f(0)$ 和 $f(2)$.

解 定义域 $D=\mathbf{R}$;值域 $M=\{-1,0,1\}$;

由定义可得 $f(-2)=-1$, $f(0)=0$, $f(2)=1$. 这里的 $f(x)$ 又称为**符号函数**,记为 sgn x(图 1.5).

例6 设 $y=f(x)=\begin{cases}\dfrac{\sin x}{x}, & x\neq 0, \\ 1, & x=0,\end{cases}$ 求 $f(1)$, $f(0)$.

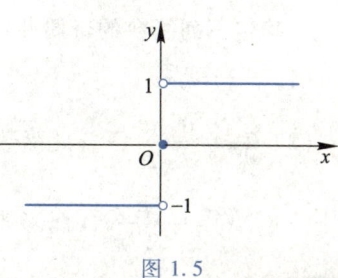

图 1.5

解 由定义可得 $f(1) = \dfrac{\sin 1}{1} = \sin 1, f(0) = 1.$

例7 设列车从甲站起动，以 0.5 km/min^2 的匀加速度前进，经过 2 min 后，开始匀速行驶，再经过 7 min 以后，以 0.5 km/min^2 的匀减速到达乙站停车。试将列车在这段时间内行驶的路程 $s(\text{km})$ 表示为时间 $t(\text{min})$ 的函数。

解 由题意：

$$0 \leq t \leq 2 \text{ 时}, s = \dfrac{1}{2} \times 0.5 t^2 = \dfrac{1}{4} t^2;$$

$$2 < t \leq 9 \text{ 时}, s = 1 + 1 \times (t-2) = t - 1;$$

$$9 < t \leq 11 \text{ 时}, s = 8 + (t-9) - \dfrac{1}{2} \times 0.5 \times (t-9)^2 = -\dfrac{t^2}{4} + \dfrac{11}{2} t - \dfrac{85}{4}.$$

即所求的函数关系式为

$$s(t) = \begin{cases} \dfrac{1}{4} t^2, & 0 \leq t \leq 2, \\ t-1, & 2 < t \leq 9, \\ -\dfrac{t^2}{4} + \dfrac{11}{2} t - \dfrac{85}{4}, & 9 < t \leq 11. \end{cases}$$

⭐ 小点睛

建立现实问题的函数模型，是数学模型方法中最基本的一种。数学模型是分析处理问题的科学方法，是针对现实世界的某一特定对象，为了一个特定的目的，根据特有的内在规律，做出必要的简化和假设，运用适当的数学工具，采用形式化语言，近似表述出来的一种数学结构。借助数学模型分析，能解释研究对象的现实性态，或预测研究对象的未来趋势，或提供最优决策或控制。一般会经历问题分析、假设与简化、建立数学模型、求解数学模型、检验结果并解释现实问题等几个步骤。

习题 1.1

1. 求下列函数的定义域：

(1) $y = \sqrt{2 - |x|}.$ (2) $y = \ln(\ln x).$

(3) $y = \begin{cases} -x, & -1 \leq x \leq 0, \\ \sqrt{3-x}, & 0 < x < 2. \end{cases}$ (4) $y = f(\ln x)$，其中 $f(u)$ 的定义域为 $(0,1)$。

2. 确定下列函数的奇偶性：

(1) $f(x) = \sqrt{x}.$

(2) $f(x) = \dfrac{e^x - e^{-x}}{2}$ （此函数称为双曲正弦，常记为 $\operatorname{sh} x$）。

(3) $f(x) = \dfrac{e^x + e^{-x}}{2}$ （此函数称为双曲余弦，常记为 $\operatorname{ch} x$）。

3. 设 $f(x) = \arctan x$，求 $f(0), f(-1), f(x^2 - 1).$

4. 设 $f(\sin x) = 2 - \cos 2x$,求 $f(x)$ 及 $f(\cos x)$.

5. 指出下列函数的复合过程：

(1) $y = \cos x^2$.　　　　　　　　(2) $y = \ln(\sin^5 x)$.

(3) $y = \sin^3(2x+5)$.　　　　　(4) $y = e^{\sin 3x}$.

(5) $y = 2^{\ln(x^3+2)}$.　　　　　　(6) $y = \ln(\arctan\sqrt{1+x^2})$.

*6. 求函数 $y = \dfrac{e^x - e^{-x}}{2}$ 的反函数.

*7. 讨论函数 $f(x) = \dfrac{e^x - e^{-x}}{e^x + e^{-x}}$ 的性质.

第二节　极　限

极限是高等数学的重要概念,是研究函数关系的重要手段,是微积分学的灵魂.掌握极限概念及其思想方法将为学习导数、微分、积分等打下良好基础.

我国春秋战国时期的道家代表人物庄子在《庄子·天下篇》中所述的"一尺之棰,日取其半,万世不竭",体现了我国古代思想家对无穷和极限的思考与认识.魏晋时期的数学家刘徽在其《九章算术注》中记述了割圆术,"割之弥细,所失弥少,割之又割,以至于不可割,则与圆周合体而无所失矣".他利用割圆术证明了圆的面积公式,给出了近似计算圆周率 π 的方法,将 π 计算到了 3.141 6.南北朝时期的数学家祖冲之按照刘徽割圆术的思想,进一步研究并且得出了 π 位于 3.141 592 6 和 3.141 592 7 之间的论断,这个结果直到一千多年后才被进一步改进.这些研究成果充分彰显了我国历代劳动人民的聪明才智和中华民族对世界文明做出的杰出贡献.

一、极限的概念

（一）数列极限

1. 数列

自变量为正整数的函数 $u_n = f(n)$ $(n = 1, 2, \cdots)$,其函数值按自变量 n 由小到大排列成一列数 $u_1, u_2, u_3, \cdots, u_n, \cdots$,称为数列,将其简记为 $\{u_n\}$,其中 u_n 称为数列 $\{u_n\}$ 的通项或一般项.

2. 数列的极限

观察数列 $\left\{\dfrac{1}{2^n}\right\}$: $\dfrac{1}{2}, \dfrac{1}{2^2}, \dfrac{1}{2^3}, \cdots, \dfrac{1}{2^n}, \cdots$,当 n 无限增大时,通项 u_n 无限接近于常数 0.

定义 1.2.1　对于数列 $\{u_n\}$,如果当 n 无限增大时,通项 u_n 无限接近于某个确定的常数 A,则称数列 $\{u_n\}$ 极限存在,并称 A 为数列 $\{u_n\}$ 的极限,或称数列 $\{u_n\}$ 收敛于 A,记为 $\lim\limits_{n \to \infty} u_n = A$ 或 $u_n \to A(n \to \infty)$;若数列 $\{u_n\}$ 没有极限,则称该数列发散.

例 1 观察下列数列的变化趋势,若极限存在,求出其极限:

(1) $u_n = \dfrac{1}{n}$.   (2) $u_n = 2 - \dfrac{1}{n^2}$.   (3) $u_n = (-1)^n \dfrac{1}{3^n}$.

(4) $u_n = -3$.   (5) $u_n = (-1)^n$.

解 观察数列在 $n \to \infty$ 时的变化趋势,得

(1) $\lim\limits_{n \to \infty} \dfrac{1}{n} = 0$.   (2) $\lim\limits_{n \to \infty} \left(2 - \dfrac{1}{n^2}\right) = 2$.   (3) $\lim\limits_{n \to \infty} (-1)^n \dfrac{1}{3^n} = 0$.

(4) $\lim\limits_{n \to \infty} (-3) = -3$.   (5) $\lim\limits_{n \to \infty} (-1)^n$ 不存在.

> **小贴士**
>
> 由数列极限的定义可知,极限存在时,其值唯一,即若 $\lim\limits_{x \to x_0} f(x) = A$, $\lim\limits_{x \to x_0} f(x) = B$,则 $A = B$.

如果数列 $\{u_n\}$ 对于每一个正整数 n,都有 $u_n \leq u_{n+1}$,则称数列 $\{u_n\}$ 为**单调递增数列**;类似地,如果数列 $\{u_n\}$ 对于每一个正整数 n,都有 $u_n \geq u_{n+1}$,则称数列 $\{u_n\}$ 为**单调递减数列**. 单调递增或单调递减数列统称为**单调数列**. 如果对于数列 $\{u_n\}$,存在一个正的常数 M,使得对于每一项 u_n,都有 $|u_n| \leq M$,则称数列 $\{u_n\}$ 为**有界数列**. 数列 $\{u_n\} = \left\{2 - \dfrac{1}{n^2}\right\}$ 为单调递增数列,且有上界;数列 $\{u_n\} = \left\{\dfrac{1}{n}\right\}$ 为单调递减数列,且有下界. 一般地,我们有

定理 1.2.1(单调有界准则) 单调有界数列必有极限.

证明从略.

(二) 函数的极限

函数极限概念研究的是在自变量的某一变化过程中函数的变化趋势. 我们将就函数在两种不同变化过程中的变化趋势问题分别加以讨论:

(1) 当自变量 x 的绝对值 $|x|$ 无限增大(记为 $x \to \infty$)时,函数 $f(x)$ 的极限.

(2) 当自变量 x 无限接近于有限值 x_0,即趋向于 x_0(记为 $x \to x_0$)时,函数 $f(x)$ 的极限.

1. $x \to \infty$ 时函数 $f(x)$ 的极限

函数的自变量 $x \to \infty$ 是指 x 的绝对值无限增大,它包含以下两种情况:

(1) x 取正值,无限增大,记作 $x \to +\infty$.

(2) x 取负值,它的绝对值无限增大(即 x 无限减小),记作 $x \to -\infty$.

定义 1.2.2 设函数 $f(x)$ 当 $|x|$ 大于某一正数时有定义,如果当 $x \to \infty$ 时,函数 $f(x)$ 无限地趋近于一个确定的常数 A,则称 A 为函数 $f(x)$ 当 $x \to \infty$ 时的极限,记作 $\lim\limits_{x \to \infty} f(x) = A$.

定义 1.2.3 设函数 $f(x)$ 当 x 大于某一正数时有定义,如果当 $x \to +\infty$ 时,函数 $f(x)$ 无限地趋近于一个确定的常数 A,则称 A 为函数 $f(x)$ 当 $x \to +\infty$ 时的极限,记作 $\lim\limits_{x \to +\infty} f(x) = A$.

定义 1.2.4 设函数 $f(x)$ 当 x 小于某一负数时有定义,如果当 $x \to -\infty$ 时,函数 $f(x)$ 无

限地趋近于一个确定的常数 A,则称 A 为**函数 $f(x)$ 当 $x \to -\infty$ 时的极限**,记作 $\lim\limits_{x \to -\infty} f(x) = A$.

定理 1.2.2 $\lim\limits_{x \to \infty} f(x)$ 存在的**充要条件**是 $\lim\limits_{x \to -\infty} f(x)$ 和 $\lim\limits_{x \to +\infty} f(x)$ 都存在且相等,即

$$\lim_{x \to \infty} f(x) = A \Longleftrightarrow \lim_{x \to -\infty} f(x) = \lim_{x \to +\infty} f(x) = A.$$

例 2 讨论函数 $y = \dfrac{1}{x}$ 当 $x \to \infty$ 时的极限.

解 如图 1.6,考察函数图像,显然有

$$\lim_{x \to +\infty} \frac{1}{x} = 0, \quad \lim_{x \to -\infty} \frac{1}{x} = 0.$$

因此 $\lim\limits_{x \to \infty} \dfrac{1}{x} = 0$.

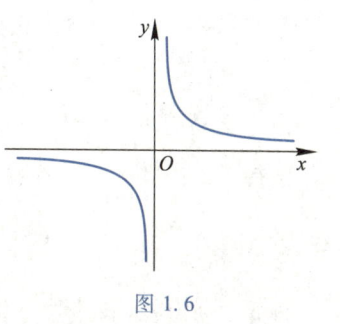

例 3 讨论函数 $y = \arctan x$ 和 $y = \text{arccot}\, x$ 当 $x \to \infty$ 时的极限.

解 由图 1.3 所示,有

$$\lim_{x \to -\infty} \arctan x = -\frac{\pi}{2}, \quad \lim_{x \to +\infty} \arctan x = \frac{\pi}{2},$$

于是 $\lim\limits_{x \to \infty} \arctan x$ 不存在.

由图 1.4 所示,有

$$\lim_{x \to -\infty} \text{arccot}\, x = \pi, \quad \lim_{x \to +\infty} \text{arccot}\, x = 0,$$

于是 $\lim\limits_{x \to \infty} \text{arccot}\, x$ 不存在.

图 1.6

2. $x \to x_0$ 时函数 $f(x)$ 的极限

记号 $x \to x_0$ 表示 x 无限趋近于 x_0,包括 x 从小于 x_0 的方向和 x 从大于 x_0 的方向趋近于 x_0 两种情况:

(1) $x \to x_0^-$ 表示 x 从小于 x_0 的方向趋近于 x_0.

(2) $x \to x_0^+$ 表示 x 从大于 x_0 的方向趋近于 x_0.

定义 1.2.5 设函数 $f(x)$ 在 x_0 的某一去心邻域 $\mathring{U}(x_0, \delta)$ 内有定义,当自变量 x 在 $\mathring{U}(x_0, \delta)$ 内无限趋近于 x_0 时,相应的函数值无限趋近于常数 A,则称 A 为**函数 $f(x)$ 当 $x \to x_0$ 时的极限**,记作 $\lim\limits_{x \to x_0} f(x) = A$ 或 $f(x) \to A\,(x \to x_0)$.

观察图 1.7 及图 1.8,由定义 1.2.5 可得

$$\lim_{x \to 1}(x+1) = 2, \quad \lim_{x \to 1}\frac{x^2-1}{x-1} = 2.$$

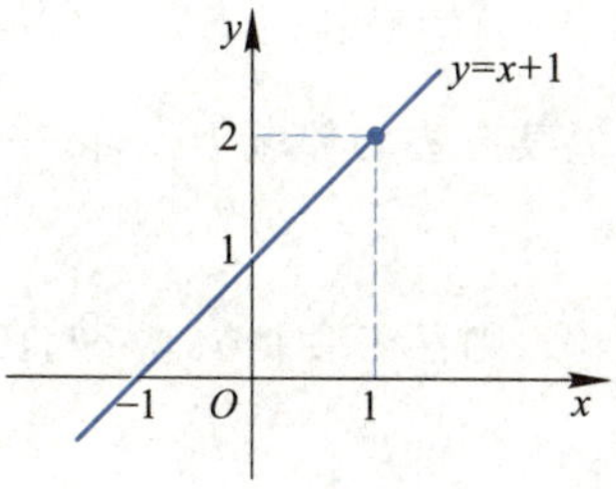

函数的极限(二)

图 1.7 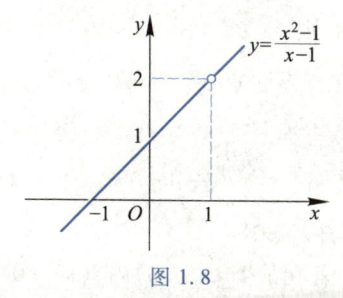　　　　图 1.8

定义 1.2.6 设函数 $f(x)$ 在 x_0 的某一左邻域 $(x_0-\delta, x_0)$ 内有定义,如果当 $x \to x_0^-$ 时,函数 $f(x)$ 无限地趋近于一个确定的常数 A,则称 A 为函数 $f(x)$ 当 $x \to x_0$ **时的左极限**,记作
$$\lim_{x \to x_0^-} f(x) = A \quad \text{或} \quad f(x_0^-) = A.$$

定义 1.2.7 设函数 $f(x)$ 在 x_0 的某一右邻域 $(x_0, x_0+\delta)$ 内有定义,如果当 $x \to x_0^+$ 时,函数 $f(x)$ 无限地趋近于一个确定的常数 A,则称 A 为函数 $f(x)$ 当 $x \to x_0$ **时的右极限**,记作
$$\lim_{x \to x_0^+} f(x) = A \quad \text{或} \quad f(x_0^+) = A.$$

> **请思考**
> 极限 $\lim\limits_{x \to x_0} f(x)$ 是否存在与函数 $f(x)$ 在点 x_0 的定义没有关系,为什么?

由定义易得 $\lim\limits_{x \to x_0} C = C, \lim\limits_{x \to x_0} x = x_0$.

定理 1.2.3 $\lim\limits_{x \to x_0} f(x)$ 存在的**充要条件**是 $\lim\limits_{x \to x_0^-} f(x)$ 和 $\lim\limits_{x \to x_0^+} f(x)$ 都存在且相等,即
$$\lim_{x \to x_0} f(x) = A \Longleftrightarrow \lim_{x \to x_0^-} f(x) = \lim_{x \to x_0^+} f(x) = A.$$

例 4 已知 $f(x) = \begin{cases} 2x-1, & x \leq 1, \\ x, & x > 1, \end{cases}$ 求 $\lim\limits_{x \to 1} f(x)$.

解 因为 $\lim\limits_{x \to 1^-} f(x) = \lim\limits_{x \to 1^-} (2x-1) = 1, \lim\limits_{x \to 1^+} f(x) = \lim\limits_{x \to 1^+} x = 1$,即
$$\lim_{x \to 1^-} f(x) = \lim_{x \to 1^+} f(x) = 1,$$
所以 $\lim\limits_{x \to 1} f(x) = 1$.

> **小贴士**
> 对形如 $f(x) = \begin{cases} g(x), & x > x_0, \\ h(x), & x \leq x_0 \end{cases}$ 的分段函数,在分段点两侧函数的解析式不一样,分段点两侧函数值的变化趋势一般是不一样的,所以求分段点处的极限必须先计算单侧极限,当且仅当分段点两侧单侧极限都存在且相等时,在分段点处的极限才存在.

(三) 极限的性质

以上讨论了函数极限的各种情形,它们都是在自变量的某一变化过程中,相应的函数值无限逼近某个常数.因此它们具有一系列共性,下面以 $x \to x_0$ 为例给出常用的函数极限(x_0 称为极限点)的性质.

> **请思考**
> 形如 $f(x) = \begin{cases} g(x), & x \neq x_0, \\ a, & x = x_0 \end{cases}$ 的分段函数,求 x_0 处极限时,一般可以不通过单侧极限来讨论,为什么?

性质 1(唯一性) 若 $\lim\limits_{x \to x_0} f(x) = A$, $\lim\limits_{x \to x_0} f(x) = B$,则 $A = B$.

性质 2(有界性) 若 $\lim\limits_{x \to x_0} f(x) = A$,则存在 x_0 的某一去心邻域 $\overset{\circ}{U}(x_0, \delta)$,在 $\overset{\circ}{U}(x_0, \delta)$ 内函数 $f(x)$ 有界.

性质 3(保号性) 若 $\lim\limits_{x \to x_0} f(x) = A$ 且 $A > 0$(或 $A < 0$),则存在某个 $\overset{\circ}{U}(x_0, \delta)$,在 $\overset{\circ}{U}(x_0, \delta)$ 内 $f(x) > 0$(或 $f(x) < 0$).

推论 若在某个 $\overset{\circ}{U}(x_0, \delta)$ 内 $f(x) \geq 0$(或 $f(x) \leq 0$),且 $\lim\limits_{x \to x_0} f(x) = A$,则 $A \geq 0$(或 $A \leq 0$).

性质 4(夹逼准则)　若 $x \in \overset{\circ}{U}(x_0, r)$ 时,$g(x) \leq f(x) \leq h(x)$,且 $\lim\limits_{x \to x_0} g(x) = \lim\limits_{x \to x_0} h(x) = A$,则 $\lim\limits_{x \to x_0} f(x)$ 存在,且等于 A.

以上性质可用函数极限的几何解释来帮助理解.对于其他类型的函数极限(包括数列极限),有类似的性质.需要说明的是,极限 $\lim\limits_{x \to \infty} f(x) = A$ 的有界性、保号性等是指存在 $X > 0$,在 $\{x \mid |x| > X\}$ 的范围内有这些性质.

二、无穷小与无穷大

(一) 无穷小的定义

定义 1.2.8　设函数 $f(x)$ 在 x_0 的某一去心邻域内有定义(或 $|x|$ 大于某一正数时有定义),如果函数 $f(x)$ 当 $x \to x_0$ (或 $x \to \infty$) 时的极限为零,则称函数 $f(x)$ 为当 $x \to x_0$ (或 $x \to \infty$) 时的**无穷小量**,简称**无穷小**.

特别地,若数列 $\{x_n\}$ 的极限为零,则通项 x_n 称为 $n \to \infty$ 时的无穷小.

> **小贴士**
>
> 无穷小是极限为 0 的变量.要注意的是,不要把绝对值很小的非零常数误认为是无穷小;常数 0 是唯一可作为无穷小的常数.

例如,因为 $\lim\limits_{x \to 1} \ln x = 0$,故 $f(x) = \ln x$ 是当 $x \to 1$ 时的无穷小;因为 $\lim\limits_{x \to \infty} \dfrac{1}{x} = 0$,故 $f(x) = \dfrac{1}{x}$ 是当 $x \to \infty$ 时的无穷小.

例 5　指出自变量 x 在怎样的变化过程中,下列函数为无穷小:

(1) $y = \dfrac{1}{x-1}$.　　(2) $y = 2x - 1$.　　(3) $y = 2^x$.　　(4) $y = \left(\dfrac{1}{4}\right)^x$.

解　(1) 因为 $\lim\limits_{x \to \infty} \dfrac{1}{x-1} = 0$,所以当 $x \to \infty$ 时,$\dfrac{1}{x-1}$ 为无穷小.

(2) 因为 $\lim\limits_{x \to \frac{1}{2}} (2x - 1) = 0$,所以当 $x \to \dfrac{1}{2}$ 时,$2x - 1$ 为无穷小.

(3) 因为 $\lim\limits_{x \to -\infty} 2^x = 0$,所以当 $x \to -\infty$ 时,2^x 为无穷小.

(4) 因为 $\lim\limits_{x \to +\infty} \left(\dfrac{1}{4}\right)^x = 0$,所以当 $x \to +\infty$ 时,$\left(\dfrac{1}{4}\right)^x$ 为无穷小.

(二) 极限与无穷小之间的关系

设 $\lim\limits_{x \to x_0} f(x) = A$,则 $x \to x_0$ 时,函数值 $f(x)$ 无限接近于常数 A,也即 $f(x) - A$ 无限接近于常数零,即 $\lim\limits_{x \to x_0} [f(x) - A] = 0$,也就是说 $x \to x_0$ 时,$f(x) - A$ 为无穷小.若记 $\alpha(x) = f(x) - A$,则有 $f(x) = A + \alpha(x)$,于是有

定理 1.2.4　$\lim\limits_{x \to x_0} f(x) = A$ 的**充要条件**是 $f(x) = A + \alpha(x)$,其中 $\alpha(x)$ 是 $x \to x_0$ 时的无

穷小,即
$$\lim_{x\to x_0}f(x)=A \Longleftrightarrow f(x)=A+\alpha(x) \text{且} \lim_{x\to x_0}\alpha(x)=0.$$

注意:自变量 x 的变化过程换成其他任何一种情形($x\to x_0^+, x\to x_0^-, x\to +\infty, x\to -\infty, x\to \infty$)后上式仍然成立.

例6 当 $x\to\infty$ 时,将函数 $f(x)=\dfrac{x+1}{x}$ 写成其极限值与一个无穷小之和的形式.

解 因为 $\lim\limits_{x\to\infty}f(x)=\lim\limits_{x\to\infty}\dfrac{x+1}{x}=\lim\limits_{x\to\infty}\left(1+\dfrac{1}{x}\right)=1$,而 $f(x)=\dfrac{x+1}{x}=1+\dfrac{1}{x}$ 中的 $\dfrac{1}{x}$ 为 $x\to\infty$ 时的无穷小,所以 $f(x)=1+\dfrac{1}{x}$ 为所求极限值与一个无穷小之和的形式.

(三) 无穷小的运算性质

定理 1.2.5 有限个无穷小的和是无穷小.

定理 1.2.6 无穷小与有界函数的积是无穷小.

推论 1 常数与无穷小的积是无穷小.

推论 2 有限个无穷小的积是无穷小.

> **? 请思考**
> 无限个无穷小之和不一定是无穷小.请举例说明.

> **小贴士**
> 两个无穷小之商未必是无穷小,如 $x\to 0$ 时,x 与 $2x$ 皆为无穷小,但由 $\lim\limits_{x\to 0}\dfrac{2x}{x}=2$ 知,当 $x\to 0$ 时,$\dfrac{2x}{x}$ 不是无穷小.事实上,这是我们后面要讨论的未定式.

例7 求下列函数的极限:

(1) $\lim\limits_{x\to 0}x\sin\dfrac{1}{x}$.　　(2) $\lim\limits_{x\to\infty}\dfrac{\arctan x}{x}$.

解 (1) 因为 $\lim\limits_{x\to 0}x=0$,所以 x 为 $x\to 0$ 时的无穷小,又因为 $\left|\sin\dfrac{1}{x}\right|\leqslant 1$,即 $\sin\dfrac{1}{x}$ 为有界函数,所以 $x\sin\dfrac{1}{x}$ 仍为 $x\to 0$ 时的无穷小,即
$$\lim_{x\to 0}x\sin\dfrac{1}{x}=0.$$

(2) 因为 $\lim\limits_{x\to\infty}\dfrac{1}{x}=0$,所以 $\dfrac{1}{x}$ 为 $x\to\infty$ 时的无穷小,又因为 $|\arctan x|<\dfrac{\pi}{2}$,即 $\arctan x$ 为有界函数,所以 $\dfrac{1}{x}\arctan x$ 仍为 $x\to\infty$ 时的无穷小,即
$$\lim_{x\to\infty}\dfrac{\arctan x}{x}=0.$$

(四) 无穷大的定义

定义 1.2.9 设函数 $f(x)$ 在 x_0 的某一去心邻域有定义,在自变量 x 的某个变化过

程中,若相应的函数值的绝对值$|f(x)|$无限增大,则称$f(x)$为该自变量变化过程中的**无穷大量**,简称**无穷大**;如果相应的函数值$f(x)$(或$-f(x)$)无限增大,则称$f(x)$为该自变量变化过程中的**正(或负)无穷大**.

如果函数$f(x)$是$x\to x_0$时的无穷大,记作$\lim\limits_{x\to x_0}f(x)=\infty$.

如果函数$f(x)$是$x\to x_0$时的正无穷大,记作$\lim\limits_{x\to x_0}f(x)=+\infty$.

如果函数$f(x)$是$x\to x_0$时的负无穷大,记作$\lim\limits_{x\to x_0}f(x)=-\infty$.

> **小贴士**
>
> 1. 无穷大是极限不存在的一种情形,这里借用极限的记号,并不表示极限存在. 极限存在是指函数值能无限逼近一个常数.
> 2. 不要把绝对值很大的常数看成无穷大.
> 3. 正确区分无穷小与负无穷大.

(五)无穷大与无穷小的关系

定理 1.2.7 在自变量的变化过程中,无穷大的倒数是无穷小,恒不为零的无穷小的倒数为无穷大.

例 8 指出自变量在怎样的变化过程中,下列函数为无穷大:

(1) $y=\dfrac{1}{x-1}$.　　(2) $y=2x-1$.　　(3) $y=\ln x$.　　(4) $y=2^x$.

解 (1) 因为$\lim\limits_{x\to 1}(x-1)=0$,所以$\dfrac{1}{x-1}$为$x\to 1$时的无穷大.

(2) 因为$\lim\limits_{x\to\infty}\dfrac{1}{2x-1}=0$,所以$2x-1$为$x\to\infty$时的无穷大.

(3) 因为$\lim\limits_{x\to 0^+}\ln x=-\infty$,$\lim\limits_{x\to+\infty}\ln x=+\infty$,所以,$x\to 0^+$及$x\to+\infty$时,$\ln x$都是无穷大.

(4) 因为$\lim\limits_{x\to+\infty}\dfrac{1}{2^x}=0$,所以$2^x$为$x\to+\infty$时的无穷大.

三、极限的四则运算法则

定理 1.2.8 如果$\lim f(x)=A,\lim g(x)=B$,那么

$$\lim[f(x)\pm g(x)]=\lim f(x)\pm\lim g(x)=A\pm B,$$

$$\lim[f(x)\cdot g(x)]=\lim f(x)\cdot\lim g(x)=A\cdot B,$$

$$\lim\dfrac{f(x)}{g(x)}=\dfrac{\lim f(x)}{\lim g(x)}=\dfrac{A}{B}(B\neq 0).$$

特别指出,本书中凡不标明自变量变化过程的极限号$\lim$,均表示变化过程适用于$x\to x_0,x\to\infty$等所有情形.

推论 1 常数可以提到极限号前面,即如果$\lim f(x)=A$,那么

$$\lim[Cf(x)]=C\lim f(x)=CA\quad(C\text{ 为常数})$$

推论2 如果 $\lim f(x) = A$，而 n 为正整数，那么
$$\lim [f(x)]^n = [\lim f(x)]^n = A^n.$$

证明从略.

例9 计算 $\lim\limits_{x \to 2}(x^2 + 2x - 3)$.

解
$$\lim\limits_{x \to 2}(x^2 + 2x - 3) = \lim\limits_{x \to 2} x^2 + \lim\limits_{x \to 2} 2x - \lim\limits_{x \to 2} 3$$
$$= (\lim\limits_{x \to 2} x)^2 + 2 \cdot \lim\limits_{x \to 2} x - 3 = 2^2 + 2 \times 2 - 3 = 5.$$

例10 计算 $\lim\limits_{x \to 1} \dfrac{x^2 - 2x + 5}{x^2 + 6}$.

解 因为 $\lim\limits_{x \to 1}(x^2 + 6) = 7 \neq 0$，所以
$$\lim\limits_{x \to 1} \frac{x^2 - 2x + 5}{x^2 + 6} = \frac{\lim\limits_{x \to 1}(x^2 - 2x + 5)}{\lim\limits_{x \to 1}(x^2 + 6)} = \frac{4}{7}.$$

例11 计算 $\lim\limits_{x \to 2} \dfrac{x^2 - 3x + 2}{x^2 - x - 2}$.

解 因为 $x \to 2$ 时，分子、分母的极限均为 0，且它们都有趋向于 0 的公因子 $x-2$，而当 $x \to 2$ 时，$x - 2 \neq 0$，所以可以约去这个公因子，故
$$\lim\limits_{x \to 2} \frac{x^2 - 3x + 2}{x^2 - x - 2} = \lim\limits_{x \to 2} \frac{(x-1)(x-2)}{(x+1)(x-2)} = \lim\limits_{x \to 2} \frac{x-1}{x+1} = \frac{1}{3}.$$

例12 计算 $\lim\limits_{x \to \infty} \dfrac{2x^2 + x - 3}{3x^2 - x + 2}$.

解 这是 $\dfrac{\infty}{\infty}$ 形式，可用分子、分母中 x 的最高次幂除之，然后再求极限.
$$\lim\limits_{x \to \infty} \frac{2x^2 + x - 3}{3x^2 - x + 2} = \lim\limits_{x \to \infty} \frac{2 + \dfrac{1}{x} - \dfrac{3}{x^2}}{3 - \dfrac{1}{x} + \dfrac{2}{x^2}} = \frac{2}{3}.$$

> **小贴士**
>
> 一般地，有如下规律：当 $a_0 \neq 0, b_0 \neq 0, m$ 和 n 为非负整数时，有
> $$\lim\limits_{x \to \infty} \frac{a_0 x^m + a_1 x^{m-1} + \cdots + a_m}{b_0 x^n + b_1 x^{n-1} + \cdots + b_n} = \begin{cases} 0, & \text{当 } n > m \text{ 时}, \\ \dfrac{a_0}{b_0}, & \text{当 } n = m \text{ 时}, \\ \infty, & \text{当 } n < m \text{ 时}. \end{cases}$$

例13 求下列极限：

（1）$\lim\limits_{x \to 1}\left(\dfrac{3}{1-x^3} - \dfrac{1}{1-x}\right)$. （2）$\lim\limits_{x \to 0} \dfrac{\sqrt{1+x} - 1}{x}$. （3）$\lim\limits_{x \to +\infty} \dfrac{x \cos x}{\sqrt{1+x^3}}$.

解 （1）这是 $\infty - \infty$ 形式，可以先通分，再求极限．

$$\lim_{x\to 1}\left(\frac{3}{1-x^3} - \frac{1}{1-x}\right) = \lim_{x\to 1}\frac{3-(1+x+x^2)}{(1-x)(1+x+x^2)}$$

$$= \lim_{x\to 1}\frac{(2+x)(1-x)}{(1-x)(1+x+x^2)} = \lim_{x\to 1}\frac{2+x}{1+x+x^2} = 1.$$

（2）这是 $\frac{0}{0}$ 形式，分母极限为 0，不能直接用商的极限运算法则，这时可先对分子有理化，然后再求极限．

$$\lim_{x\to 0}\frac{\sqrt{1+x}-1}{x} = \lim_{x\to 0}\frac{(\sqrt{1+x}-1)(\sqrt{1+x}+1)}{x(\sqrt{1+x}+1)}$$

$$= \lim_{x\to 0}\frac{x}{x(\sqrt{1+x}+1)} = \lim_{x\to 0}\frac{1}{\sqrt{1+x}+1} = \frac{1}{2}.$$

（3）$x \to +\infty$ 时，$x\cos x$ 极限不存在，也不能直接用商的极限运算法则．但 $\cos x$ 为有界函数（因为 $|\cos x| \leq 1$），又

$$\lim_{x\to +\infty}\frac{x}{\sqrt{1+x^3}} = \lim_{x\to +\infty}\frac{x}{x\sqrt{\frac{1}{x^2}+x}} = 0,$$

根据无穷小与有界函数的积仍是无穷小的性质，得

$$\lim_{x\to +\infty}\frac{x\cos x}{\sqrt{1+x^3}} = \lim_{x\to +\infty}\left(\frac{x}{\sqrt{1+x^3}}\cos x\right) = 0.$$

小贴士

1. 运用极限四则运算法则时，必须注意只有各极限存在（除式时还要求分母极限不为零）时才能适用．

2. 如果所求极限呈现 $\frac{\infty}{\infty}$，$\infty - \infty$，$\frac{0}{0}$ 等形式，不能直接用极限的四则运算法则，必须先对原式进行恒等变形（约分、通分、有理化、变量代换等），然后求极限．

3. 可利用无穷小的运算性质求极限．

四、两个重要极限

（一） $\lim\limits_{x\to 0}\dfrac{\sin x}{x} = 1$

函数 $\dfrac{\sin x}{x}$ 的定义域为 $x \neq 0$ 的全体实数，当 $x \to 0$ 时，我们列出数值表（表 1.1），观察其变化趋势．

表 1.1

x（弧度）	± 1.00	± 0.100	± 0.010	± 0.001	…
$\dfrac{\sin x}{x}$	0.841 470 98	0.998 334 17	0.999 983 34	0.999 999 84	…

由表 1.1 可知,当 $x \to 0$ 时, $\frac{\sin x}{x} \to 1$,根据极限的定义有 $\lim\limits_{x \to 0} \frac{\sin x}{x} = 1$,称之为第一个重要极限.

证明见本章知识拓展.

> **小贴士**
>
> 如果所求极限表达式中含三角函数,且为 $\frac{0}{0}$ 型,可考虑用第一个重要极限来计算.

例 14 计算 $\lim\limits_{x \to 0} \frac{\tan x}{x}$.

解 $\lim\limits_{x \to 0} \frac{\tan x}{x} = \lim\limits_{x \to 0} \left(\frac{\sin x}{x} \cdot \frac{1}{\cos x} \right) = \lim\limits_{x \to 0} \frac{\sin x}{x} \cdot \lim\limits_{x \to 0} \frac{1}{\cos x} = 1 \times 1 = 1.$

例 15 计算 $\lim\limits_{x \to 0} \frac{\sin 3x}{2x}$.

解 $\lim\limits_{x \to 0} \frac{\sin 3x}{2x} = \frac{3}{2} \lim\limits_{x \to 0} \frac{\sin 3x}{3x} = \frac{3}{2} \times 1 = \frac{3}{2}.$

例 16 计算 $\lim\limits_{x \to 0} \frac{1 - \cos x}{x^2}$.

解 $\lim\limits_{x \to 0} \frac{1 - \cos x}{x^2} = \lim\limits_{x \to 0} \frac{2 \sin^2 \frac{x}{2}}{x^2} = \frac{1}{2} \left(\lim\limits_{\frac{x}{2} \to 0} \frac{\sin \frac{x}{2}}{\frac{x}{2}} \right)^2 = \frac{1}{2}.$

例 17 计算 $\lim\limits_{x \to 0} \frac{\tan x - \sin x}{x^3}$.

解 $\lim\limits_{x \to 0} \frac{\tan x - \sin x}{x^3} = \lim\limits_{x \to 0} \frac{\tan x (1 - \cos x)}{x^3} = \lim\limits_{x \to 0} \left(\frac{\tan x}{x} \cdot \frac{1 - \cos x}{x^2} \right)$

$= \lim\limits_{x \to 0} \frac{\tan x}{x} \cdot \lim\limits_{x \to 0} \frac{1 - \cos x}{x^2} = 1 \times \frac{1}{2} = \frac{1}{2}.$

(二) $\lim\limits_{x \to \infty} \left(1 + \frac{1}{x} \right)^x = e$

这个极限是一种新的类型,极限的四则运算法则对它似乎无效.列出表 1.2 以探求 $x \to +\infty$ 时,函数 $\left(1 + \frac{1}{x} \right)^x$ 的变化趋势(表 1.2 中的数值除 $x = 1$ 外,都是近似值).

> **? 请思考**
>
> $\lim\limits_{x \to \infty} \frac{\sin 3x}{2x} = ?$ 可以用第一个重要极限来求吗? $\lim\limits_{x \to 1} \frac{\sin 3x}{2x} = ?$

第二个重要极限

表 1.2

x	1	2	10	1 000	10 000	100 000	1 000 000	⋯
$\left(1+\frac{1}{x}\right)^x$	2	2.25	2.594	2.717	2.718 1	2.718 27	2.718 28	⋯

从表 1.2 可以看出,当 x 取正值并无限增大时,$\left(1+\dfrac{1}{x}\right)^x$ 是逐渐增大的,但是不论 x 如何大,$\left(1+\dfrac{1}{x}\right)^x$ 的值总不会超过 3.由极限存在准则,可以证明,当 $x\to+\infty$ 时,$\left(1+\dfrac{1}{x}\right)^x$ 趋向于一个确定的数 2.718 281 828⋯.这个数是一个无理数,记为 e,即自然对数的底.

同样当 $x\to-\infty$ 时,函数 $\left(1+\dfrac{1}{x}\right)^x$ 有类似的变化趋势,只是它是从大于 e 的方向逐渐减小而趋向于 e.

合之,得到第二个重要极限:

$$\lim_{x\to\infty}\left(1+\dfrac{1}{x}\right)^x=e.$$

若令 $\dfrac{1}{x}=t$,则 $x\to\infty$ 时,$t\to 0$,代入后得到这个重要极限的变形形式

$$\lim_{t\to 0}(1+t)^{\frac{1}{t}}=e.$$

> **小贴士**
>
> 如果所求极限表达式中含幂指函数,且为 1^∞ 型不定式,可以考虑用第二个重要极限来计算.

例 18 计算 $\lim\limits_{x\to 0}(1-x)^{\frac{1}{x}}$.

解 $\lim\limits_{x\to 0}(1-x)^{\frac{1}{x}}=\lim\limits_{x\to 0}\left[(1-x)^{-\frac{1}{x}}\right]^{-1}=e^{-1}=\dfrac{1}{e}$.

例 19 计算 $\lim\limits_{x\to 0}(1+3x)^{\frac{1}{x}}$.

解 $\lim\limits_{x\to 0}(1+3x)^{\frac{1}{x}}=\lim\limits_{x\to 0}\left[(1+3x)^{\frac{1}{3x}}\right]^3=\left[\lim\limits_{x\to 0}(1+3x)^{\frac{1}{3x}}\right]^3=e^3$.

例 20 计算 $\lim\limits_{x\to 0}\dfrac{\ln(1+x)}{x}$.

解 令 $(1+x)^{\frac{1}{x}}=u$,$x\to 0$ 时,$u\to e$.

$$\lim_{x\to 0}\dfrac{\ln(1+x)}{x}=\lim_{x\to 0}\ln(1+x)^{\frac{1}{x}}=\lim_{u\to e}\ln u=1.$$

例 21 计算 $\lim\limits_{x\to 0}\dfrac{e^x-1}{x}$.

解 令 $e^x-1=u$,则 $x=\ln(1+u)$,且 $x\to 0$ 时,$u\to 0$.所以

$$\lim_{x\to 0}\dfrac{e^x-1}{x}=\lim_{u\to 0}\dfrac{u}{\ln(1+u)}=\dfrac{1}{\lim\limits_{u\to 0}\dfrac{\ln(1+u)}{u}}=1.$$

例22 计算 $\lim\limits_{x\to\infty}\left(\dfrac{3-x}{2-x}\right)^x$.

解
$$\lim_{x\to\infty}\left(\frac{3-x}{2-x}\right)^x = \lim_{x\to\infty}\left(\frac{x-3}{x-2}\right)^x = \lim_{x\to\infty}\left(1-\frac{1}{x-2}\right)^x$$
$$= \lim_{x\to\infty}\left[\left(1-\frac{1}{x-2}\right)^{x-2}\cdot\left(1-\frac{1}{x-2}\right)^2\right]$$
$$= \lim_{x\to\infty}\left(1-\frac{1}{x-2}\right)^{x-2}\cdot \lim_{x\to\infty}\left(1-\frac{1}{x-2}\right)^2 = \frac{1}{e}\cdot 1 = \frac{1}{e}.$$

或另解为
$$\lim_{x\to\infty}\left(\frac{3-x}{2-x}\right)^x = \lim_{x\to\infty}\left(\frac{x-3}{x-2}\right)^x$$
$$= \lim_{x\to\infty}\frac{\left(1-\dfrac{3}{x}\right)^x}{\left(1-\dfrac{2}{x}\right)^x} = \frac{\lim\limits_{x\to\infty}\left(1-\dfrac{3}{x}\right)^{\frac{x}{3}\cdot 3}}{\lim\limits_{x\to\infty}\left(1-\dfrac{2}{x}\right)^{\frac{x}{2}\cdot 2}} = \frac{e^{-3}}{e^{-2}} = \frac{1}{e}.$$

⭐ **小点睛**

在用第一个或第二个重要极限计算时,总会用到整体变量代换的方法.公式中的 x 可以是任何你想代换的表达式,只要满足公式的要求就可以.如果 $\lim \varphi(x) = 0$,且 $\varphi(x) \neq 0$,则 $\lim\limits_{\varphi(x)\to 0}\dfrac{\sin \varphi(x)}{\varphi(x)} = 1$,$\lim\limits_{\varphi(x)\to 0}(1+\varphi(x))^{\frac{1}{\varphi(x)}} = e$;若 $\lim \varphi(x) = \infty$,则 $\lim\limits_{\varphi(x)\to\infty}\left(1+\dfrac{1}{\varphi(x)}\right)^{\varphi(x)} = e$.

连续复利的案例进一步讨论

回到本章开始的连续复利的案例,设 P 是本金,r 为年复利率,n 是计息年数,若每满 $\dfrac{1}{t}$ 年计息一次,本利和 A 与计息年数 n 的函数模型为:第 n 年(第 nt 期)末的本利和为 $A = P\left(1+\dfrac{r}{t}\right)^{nt}$.

更进一步,如果计息间隔 $\dfrac{1}{t}$ 无限缩短,即按连续复利计息,又该如何计算本金和利息总和呢?通过本节极限的知识,我们知道,按连续复利计息时,本金与利息总和为

$$A = \lim_{t\to\infty} P\left(1+\frac{r}{t}\right)^{nt} = P\lim_{t\to\infty}\left[\left(1+\frac{r}{t}\right)^{\frac{t}{r}}\right]^{nr} = Pe^{nr}.$$

例23 为推动信息系统升级改造,某企业 2022 年 5 月 20 日贷款 200 万元以构建技术研发平台,以复利计息,年利率 4%,2031 年 5 月 20 日到期一次还本付息,试确定贷款到期时的还款总额.

(1) 若一年计息 2 期.

(2) 若按连续复利计息.

解 (1) $A_0 = 200, r = 0.04, n = 9, t = 2$. 2031 年 5 月 20 日到期一次还本付息的还款总额为

$$A_9 = 200\left(1+\frac{0.04}{2}\right)^{9\times 2} \approx 200 \times 1.428\ 246 = 285.649(万元).$$

(2) $A_0 = 200, r = 0.04, n = 9$. 由连续复利公式, 2031 年 5 月 20 日到期一次还本付息的还款总额为

$$A_9 = 200e^{0.04\times 9} \approx 200 \times 1.433\ 329 = 286.666(万元).$$

已知现在值 A_0, 确定未来值 A_n, 这是**复利问题**. 与之相反的问题则是已知未来值 A_n, 求现在值 A_0, 这种问题称为**贴现问题**, 这时, 利率 r 称为贴现率.

由复利公式易推得, 若以一年为一期贴现, 贴现公式为

$$A_0 = A_n(1+r)^{-n}.$$

若一年分 t 期贴现, 由复利公式可得, 贴现公式为

$$A_0 = A_n\left(1+\frac{r}{t}\right)^{-nt}. \tag{1}$$

以上两个公式是按离散情况计算的贴现公式. 由连续复利公式可得, 连续贴现公式为

$$A_0 = A_n e^{-nr}. \tag{2}$$

例 24 设年利率为 6%, 现投资多少元, 第 10 年末可得 120 000 元?

(1) 按离散情况计息, 每年计息 4 期;

(2) 按连续复利计息.

解 (1) 用公式(1), 其中 $A_n = 120\ 000, t = 4, r = 0.06, n = 10$. 于是

$$A_0 = 120\ 000\left(1+\frac{0.06}{4}\right)^{-4\times 10} = \frac{120\ 000}{(1+0.015)^{4\times 10}} \approx \frac{120\ 000}{1.814\ 02} \approx 66\ 151.4(元).$$

(2) 用公式(2), 其中 $A_n = 120\ 000, r = 0.06, n = 10$. 于是

$$A_0 = 120\ 000 e^{-0.06\times 10} = \frac{120\ 000}{e^{0.06\times 10}} \approx \frac{120\ 000}{1.822\ 12} \approx 65\ 857.4(元).$$

五、无穷小阶的比较

我们已经知道, 自变量同一变化过程中的两个无穷小的代数和及乘积仍然是这个变化过程中的无穷小, 但是两个无穷小的商却会出现不同的结果. 如 $x \to 0$ 时, x^2 及 $\sin 3x$ 都是无穷小, 而 $\lim_{x \to 0}\frac{x^2}{x} = 0, \lim_{x \to 0}\frac{x}{x^2} = \infty, \lim_{x \to 0}\frac{\sin 3x}{x} = 3$, 它们反映了不同的无穷小趋于零的"快慢"程度是不一样的, 对这类情况, 我们用**无穷小的阶**的概念来衡量无穷小趋于零的速度快慢.

定义 1.2.10 设 α, β 都是在自变量同一变化过程中的无穷小, 且 $\alpha \neq 0$, $\lim\frac{\beta}{\alpha}$ 也是在这个变化过程中的极限.

(1) 如果 $\lim \dfrac{\beta}{\alpha}=0$，就说 β 是比 α **高阶的无穷小**，记作 $\beta=o(\alpha)$.

(2) 如果 $\lim \dfrac{\beta}{\alpha}=\infty$，就说 β 是比 α **低阶的无穷小**.

(3) 如果 $\lim \dfrac{\beta}{\alpha}=c\neq 0$，就说 β 与 α 是**同阶无穷小**，特别地，如果 $\lim \dfrac{\beta}{\alpha}=1$，就说 β 与 α 是**等价无穷小**，记作 $\beta\sim\alpha$.

(4) 如果 $\lim \dfrac{\beta}{\alpha^k}=c\neq 0$(常数 $k>0$)，就说 β 是 α 的 **k 阶无穷小**.

例如，因为 $\lim\limits_{x\to 0}\dfrac{1-\cos x}{x}=0, \lim\limits_{x\to 0}\dfrac{\tan x}{x}=1, \lim\limits_{x\to 0}\dfrac{1-\cos x}{x^2}=\dfrac{1}{2}$，所以当 $x\to 0$ 时，$1-\cos x=o(x), \tan x\sim x$，而 $1-\cos x$ 与 x^2 是同阶无穷小，或 $1-\cos x$ 是 x 的二阶无穷小.

定理 1.2.9(等价无穷小替换) 设 $\alpha,\beta,\alpha',\beta'$ 是自变量同一变化过程中的无穷小，且 $\alpha\sim\alpha', \beta\sim\beta', \lim\dfrac{\beta'}{\alpha'}$ 是同一变化过程中的极限，则当极限 $\lim\dfrac{\beta'}{\alpha'}$ 存在时，极限 $\lim\dfrac{\beta}{\alpha}$ 也存在，且 $\lim\dfrac{\beta}{\alpha}=\lim\dfrac{\beta'}{\alpha'}$.

证明
$$\lim\dfrac{\beta}{\alpha}=\lim\left(\dfrac{\alpha'}{\alpha}\cdot\dfrac{\beta'}{\alpha'}\cdot\dfrac{\beta}{\beta'}\right)$$
$$=\lim\dfrac{\alpha'}{\alpha}\cdot\lim\dfrac{\beta'}{\alpha'}\cdot\lim\dfrac{\beta}{\beta'}=\lim\dfrac{\beta'}{\alpha'}.$$

由前面的讨论，可以得出一些常用的等价无穷小：

当 $x\to 0$ 时，$\sin x\sim x, \tan x\sim x, \arcsin x\sim x, \arctan x\sim x, e^x-1\sim x, \ln(1+x)\sim x, 1-\cos x\sim \dfrac{1}{2}x^2, (1+x)^\mu-1\sim \mu x(\mu\in\mathbf{R})$.

对 $x\to 0$ 时，$(1+x)^\mu-1\sim\mu x(\mu\in\mathbf{R})$，证明如下：

$$\lim_{x\to 0}\dfrac{(1+x)^\mu-1}{\mu x}=\lim_{x\to 0}\dfrac{e^{\mu\ln(1+x)}-1}{\mu x}=\lim_{x\to 0}\dfrac{\mu\ln(1+x)}{\mu x}=\lim_{x\to 0}\dfrac{x}{x}=1.$$

⭐ **小点睛**

在极限运算中灵活地运用这些等价无穷小，可以为计算提供极大的方便.在使用的时候要学会整体换元的方法.比如，当 $x\to 0$ 时，$\sin x^2\sim x^2$；当 $x\to 1$ 时，$\sin(x-1)\sim x-1$；当 $x\to\infty$ 时，$\sin\dfrac{1}{x}\sim\dfrac{1}{x}$ 等.要习惯并熟练运用这种整体换元的方法，高等数学中还有很多地方都用到这种方法.

例 25 计算 $\lim\limits_{x\to 0}\dfrac{\ln(1-2x)}{e^{3x}-1}$.

解 因为当 $x\to 0$ 时，$\ln(1-2x)\sim -2x, e^{3x}-1\sim 3x$，所以

$$\lim_{x\to 0}\frac{\ln(1-2x)}{e^{3x}-1}=\lim_{x\to 0}\frac{-2x}{3x}=-\frac{2}{3}.$$

例 26 计算 $\lim\limits_{x\to\frac{\pi}{4}}\tan 2x\tan\left(\frac{\pi}{4}-x\right)$.

解 先作变量代换,令 $u=\frac{\pi}{4}-x$,当 $x\to\frac{\pi}{4}$ 时,$u\to 0$,此时有 $\tan u\sim u$. 故

$$\lim_{x\to\frac{\pi}{4}}\tan 2x\tan\left(\frac{\pi}{4}-x\right)=\lim_{u\to 0}\cot 2u\tan u=\lim_{u\to 0}\frac{\tan u}{\tan 2u}=\lim_{u\to 0}\frac{u}{2u}=\frac{1}{2}.$$

例 27 用等价无穷小量的代换,求 $\lim\limits_{x\to 0}\frac{\tan x-\sin x}{x^3}$.

解 因为 $\tan x-\sin x=\tan x(1-\cos x)$,而 $x\to 0$ 时,$\tan x\sim x$,$1-\cos x\sim\frac{1}{2}x^2$,所以

$$\lim_{x\to 0}\frac{\tan x-\sin x}{x^3}=\lim_{x\to 0}\frac{\tan x(1-\cos x)}{x^3}=\lim_{x\to 0}\frac{x\cdot\frac{1}{2}x^2}{x^3}=\frac{1}{2}.$$

小贴士

必须强调指出,在极限运算中,恰当地使用等价无穷小的代换,能起到简化运算的作用,但只能是对分子或分母的乘积因子整体代换,不能对加减的项代换.

例 27 题若以 $x\to 0$ 时,$\tan x\sim x$,$\sin x\sim x$ 直接代入分子,将得到错误结果:

$$\lim_{x\to 0}\frac{\tan x-\sin x}{x^3}=\lim_{x\to 0}\frac{x-x}{x^3}=0.$$

事实上:$x\to 0$ 时,$\tan x-\sin x$ 与 $x-x$ 不是等价无穷小.

习题 1.2

1. 观察下列数列当 $n\to\infty$ 时的变化趋势,如果极限存在,写出它们的极限:

(1) $u_n=\left(\frac{2}{3}\right)^n$. (2) $u_n=(-1)^n\frac{1}{n}$.

(3) $u_n=(-1)^n n$. (4) $u_n=\frac{n-1}{n+1}$.

2. 设函数 $f(x)=\begin{cases}x^2-1, & x<1,\\ 0, & x=1,\\ 1, & x>1.\end{cases}$ 证明当 $x\to 1$ 时 $f(x)$ 的极限不存在.

3. 观察函数图形,求出下列各题中的函数的极限:

(1) $\lim\limits_{x\to\infty}e^x$. (2) $\lim\limits_{x\to\infty}\left(2+\frac{1}{x}\right)$. (3) $\lim\limits_{x\to 1}\ln x$. (4) $\lim\limits_{x\to 2}\frac{x^2-4}{x-2}$.

4. 求下列极限：

(1) $\lim\limits_{x\to 3} \dfrac{x^2-9}{x^4+x^2+1}$.

(2) $\lim\limits_{x\to\infty} \dfrac{x-\cos x}{x}$.

(3) $\lim\limits_{x\to 5} \dfrac{x^2-6x+5}{x-5}$.

(4) $\lim\limits_{x\to 1} \dfrac{x^2-2x+1}{x^3-x}$.

(5) $\lim\limits_{x\to -1} \dfrac{x^2+6x+5}{x^2-3x-4}$.

(6) $\lim\limits_{x\to\infty} \dfrac{x^2+2x-5}{x^3+x+5}$.

(7) $\lim\limits_{x\to\infty} \dfrac{2+x^6}{x^2+5x^4}$.

(8) $\lim\limits_{x\to\infty} \dfrac{3x^3-4x^2+2}{7x^3+5x^2-3}$.

(9) $\lim\limits_{x\to\infty} x^2\left(\dfrac{1}{x+1}-\dfrac{1}{x-1}\right)$.

(10) $\lim\limits_{x\to 0}\left(x\sin\dfrac{1}{x}\right)$.

5. 指出下列各题中函数在相应的自变量的趋向下是无穷大还是无穷小.

(1) $3^{-x}\ (x\to +\infty)$.

(2) $e^x\ (x\to -\infty)$.

(3) $\dfrac{\sin x}{x}\ (x\to\infty)$.

(4) $\lg x\ (x\to 1)$.

(5) $\dfrac{x^2-4}{x+1}\ (x\to -1)$.

*(6) $2^{\frac{1}{x}}\ (x\to 0)$.

6. 计算下列极限：

(1) $\lim\limits_{x\to 0} \dfrac{\tan kx}{x}$.

(2) $\lim\limits_{x\to 0} \dfrac{\sin x^2}{\sin^2 x}$.

(3) $\lim\limits_{x\to 0} \dfrac{1-\cos 2x}{x\sin x}$.

(4) $\lim\limits_{x\to 0} \dfrac{\ln(1-x^2)}{\arcsin^2 3x}$.

(5) $\lim\limits_{x\to -1} \dfrac{\sin(x^2-1)}{x+1}$.

(6) $\lim\limits_{x\to\infty}\left(1-\dfrac{4}{x}\right)^{2x}$.

(7) $\lim\limits_{x\to\infty}\left(\dfrac{x}{1+x}\right)^{5x+2}$.

(8) $\lim\limits_{x\to 0}(1-3x)^{\frac{2}{x}}$.

(9) $\lim\limits_{x\to 0} \dfrac{\ln(1-2x)}{x}$.

(10) $\lim\limits_{x\to 0} \dfrac{e^{2x}-1}{x}$.

*(11) $\lim\limits_{x\to 0^-} \dfrac{2x}{\sqrt{1-\cos x}}$.

*(12) $\lim\limits_{x\to 0} \dfrac{\sin x-\tan x}{\left(\sqrt[3]{1+x^2}-1\right)\left(\sqrt{1+\sin x}-1\right)}$.

第三节　函数的连续性

客观世界的许多现象和事物不仅是运动变化的,而且其运动变化的过程往往是连续不断的,比如岁月流逝、植物生长、温度变化、物种变化等,这些连续不断发展变化的事物在量的方面反映的就是函数的连续性.

一、函数的连续性

（一）函数 $y=f(x)$ 在点 x_0 处的连续性

首先引进**增量**的概念：

设变量 u 从它的一个初值 u_1 变到终值 u_2，终值与初值的差 u_2-u_1 就叫作变量 u 的增量，记作 Δu，即
$$\Delta u = u_2 - u_1.$$

增量 Δu 可以是正的，也可以是负的. 在 Δu 为正的情形，变量 u 从 u_1 变到 $u_2=u_1+\Delta u$ 时是增大的；当 Δu 为负时，变量 u 是减小的.

如果函数 $y=f(x)$ 的自变量 x 由 x_0 变到 x，我们称 $x-x_0$ 为**自变量** x 在 x_0 处的**增量**，用符号 Δx 表示，即 $\Delta x = x-x_0$；此时函数 y 的值相应地从 $f(x_0)$ 变到 $f(x)$，我们称 $f(x)-f(x_0)$ 为**函数** y 在点 x_0 处相应的**增量**，记作 Δy，即 $\Delta y = f(x)-f(x_0)$，由于 $x=x_0+\Delta x$，故函数增量也可以表示为 $\Delta y = f(x_0+\Delta x)-f(x_0)$.

定义 1.3.1 设函数 $y=f(x)$ 在点 x_0 的某邻域内有定义，如果当自变量 x 在 x_0 处的增量 Δx 趋于零时，相应的函数增量 $\Delta y = f(x_0+\Delta x)-f(x_0)$ 也趋于零，即
$$\lim_{\Delta x \to 0} \Delta y = \lim_{\Delta x \to 0} [f(x_0+\Delta x)-f(x_0)] = 0,$$
则称函数 $y=f(x)$ 在点 x_0 **连续**，也称点 x_0 为函数 $y=f(x)$ 的**连续点**.

令 $x=x_0+\Delta x$，当 $\Delta x \to 0$ 时，有 $x \to x_0$，则函数 $y=f(x)$ 在点 x_0 连续的定义也可叙述为：

定义 1.3.2 设函数 $y=f(x)$ 在点 x_0 的某邻域内有定义，如果 $x \to x_0$ 时，相应的函数值 $f(x) \to f(x_0)$，即
$$\lim_{x \to x_0} f(x) = f(x_0),$$
则称函数 $y=f(x)$ 在点 x_0 **连续**，也称点 x_0 为函数 $y=f(x)$ 的**连续点**.

从定义可以看出，函数 $y=f(x)$ 在点 x_0 连续必须同时满足以下三个条件：

（1）函数 $y=f(x)$ 在点 x_0 的某个邻域内有定义.

（2）极限 $\lim\limits_{x \to x_0} f(x)$ 存在.

（3）x_0 处极限值等于函数值，即 $\lim\limits_{x \to x_0} f(x) = f(x_0)$.

> **请思考**
>
> 定义 1.3.1 与定义 1.3.2 为什么是等价的？

小点睛

我们是通过极限的方法来定义函数连续性的. 事实上，后面的一些重要概念仍然会通过极限的思想方法来定义，比如导数就是增量比值的极限，定积分就是积分和的极限，级数是否收敛要看前 n 项和的极限是否存在，等等. 极限的思想方法贯穿整个高等数学.

例 1 讨论函数 $f(x) = x+1$ 在 $x=2$ 处的连续性.

解 $f(x)$ 在 $x=2$ 的邻域内有定义且 $f(2)=3$，
$$\lim_{x \to 2} f(x) = \lim_{x \to 2} (x+1) = 3,$$

即 $\lim\limits_{x\to 2}f(x)=f(2)=3$(图 1.9).

因此,函数 $f(x)=x+1$ 在 $x=2$ 处连续.

例 2 讨论函数 $f(x)=\begin{cases}\sin\dfrac{1}{x}, & x\neq 0,\\ 0, & x=0\end{cases}$ 在 $x=0$ 处的连续性.

解 $f(x)$ 在 $x=0$ 的邻域内有定义且 $f(0)=0$,
$$\lim_{x\to 0}f(x)=\lim_{x\to 0}\sin\frac{1}{x},$$
$x\to 0$ 时,函数 $\sin\dfrac{1}{x}$ 的值在 $-1,1$ 之间振荡,故极限 $\lim\limits_{x\to 0}\sin\dfrac{1}{x}$ 不存在.

因此,函数 $f(x)=\begin{cases}\sin\dfrac{1}{x}, & x\neq 0,\\ 0, & x=0\end{cases}$ 在 $x=0$ 处不连续.

例 3 讨论函数 $f(x)=\begin{cases}x-1, & x\leq 1,\\ x+1, & x>1\end{cases}$ 在 $x=1$ 处的连续性.

解 $f(x)$ 在 $x=1$ 的邻域内有定义且 $f(1)=0$,
$$\lim_{x\to 1^-}f(x)=\lim_{x\to 1^-}(x-1)=0,$$
$$\lim_{x\to 1^+}f(x)=\lim_{x\to 1^+}(x+1)=2.$$
因为 $\lim\limits_{x\to 1^-}f(x)\neq\lim\limits_{x\to 1^+}f(x)$,所以 $\lim\limits_{x\to 1}f(x)$ 不存在.

因此,函数 $f(x)=\begin{cases}x-1, & x\leq 1,\\ x+1, & x>1\end{cases}$ 在 $x=1$ 处不连续(图 1.10).

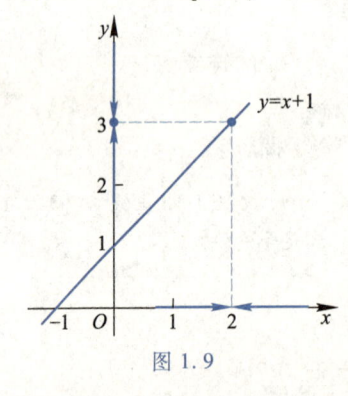

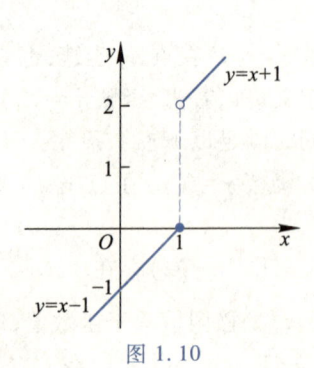

图 1.9　　　　图 1.10

函数 $y=f(x)$ 在 x_0 处左、右连续的定义如下:

定义 1.3.3 如果函数 $y=f(x)$ 在 $(x_0-\delta,x_0]$ 有定义,且 $\lim\limits_{x\to x_0^-}f(x)=f(x_0)$,则称函数 $y=f(x)$ 在点 x_0 **左连续**.如果函数 $y=f(x)$ 在 $[x_0,x_0+\delta)$ 有定义,且 $\lim\limits_{x\to x_0^+}f(x)=f(x_0)$,则称函数 $y=f(x)$ 在点 x_0 **右连续**.

由定义 1.3.1、定义 1.3.2 和定义 1.3.3 可得

定理 1.3.1 函数 $y=f(x)$ 在点 x_0 连续的**充要条件**是函数 $y=f(x)$ 在点 x_0 既左连续又右连续,即

$y=f(x)$ **在点** x_0 **连续** $\Longleftrightarrow y=f(x)$ **在点** x_0 **既左连续又右连续**.

例 4 讨论函数 $f(x) = \begin{cases} 1+\cos x, & x < \dfrac{\pi}{2}, \\ \sin x, & x \geqslant \dfrac{\pi}{2} \end{cases}$ 在点 $x = \dfrac{\pi}{2}$ 的连续性.

解 这是一个分段函数在分界点处的连续性问题.

$f(x)$ 在点 $x = \dfrac{\pi}{2}$ 的邻域内有定义且 $f\left(\dfrac{\pi}{2}\right) = 1$.

讨论函数 $f(x)$ 在点 $x = \dfrac{\pi}{2}$ 的左、右连续性:

因为
$$\lim_{x \to \frac{\pi}{2}^-} f(x) = \lim_{x \to \frac{\pi}{2}^-} (1+\cos x) = 1 = f\left(\dfrac{\pi}{2}\right),$$

所以 $f(x)$ 在点 $x = \dfrac{\pi}{2}$ 处左连续.

又因为
$$\lim_{x \to \frac{\pi}{2}^+} f(x) = \lim_{x \to \frac{\pi}{2}^+} \sin x = 1 = f\left(\dfrac{\pi}{2}\right),$$

所以 $f(x)$ 在点 $x = \dfrac{\pi}{2}$ 处右连续.

综上,$f(x)$ 在点 $x = \dfrac{\pi}{2}$ 处既左连续又右连续,因此 $f(x)$ 在点 $x = \dfrac{\pi}{2}$ 处连续.

(二) 函数 $y=f(x)$ 在区间 $[a,b]$ 上的连续性

定义 1.3.4 如果函数 $y=f(x)$ 在开区间 (a,b) 内的每一点都连续,则称函数 $y=f(x)$ 在开区间 (a,b) 内**连续**,或者说 $y=f(x)$ 是 (a,b) 内的连续函数. 如果函数 $y=f(x)$ 在闭区间 $[a,b]$ 上有定义,在开区间 (a,b) 内连续,且在左端点 a 处右连续,即 $\lim\limits_{x \to a^+} f(x) = f(a)$,在右端点 b 处左连续,即 $\lim\limits_{x \to b^-} f(x) = f(b)$,则称函数 $y=f(x)$ 在闭区间 $[a,b]$ 上**连续**,或者说 $y=f(x)$ 是闭区间 $[a,b]$ 上的连续函数.

若函数 $y=f(x)$ 在其定义域内的每一点都连续,则称 $y=f(x)$ 为**连续函数**.连续函数的图形是一条连续不间断的曲线.

由基本初等函数的定义及图形可得:**基本初等函数在其定义域内都是连续的**.

二、初等函数的连续性

根据函数在一点连续的定义及函数极限的运算法则,可以证明连续函数的和、差、积、商(分母不为 0)仍然是连续函数.

定理 1.3.2 若函数 $f(x)$,$g(x)$ 在点 x_0 处连续,则函数 $f(x) \pm g(x)$,$f(x) \cdot g(x)$,$\dfrac{f(x)}{g(x)} (g(x_0) \neq 0)$ 在点 x_0 处也连续.

证 因为 $f(x), g(x)$ 在点 x_0 处连续,所以 $\lim\limits_{x \to x_0} f(x) = f(x_0)$, $\lim\limits_{x \to x_0} g(x) = g(x_0)$,由极限的运算法则,得到

$$\lim_{x \to x_0}[f(x) \pm g(x)] = \lim_{x \to x_0} f(x) \pm \lim_{x \to x_0} g(x) = f(x_0) \pm g(x_0),$$

因此,函数 $f(x) \pm g(x)$ 在点 x_0 处连续.

类似可证明后两个结论.

注意:和、差、积的情况可以推广到有限多个连续函数的情形.

> **小贴士**
>
> 连续是通过极限来定义的,所以四则运算保持函数的连续性这一性质,实际上就是由极限的四则运算法则推出来的.

定理 1.3.3(复合函数的连续性) 设有复合函数 $y = f[\varphi(x)]$,若 $\varphi(x)$ 在点 x_0 连续,设 $\varphi(x_0) = u_0$,且函数 $f(u)$ 在 $u = u_0$ 连续,则复合函数 $y = f[\varphi(x)]$ 在 $x = x_0$ 也连续.

推论 若 $\lim \varphi(x) = u_0$,函数 $y = f(u)$ 在点 u_0 处连续,则复合函数的极限运算与函数运算可以交换次序,即

$$\lim f[\varphi(x)] = f[\lim \varphi(x)].$$

复合函数的连续性在极限计算中有着重要的用途,在计算 $\lim\limits_{x \to x_0} f[\varphi(x)]$ 时,只要满足定理的条件,可通过变换 $u = \varphi(x)$,转化为求 $\lim\limits_{u \to u_0} f(u)$,从而使得计算简化.另注意,推论中的条件 $\lim \varphi(x) = u_0$ 表示 $x \to x_0$ 及 $x \to \infty$ 时结论均成立.

由于 $y = C$(C 为常数)是连续函数,根据定理 1.3.2 和定理 1.3.3,我们可以得到下面的重要定理.

定理 1.3.4 一切初等函数在其定义区间内是连续的.

所谓**定义区间**,就是包含在定义域内的区间.

> **小贴士**
>
> 这个定理为我们提供了计算初等函数极限的一种方法:如果函数 $y = f(x)$ 是初等函数,而且点 x_0 是其定义区间内的一点,那么一定有 $\lim\limits_{x \to x_0} f(x) = f(x_0)$.在我们所学的范围内,除了分段函数,剩下的都是初等函数,所以,极限计算一开始应该将极限点 x_0 代入极限表达式 $f(x)$,能计算出函数值则极限 $\lim\limits_{x \to x_0} f(x)$ 就等于函数值 $f(x_0)$,若不能计算出函数值,也可以判断属于什么类型的极限.

例 5 计算 $\lim\limits_{x \to e^-} \arcsin(\ln x)$.

解 因为 $\arcsin(\ln x)$ 是初等函数,且 $x = e$ 是它的定义区间的右端点,由定理 1.3.3,有

$$\lim_{x \to e^-} \arcsin(\ln x) = \arcsin(\lim_{x \to e^-} \ln x) = \arcsin(\ln e) = \arcsin 1 = \frac{\pi}{2}.$$

例 6　计算 $\lim\limits_{x\to 0}\dfrac{\sqrt{1+x^2}-1}{x}$.

解　所给函数是初等函数,但它在 $x=0$ 处无定义,故不能直接应用定理 1.3.4. 易判断这是一个 "$\dfrac{0}{0}$" 型的极限问题. 经过分子有理化,可得到一个在 $x=0$ 处连续的函数,再计算极限,即

$$\lim_{x\to 0}\frac{\sqrt{1+x^2}-1}{x}=\lim_{x\to 0}\frac{(\sqrt{1+x^2}-1)(\sqrt{1+x^2}+1)}{x(\sqrt{1+x^2}+1)}=\lim_{x\to 0}\frac{x}{\sqrt{1+x^2}+1}=0.$$

三、函数的间断点

(一)间断点的概念

定义 1.3.5　如果函数 $y=f(x)$ 在点 x_0 的某去心邻域内有定义,在点 x_0 处不连续,则称 $y=f(x)$ 在点 x_0 处**间断**,并称点 x_0 为函数 $f(x)$ 的**不连续点**或**间断点**.

(二)间断点的分类

根据函数在间断点附近的变化特性,将间断点分为以下两种类型.

设 x_0 是函数 $f(x)$ 的间断点,若 $f(x)$ 在点 x_0 的左、右极限都存在,则称点 x_0 为 $f(x)$ 的**第一类间断点**;否则称点 x_0 为 $f(x)$ 的**第二类间断点**.

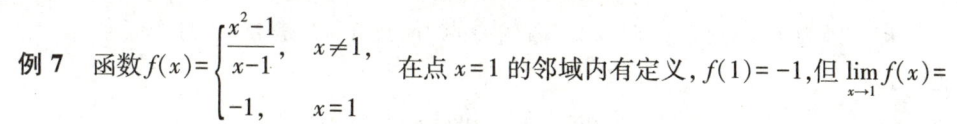

例 7　函数 $f(x)=\begin{cases}\dfrac{x^2-1}{x-1},&x\neq 1,\\-1,&x=1\end{cases}$ 在点 $x=1$ 的邻域内有定义,$f(1)=-1$,但 $\lim\limits_{x\to 1}f(x)=2\neq f(1)$,所以 $x=1$ 是 $f(x)$ 的第一类间断点.

例 8　函数 $f(x)=\dfrac{2^{\frac{1}{x}}+1}{2^{\frac{1}{x}}-1}$ 在点 $x=0$ 处没有定义,且

$$\lim_{x\to 0^-}f(x)=\frac{0+1}{0-1}=-1,\quad \lim_{x\to 0^+}f(x)=\frac{1+2^{-\frac{1}{x}}}{1-2^{-\frac{1}{x}}}=\frac{1+0}{1-0}=1,$$

故 $\lim\limits_{x\to 0}f(x)$ 不存在,所以 $x=0$ 是 $f(x)$ 的第一类间断点.

例 9　函数 $f(x)=\dfrac{1}{x}$ 在点 $x=0$ 处无定义,且 $\lim\limits_{x\to 0^-}\dfrac{1}{x}=-\infty$,$\lim\limits_{x\to 0^+}\dfrac{1}{x}=+\infty$,显然,$x=0$ 是 $f(x)=\dfrac{1}{x}$ 的第二类间断点. 这时也称点 $x=0$ 是函数 $f(x)=\dfrac{1}{x}$ 的**无穷间断点**.

例 10　函数 $y=\sin\dfrac{1}{x}$ 在点 $x=0$ 没有定义,且当 $x\to 0$ 时,函数值在 -1 与 $+1$ 之间变动无限多次,$\sin\dfrac{1}{x}$ 不趋向于一个确定的常数,故点 $x=0$ 是 $\sin\dfrac{1}{x}$ 的第二类间断点. 这种情形也称点 $x=0$ 是函数 $y=\sin\dfrac{1}{x}$ 的**振荡间断点**.

第一类间断点中,左、右极限相等者称为**可去间断点**,不相等者称为**跳跃间断点**.

如例 7 中 $x=1$ 是可去间断点,这时改变定义,令 $f(1)=2$,则函数在 $x=1$ 处就连续了;例 8 中 $x=0$ 是跳跃间断点.第二类间断点中常见间断点有无穷间断点(如例 9)和振荡间断点(如例 10).

讨论函数的连续性,要指出其连续区间,若有间断点,应进一步指出间断点的类型.

例 11 讨论函数 $f(x)=\dfrac{x^2-1}{x(x+1)}$ 的连续性,如果有间断点,指出间断点类型.

解 $f(x)$ 是初等函数,在其定义区间内连续,因此我们只要找出 $f(x)$ 没有定义的那些点.显然,$f(x)$ 在点 $x=-1,x=0$ 处没有定义,故 $f(x)$ 在区间 $(-\infty,-1),(-1,0),(0,+\infty)$ 内连续,在点 $x=-1,x=0$ 处间断.

在点 $x=-1$ 处,因为

$$\lim_{x\to-1}f(x)=\lim_{x\to-1}\frac{x^2-1}{x(x+1)}=\lim_{x\to-1}\frac{x-1}{x}=2,$$

所以 $x=-1$ 是 $f(x)$ 的第一类间断点;

在点 $x=0$ 处,因为

$$\lim_{x\to0}f(x)=\lim_{x\to0}\frac{x^2-1}{x(x+1)}=\infty,$$

所以 $x=0$ 是 $f(x)$ 的第二类间断点.

例 12 讨论函数 $f(x)=\begin{cases}x+4, & -2\leqslant x<0,\\ 1-x, & 0\leqslant x\leqslant 2\end{cases}$ 在 $x=0$ 与 $x=1$ 处的连续性.

解 因为 1 是连续区间 $[0,2]$ 内的一点,因此 $x=1$ 是 $f(x)$ 的连续点.在点 $x=0$ 处,因为

$$\lim_{x\to0^-}f(x)=\lim_{x\to0^-}(x+4)=4,$$
$$\lim_{x\to0^+}f(x)=\lim_{x\to0^+}(1-x)=1,$$

所以 $\lim\limits_{x\to0}f(x)$ 不存在,因此 $x=0$ 是 $f(x)$ 的间断点,且是第一类间断点.

> **小贴士**
>
> 讨论函数 $f(x)$ 的连续性时,若 $f(x)$ 是初等函数,则由"初等函数在其定义区间内连续"的基本结论,只要找出 $f(x)$ 没有定义的点,或虽有定义但不能构成区间的点,这些点就是 $f(x)$ 可能的间断点.若 $f(x)$ 是分段函数,则在分段点处往往要从左、右极限入手讨论极限,根据函数的连续性定义去判断.

四、闭区间上连续函数的性质

定义在闭区间上的连续函数,有几个主要性质十分有用.

(一) 有界性与最大值最小值定理

定理 1.3.5(有界性与最大值最小值定理) 若函数 $f(x)$ 在闭区间 $[a,b]$ 上连续,则函数 $f(x)$ 在闭区间 $[a,b]$ 上有界且一定能取得它的最大值和最小值.

定理的结论从几何直观上看是明显的(图 1.11),闭区间上的连续函数的图像是

包括两端点的一条不间断的曲线,该曲线上最高点 P 和最低点 Q 的纵坐标分别是函数的最大值 M 和最小值 m,函数在该区间上是有界的.

应该注意,定理中的"闭区间"和"连续"的条件不同时具备时,结论可能不成立. 如函数 $y = \tan x$ 在开区间 $\left(-\dfrac{\pi}{2}, \dfrac{\pi}{2}\right)$ 内连续,但它是无界的,既无最大值也无最小值.

又如函数

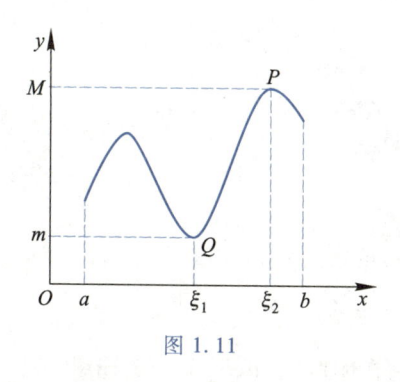

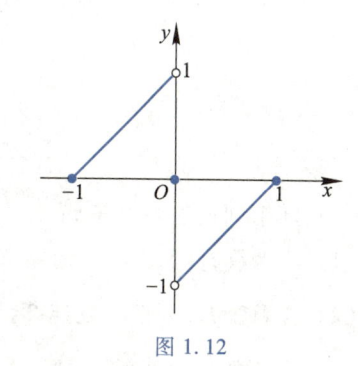

$$f(x) = \begin{cases} x+1, & -1 \leqslant x < 0, \\ 0, & x = 0, \\ x-1, & 0 < x \leqslant 1 \end{cases} \quad (\text{图 } 1.12),$$

图 1.11

图 1.12

它在 $[-1,1]$ 上有定义,但在 $x=0$ 处间断,不难看出,函数在 $[-1,1]$ 上既无最大值也无最小值.

(二) 介值定理与根的存在定理

定理 1.3.6(介值定理) 若函数 $f(x)$ 在闭区间 $[a,b]$ 上连续,且 $f(a) \neq f(b)$,则对介于 $f(a)$ 与 $f(b)$ 之间的任意实数 c,在 (a,b) 内至少存在一点 ξ,使 $f(\xi) = c$ 成立. 如图 1.13 所示,结论是显然的,因为 $f(x)$ 从 $f(a)$ 连续地变到 $f(b)$ 时,它不可能不经过 c 值.

特别地,当 $f(a)$ 与 $f(b)$ 异号时,由介值定理可得下面的根的存在定理.

定理 1.3.7(根的存在定理) 如果函数 $f(x)$ 在闭区间 $[a,b]$ 上连续,且 $f(a) \cdot f(b) < 0$,则方程 $f(x) = 0$ 在 (a,b) 内至少存在一个实根 ξ,即在区间 (a,b) 内至少有一点 ξ,使 $f(\xi) = 0$.

如果 x_0 使 $f(x_0) = 0$,则 x_0 称为函数 $f(x)$ 的零点. 故该定理也称为**零点定理**.

这个定理的几何意义更明显,如图 1.14,条件 $f(a) \cdot f(b) < 0$ 说明闭区间 $[a,b]$ 上连续曲线的两个端点 $(a, f(a))$ 和 $(b, f(b))$ 分布在 x 轴的上下两侧,连续曲线上点的纵坐标从正

请思考

若函数 $f(x)$ 在闭区间 $[a,b]$ 上连续,m 与 M 分别是 $f(x)$ 在 $[a,b]$ 上的最小值与最大值,且 $m < M$,问 $f(x)$ 能取到介于 m 与 M 之间的所有值吗?

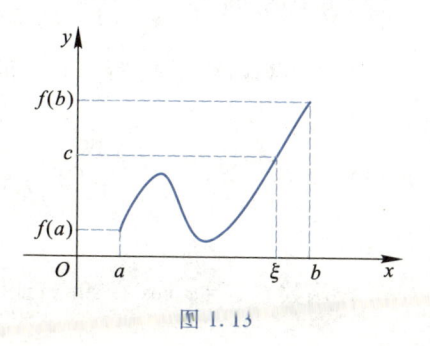

图 1.13

值变到负值,或从负值变到正值都必然要经过 0,即曲线必然要和 x 轴相交.设交点横坐标为 ξ,则有 $f(\xi) = 0$.

例 13 证明方程 $x^4 - 4x + 2 = 0$ 在区间 $(1,2)$ 内至少有一个实根.

证 设 $f(x) = x^4 - 4x + 2$,因为它在闭区间 $[1,2]$ 上连续,且 $f(1) = -1 < 0, f(2) = 10 > 0$,由根的存在定理可知,至少存在一点 $\xi \in (1,2)$,使得 $f(\xi) = 0$.这表明所给方程在 $(1,2)$ 内至少有一个实根.

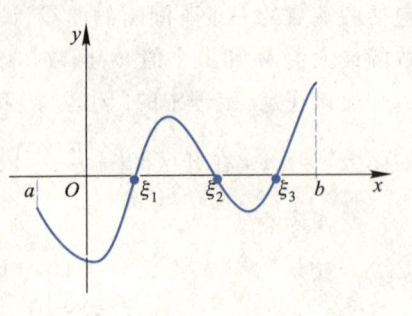

图 1.14

习题 1.3

1. 判断下列说法是否正确.

(1) 若函数 $f(x)$ 在 x_0 处有定义,且 $\lim\limits_{x \to x_0} f(x) = A$,则 $f(x)$ 在 x_0 处连续.

(2) 若函数 $f(x)$ 在 x_0 处连续,则 $\lim\limits_{x \to x_0} f(x)$ 必存在.

(3) 若函数 $f(x)$ 在 $(-\infty, +\infty)$ 内连续,则它在闭区间 $[a,b]$ 上一定连续.

(4) 初等函数在其定义区间内一定连续.

(5) 分段函数必存在间断点.

2. 求函数 $f(x) = \dfrac{x^3 + 3x^2}{x^2 + x - 6}$ 的连续区间,求极限 $\lim\limits_{x \to -3} f(x), \lim\limits_{x \to 0} f(x)$ 及 $\lim\limits_{x \to 2} f(x)$,并求 $f(x)$ 的间断点及其类型.

3. 设函数 $f(x) = \begin{cases} e^x, & x < 0, \\ x + a, & x \geq 0 \end{cases}$ 在 $(-\infty, +\infty)$ 内连续,求 a 的值.

4. 求下列极限:

(1) $\lim\limits_{x \to 1} \dfrac{x^2 - x + 1}{(x-1)^2}$.

(2) $\lim\limits_{x \to 0} \dfrac{\sqrt{x+4} - 2}{\sin x}$.

(3) $\lim\limits_{x \to +\infty} x [\ln(x+a) - \ln x]$.

(4) $\lim\limits_{x \to +\infty} \left(\sqrt{x^2 + 2x} - x \right)$.

(5) $\lim\limits_{x \to \infty} \cos \left[\ln \left(1 + \dfrac{2x-2}{x^2} \right) \right]$.

*(6) $\lim\limits_{x \to 0} \dfrac{\cos 2x - \cos 3x}{\sqrt{1 + x^2} - 1}$.

5. 讨论下列函数的连续性,如有间断点,请指出是哪一类间断点:

(1) $y = \dfrac{x^2 - 1}{x^2 - 2x + 1}$.

(2) $y = \dfrac{\tan 3x}{x}$.

(3) $y = \begin{cases} e^{\frac{1}{x}}, & x < 0, \\ 1, & x = 0, \\ x, & x > 0. \end{cases}$

6. 设函数 $f(x) = x^2 \cos x - \sin x$,证明至少存在一点 $\xi \in \left(\pi, \dfrac{3}{2}\pi \right)$,使得 $f(\xi) = 0$.

第四节 数学思想方法选讲——极限思想

微积分是研究客观世界运动现象的一门学科,我们引入极限概念对客观世界运动过程加以描述,用极限方法建立其数量关系并研究其运动结果.极限理论是微积分学的基础理论,贯穿整个微积分学.要学好微积分,必须认识和理解极限理论,而把握极限理论的前提,首先要认识极限思想.极限思想作为一种重要的数学思想,在整个数学发展史上占有重要地位,是研究数学、应用数学、推动数学发展必不可少的有力工具.

一、极限的思想方法

1. 极限的思想方法

极限思想是近代数学的一种重要思想,指的是用极限概念和性质来分析与处理数学问题的思想方法.极限概念起源于微积分,与此同时,微积分理论就是以极限理论为工具来研究函数(包括级数)的一门学科分支.事实上,微积分理论的一系列重要概念,如函数的连续性、导数、积分、级数求和等都是通过极限来定义的.

微积分理论是牛顿(Newton)和莱布尼茨(Leibniz)于18世纪分别创立的.初期,他们以无穷小(量)的概念为基础来建立微积分,不久后遇到逻辑上的困难,所以后来他们都接受了极限思想,即以极限概念作为考虑问题的出发点.但是,当时他们只采用直观的语言来描述极限.例如,他们是这样描述数列$\{u_n\}$的极限的:如果当n无限大时,u_n无限地接近常数A,就称u_n以A为极限(定义1.2.1).

这种关于数列极限的直观描述中,涉及极限的一个本质问题,这就是:"u_n无限接近于常数A"的真正含义是什么? 弄清这一点是掌握数列极限概念的关键.通俗地讲,"u_n无限接近于常数A"的意思是:"u_n可以任意地靠近A,希望有多近就能有多近,只要n充分大,就能达到我们希望的那样近."换句话说,就是指:"u_n和A的距离可以任意地小,希望有多小就能有多小,只要n充分大时,就能达到我们希望的那样小."下面我们来看一个具体的例子,进而引出极限的精确定义.

我们在前面讨论过数列$\left\{\dfrac{n+(-1)^{n-1}}{n}\right\}$(记为$\{u_n\}$):

$$2, \frac{1}{2}, \frac{4}{3}, \cdots, \frac{n+(-1)^{n-1}}{n}, \cdots, \tag{1}$$

当n趋于无穷时极限是1:

$$\frac{n+(-1)^{n-1}}{n} \to 1, \text{当} n \to \infty \text{时}. \tag{2}$$

让我们确切地说明这是什么意思.直观地我们知道,当顺着数列越走越远,尽管没有一项真正等于1,但数列的项与1的距离会变得越来越小.如果我们在数列(1)中走得足够远,就能保证数列的项和1的距离小到我们所愿意的程度.这种叙述的意思还是不十分清楚,怎样远才是"足够远",多么小才是"小到我们所愿意的程度"?下面我们进行具体分析.

我们知道,在数学上两个数 a 与 b 之间的接近程度可以用这两个数之差的绝对值 $|b-a|$ 来度量(在数轴上 $|b-a|$ 表示点 a 与点 b 之间的距离), $|b-a|$ 越小, a 与 b 就越接近.

就数列(1)来说,因为

$$|u_n-1|=\left|(-1)^{n-1}\frac{1}{n}\right|=\frac{1}{n},$$

由此可见,当 n 越来越大,距离 $\frac{1}{n}$ 越来越小,从而 u_n 就越来越接近于 1.因为只要 n 足够大,距离 $|u_n-1|$ 即 $\frac{1}{n}$ 就可以小于任意给定的正数.例如,给定很小的正数 $\frac{1}{100}$,欲使距离 $\frac{1}{n}<\frac{1}{100}$,只要 $n>100$,即从第 101 项起,都能使不等式

$$|u_n-1|<\frac{1}{100}$$

成立;同样地,如果给定正数 $\frac{1}{10\,000}$,欲使 $\frac{1}{n}<\frac{1}{10\,000}$,只要 $n>10\,000$,即从第 10 001 项起,都能使不等式

$$|u_n-1|<\frac{1}{10\,000}$$

成立.再任意给定一个更小的正数,上面所有的讨论过程都能够满足.

几何解释会有助于使极限过程更清楚些.如果用数轴上的点表示数列(1)的项,我们看到数列的项聚集在点 1 周围.在数轴上任意选择一个以点 1 为中心,整个宽度为 2ε 的区间 I(在点 1 的每一边,区间的宽度都为 ε).如果选择 $\varepsilon=10$,那么,当然数列所有的项 $u_n=\frac{n+(-1)^{n-1}}{n}$ 都在区间 I 内部.如果选择 $\varepsilon=\frac{1}{100}$,那么数列刚开始的一些项在区间 I 外部,而从 a_{101} 起的所有项

$$\frac{102}{101},\frac{101}{102},\frac{104}{103},\frac{103}{104},\cdots,$$

将落在区间 I 的内部.再选择 $\varepsilon=\frac{1}{10\,000}$,最多也只是数列的前 10 000 项不在区间 I 内部,而从 $a_{10\,001}$ 起,数列(1)后面所有项

$$a_{10\,001},a_{10\,002},a_{10\,003},\cdots$$

都落在 I 的内部.显然,对任意的正数 ε,这个推理都成立:只要选定了一个正的 ε,不管它多么小,我们随即能够找到一个整数 N,使得 $\frac{1}{N}<\varepsilon$.从而数列中所有使 $n>N$ 的项 u_n 都在 I 内部,而最多只能有有限项 $a_1,a_2,\cdots,a_N$ 在区间 I 外部.注意是:首先随意选择 ε,决定区间 I 的宽度,然后找到一个适当的整数 N.选定一个数 ε,然后找出一个适当的 N 的这个手续,对于不管多么小的正数 ε 都是可行的,这就给出了以下命题的确

切意义:只要在数列(1)中走得足够远,那么数列(1)的项与1的距离就能小到我们所愿意的程度.

总结一下:设 ε 是任意一个正数,那么我们能找到一个正数 N,使得数列(1)中 $n>N$ 的所有项 a_n 都落在以点1为中心,宽度为 2ε 的区间内.这是极限关系式(2)的确切意义.

在这个例子的基础上,现在我们给出"一般数列 $\{u_n\}$ 以 A 为极限"的说法的精确定义.我们让 A 含在数轴上一个开区间 I 的内部,如果开区间很小,那么某些数 u_n 可能在区间外部,但是只要 n 变得足够大,也就是大于某个正数 N 时,那么所有 $n>N$ 的那些数 u_n 都必须在开区间 I 内.当然,如果开区间 I 选得很小,正数 N 可能必须取的很大,但只要数列是以 A 为它的极限,那么不管开区间 I 是多么小,这样的一个正数 N 必然存在.

数列 $\{u_n\}$ 收敛于 A 的定义阐述如下:如果对于不管多么小的任意正数 ε,总可以找到一个正整数 N(依赖于 ε),使得对于所有的 $n>N$,有
$$|u_n-A|<\varepsilon, \qquad (3)$$
那么我们就说当 n 趋于无穷大时数列 $\{u_n\}$ 以 A 为极限.

这个定义可以看作两个人甲和乙之间的一个竞赛.甲提出的要求是 u_n 趋近于常数 A,其精确程度应比选取的界限 $\varepsilon=\varepsilon_1$ 高(即满足 $|u_n-A|<\varepsilon_1$);乙对这个要求的答复是,指出存在一个确定的整数 $N=N_1$,使 u_{N_1} 以后的所有项 u_n 满足 ε_1 精度的要求.然后甲可以提得更精确,提出一个新的更小的界限 $\varepsilon=\varepsilon_2$.乙通过找出一个(可能更大的)正整数 $N=N_2$,再次答复这要求.如果不管甲提出的界限多么小,乙都能满足甲的要求,那么我们就用 $u_n \to A$ 表示这种情况.

极限的精确定义是到19世纪70年代,经过许多数学家长期努力,才形成现在的 ε-N(数列极限的精确定义)和 ε-δ(函数极限的精确定义,感兴趣的读者可参阅其他书籍)定义方法.通过 ε-N 之间的关系,定量地、具体地刻画出了两个"无限过程"(n 无限增大和 u_n 无限接近常数 A)之间的联系.

极限思想作为反映客观事物在运动、变化过程中由量变转化为质变时的数量关系或空间形式,是以一个发展的思想来看待和处理问题的方式,可以让我们的思想完成从有限上升到无限的升华,是思考方式的一个质的飞跃,对我们在解决实际问题时具有非常重要的指导意义.当我们面对实际问题的时候,如果不容易处理,或者不容易看到解决问题的路径时,则可以借鉴数学的极限思想,采取改变研究问题的研究条件,改变研究条件的趋近方式,即从原来关注一个点,变换到一个区间上去考虑研究对象的结果(即构造函数),再回到起始位置来观察问题的结果(即求极限).以这样动态的、发展的思想来研究和处理问题,往往能够较快地发现和找到解决问题的办法,从而使实际问题得以解决.

2. 极限的哲学思想

(1)过程与结果的对立统一

在极限思想中充分体现了过程与结果的对立统一.比如,当 n 趋于无穷大时,数列 $\{u_n\}:u_1,u_2,\cdots,u_n,\cdots$ 的极限为 A.此时,数列 $\{u_n\}$ 是变量 u_n 的变化过程,A 是 $\{u_n\}$ 的变化结果.一方面,数列 $\{u_n\}$ 中任何一个 u_n,无论 n 再大都不是 A,体现了过程与结果

的对立性;另一方面,随着过程的进行(即 n 无限地增大),u_n 越来越靠近 A,经过飞跃又可转化为 A,体现了过程与结果的统一性.所以 A 的求出是过程与结果的对立统一.

(2) 有限与无限的对立统一

有限与无限常常表现为不可调和性,例如把有限情形的法则原封不动地扩展到无限的情形常常会发生矛盾.但这并不意味着在极限的观念里有限与无限是格格不入的,相反,它们却存在着既对立又统一的关系.例如,在极限式 $\lim\limits_{n\to\infty} u_n = A$ 中数列的每一项 u_n 和极限结果 A 都是一有限量,但极限过程 $(n\to\infty)$ 却是无限的.从左向右看,随着 n 的无限增大,给定数列 $\{u_n\}$ 的对应值向 A 作无限逼近运动,这说明这个无限运动的变化过程只能通过有限的量来刻画.从右向左看,该极限式是在有限中包含着无限.

(3) 变量与常量的对立统一

动与静、变与不变永远是相对的.在极限式 $\lim\limits_{n\to\infty} u_n = A$ 中,A 是一个与 n 无关的不变量,u_n 则是一个随着 n 的增大,其对应值不断发生变化的变量.无论 n 增大到怎样的数值,u_n 都不可能变为常量 A,这说明变量 u_n 与常量 A 存在着一种变与不变的质的对立关系.同样地,它们之间也体现了一种互相联系、互相依赖的关系.随着 n 的不断增大,变量 u_n 趋向于 A 的程度也相应地不断增大,最终当 $n\to\infty$ 时,u_n 产生了质的飞跃,转化为了常量 A,体现了变与不变的质的统一关系.

(4) 近似与精确的对立统一

在极限式 $\lim\limits_{n\to\infty} u_n = A$ 中,对于每一个具体的 n,式子的左边总是右边的一个近似值,并且 n 越大,精确度越高.当 n 趋于无穷时,近似值 u_n 转化为精确值 A.虽然近似与精确是两个性质不同、完全对立的概念,但是通过极限法,建立两者之间的联系,在一定条件下可以相互转化.因此,近似与精确既是对立又是统一的.

(5) 量变与质变的对立统一

任何事物都是质和量的对立统一.同样,在极限思想中也体现了这种辩证观.在极限式 $\lim\limits_{n\to\infty} \dfrac{n+(-1)^{n-1}}{n} = 1$ 中,随着 n 的增大,数列的项 $\dfrac{n+(-1)^{n-1}}{n}$ 也在发生变化.但是不管 n 多大,$\dfrac{n+(-1)^{n-1}}{n}$ 与 1 仍存在着一定的差异.但是这一差异的绝对值随着 n 的增大而减小.当 $n\to\infty$ 时,这一差异消失,相应地数列的项 $\dfrac{n+(-1)^{n-1}}{n}$ 也发生了质的飞跃而成了 1.

通过对极限思想的辩证剖析,不难看到,极限是一种运动的、变化的、相互联系的、以量变引起质变的重要的数学思想方法.

二、极限思想的应用

1. 刘徽的割圆术

我国古代数学家刘徽(公元 3 世纪)利用圆内接正多边形来推算圆面积的方法——割圆术,就是极限思想在几何学上的应用.

设有一圆,首先作内接正六边形,把它的面积记为 A_1;再作内接正十二边形,其面积记为 A_2;再作内接正二十四边形,其面积记为 A_3;继续下去,每次边数加倍,一般地,把内接正 $6\times 2^{n-1}$ 边形的面积记为 $A_n(n\in \mathbf{N}^+)$.这样,就得到一系列内接正多边形的面积:

$$A_1,A_2,A_3,\cdots,A_n,\cdots,$$

它们构成一个数列.当 n 越大,内接正多边形与圆的面积之差就越小,从而以 A_n 作为圆面积的近似值也越精确.但是无论 n 取得如何大,只要 n 取定了,A_n 终究是多边形的面积,而还不是圆的面积.因此,设想 n 无限增大,即内接正多边形的边数无限增加,在这个过程中,内接正多边形无限接近于圆,同时 A_n 也无限接近于某一确定的数值,这个确定的数值就理解为圆的面积.也就是说圆的面积是数列 $A_1,A_2,A_3,\cdots,A_n,\cdots$ 当 $n\to\infty$ 时的极限.

2. 曲线围成的曲边梯形的面积

考察由曲线 $y=x^2$,x 轴和直线 $x=1$ 围成的图形的面积.该图形如图 1.15 所示,下面我们根据极限的思想来求它的面积.

设想用垂直于 x 轴的直线将曲边梯形分割成 n 个底边长为 $\dfrac{1}{n}$ 的窄曲边梯形,把每个窄曲边梯形以它的左直边为高、底为 $\dfrac{1}{n}$ 的矩形近似代替,这 n 个窄矩形面积的和是曲边梯形的近似值,分割越细,此和越来越接近曲边梯形的面积.当 n 无限增大时(每个窄曲边梯形的底边长都趋于零),n 个窄矩形的面积的和就无限逼近曲边梯形面积的精确值.具体地说,有以下的解法.

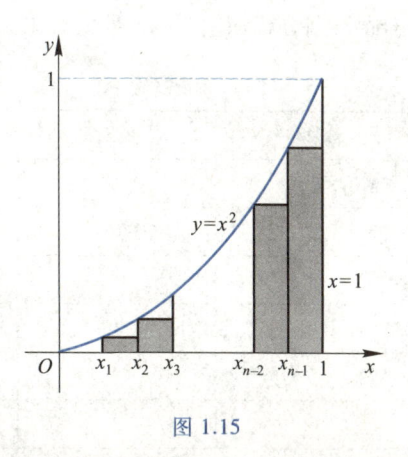

把 x 轴上的闭区间 $[0,1]$ 分成 n 等份,得分点

$$x_0=0,x_1=\frac{1}{n},x_2=\frac{2}{n},\cdots,x_{n-1}=\frac{n-1}{n},x_n=1.$$

图 1.15

过各分点作 x 轴的垂线,把曲边梯形分割成 n 个窄曲边梯形.对每个窄曲边梯形,用它的底边为底,它的左直边为高的矩形来近似,把这些窄矩形的面积加起来,得到原曲边梯形的面积的近似值

$$\begin{aligned}A_n&=\frac{1}{n}\left[\left(\frac{1}{n}\right)^2+\left(\frac{2}{n}\right)^2+\cdots+\left(\frac{n-1}{n}\right)^2\right]\\&=\frac{1}{n^3}[1^2+2^2+\cdots+(n-1)^2]\\&=\frac{(n-1)\cdot n\cdot(2n-1)}{6n^3}\\&=\frac{1}{3}-\frac{1}{2n}+\frac{1}{6n^2}.\end{aligned}$$

当 n 无限增大时,A_n 无限逼近 $\dfrac{1}{3}$,可见所求的曲边梯形的面积应等于 $\dfrac{1}{3}$.

以上解决曲边梯形面积的方法,是通过分割,把曲边梯形分成 n 个窄曲边梯形,每个窄曲边梯形用它的左直边为高,同底的矩形近似代替,最后考察 n 无限增大(每个窄曲边梯形的底边长都趋于零)时,n 个窄矩形面积的和,无限逼近的数值即是所求的曲边梯形的面积.

3. 斐波那契数列与兔群增长率

设一对刚出生的小兔要经过两个月,即经过成长期后达到成熟期,才能再产小兔,且每对成熟的兔子每月产一对小兔.在不考虑兔子死亡的前提下,求兔群逐月增长率的变化趋势.

分析:设开始只有 1 对刚出生的小兔,则在第 1 个月与第 2 个月,兔群只有 1 对兔子.在第三个月,由于这对小兔成熟并产下 1 对小兔,兔群有 2 对兔子.在第 4 个月,1 对大兔又产下 1 对小兔,而原来 1 对小兔处于成长期,所以兔群有 3 对兔子.在第 5 个月又有 1 对小兔成熟,并与原来的 1 对大兔各产下 1 对兔子,而原来的 1 对小兔处于成长期,所以兔群有 5 对兔子.以此类推,各月兔群情况可见表 1.3.

表 1.3

月	小兔对数	成长期兔对数	成熟期兔对数	兔对总数
1	1	0	0	1
2	0	1	0	1
3	1	0	1	2
4	1	1	1	3
5	2	1	2	5
6	3	2	3	8
7	5	3	5	13

设 a_n 是第 n 个月兔对总数,则

$$a_1=1, a_2=1, a_3=2, a_4=3, a_5=5, \cdots.$$

数列 $\{a_n\}$ 称为**斐波那契(Fibonacci)数列**.

注意这样的事实:到第 $n+1$ 个月,能产小兔的兔对数为 a_{n-1},而第 $n+1$ 个月兔对的总数应等于第 n 个月兔对的总数 a_n 加上新产下的小兔对数 a_{n-1},于是我们知道 $\{a_n\}$ 具有性质

$$a_{n+1}=a_n+a_{n-1}, \quad n=2,3,4,\cdots.$$

令 $b_n=\dfrac{a_{n+1}}{a_n}$,则 b_n-1 表示了兔群在第 $n+1$ 个月的增长率.显然有 $b_n>0$,且

$$b_n=\frac{a_{n+1}}{a_n}=\frac{a_n+a_{n-1}}{a_n}=1+\frac{a_{n-1}}{a_n}=1+\frac{1}{b_{n-1}}.$$

容易发现,当 $b_n>\dfrac{\sqrt{5}+1}{2}$ 时,$b_{n+1}<\dfrac{\sqrt{5}+1}{2}$;而当 $b_n<\dfrac{\sqrt{5}+1}{2}$ 时,$b_{n+1}>\dfrac{\sqrt{5}+1}{2}$.由此可知 $\{b_n\}$ 并不是单调数列.

但是进一步探讨,可以发现有

$$b_{2k-1} \in \left(0, \frac{\sqrt{5}+1}{2}\right), \quad b_{2k} \in \left(\frac{\sqrt{5}+1}{2}, +\infty\right), \quad k=1,2,3,\cdots,$$

以及

$$b_{2k+2} - b_{2k} = 1 + \frac{1}{1+\dfrac{1}{b_{2k}}} - b_{2k} = \frac{\left(\dfrac{\sqrt{5}+1}{2} - b_{2k}\right)\left(\dfrac{\sqrt{5}-1}{2} + b_{2k}\right)}{1+b_{2k}} < 0$$

和

$$b_{2k+1} - b_{2k-1} = 1 + \frac{1}{1+\dfrac{1}{b_{2k-1}}} - b_{2k-1} = \frac{\left(\dfrac{\sqrt{5}+1}{2} - b_{2k-1}\right)\left(\dfrac{\sqrt{5}-1}{2} + b_{2k-1}\right)}{1+b_{2k-1}} > 0.$$

于是 $\{b_{2k}\}$ 是单调减少的有下界的数列,而 $\{b_{2k+1}\}$ 是单调增加的有上界的数列,因而都是收敛数列.记它们的极限分别为 a 与 b,显然有 $\frac{\sqrt{5}+1}{2} \leq a < +\infty$,$0 < b \leq \frac{\sqrt{5}+1}{2}$.

由 $\lim\limits_{k \to \infty} b_{2k+2} = \lim\limits_{k \to \infty} \frac{1+2b_{2k}}{1+b_{2k}}$ 得到 $a = \frac{1+2a}{1+a}$.

由 $\lim\limits_{k \to \infty} b_{2k+1} = \lim\limits_{k \to \infty} \frac{1+2b_{2k-1}}{1+b_{2k-1}}$ 得到 $b = \frac{1+2b}{1+b}$.

这两个方程有相同的解 $a = b = \frac{1 \pm \sqrt{5}}{2}$,于是我们得出结论:在不考虑兔子死亡的前提下,经过较长一段时间,兔群逐月增长率趋于 $\frac{1+\sqrt{5}}{2} - 1 \approx 0.618$.

第五节 数学实验(一)——MATLAB 软件入门、MATLAB 作图与极限计算

一、MATLAB 软件入门

MATLAB 软件的字面含义是矩阵实验室(MATrix LABoratory),是美国 MathWorks 公司出品的商业数学软件,用于算法开发、数据可视化、数据分析以及数值计算的高级计算语言和交互式集成环境,主要包括 MATLAB 和 Simulink 两大部分.目前 MATLAB 产品族可以用来进行:数值分析,数值和符号计算,工程与科学绘图,控制系统的设计与仿真,数字图像处理,数字信号处理,通信系统设计与仿真,财务与金融工程,等等. Simulink 是基于 MATLAB 的框图设计环境,可以用来对各种动态系统进行建模、分析和仿真,它的建模范围广泛,可以针对任何能够用数学来描述的系统进行建模,例如航

空航天动力学系统、卫星控制制导系统、通信系统、船舶及汽车等,其中包括了连续、离散、条件执行、事件驱动、单速率、多速率和混杂系统等.

(一) MATLAB 软件的开发环境

以 MATLAB9.11(R2022a)版本为例,MATLAB 操作桌面是一个高度集成的工作界面,其形式如图 1.16 所示.

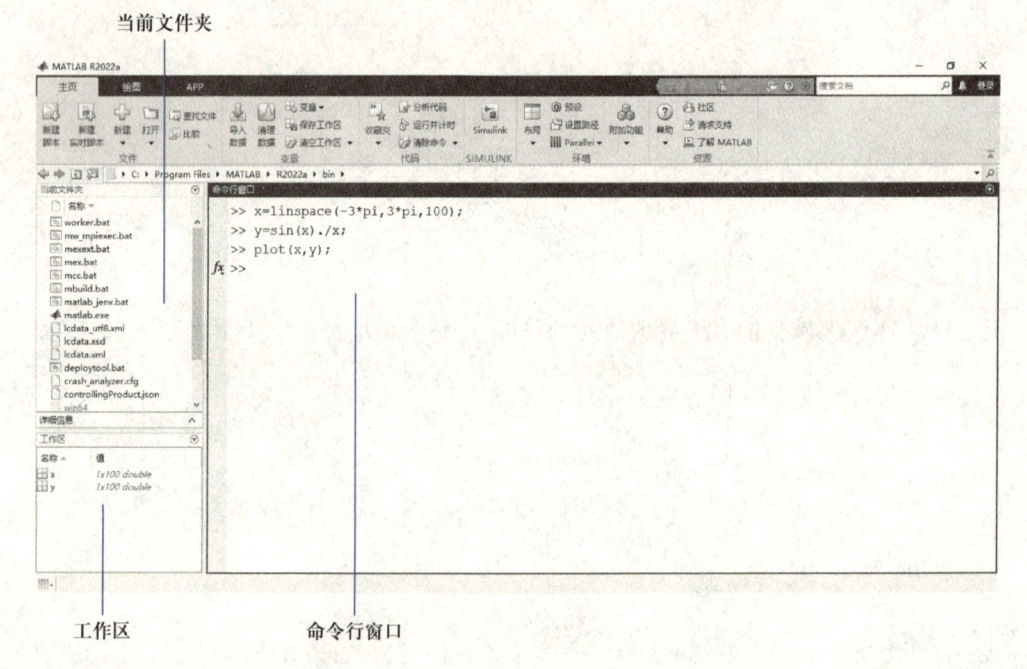

图 1.16

该桌面的上层铺放着四个最常用的界面:命令行窗口(Command Window)、当前文件夹(Current Folder)、工作区(Workspace).

- 命令行窗口

命令行窗口默认位于 MATLAB 操作桌面的右侧,它是进行各种 MATLAB 操作的最主要窗口.在该窗口内,可键入各种送给 MATLAB 运作的指令、函数、表达式;显示除图形外的所有运算结果;运行错误时,给出相关的出错提示.

- 当前文件夹

当前文件夹默认位于 MATLAB 操作桌面的左侧上方,展示着子目录、M 文件、MAT 文件和 MDL 文件等.对该界面上的 M 文件,可直接进行复制、编辑和运行;界面上的 MAT 数据文件,可直接送入 MATLAB 工作内存.此外,对该界面上的子目录,可进行 Windows 平台的各种标准操作.

此外,在当前目录浏览器正下方,还有一个"详细信息".该窗口显示所选文件的概况信息.比如该窗口会展示:M 函数文件的 H1 行内容,最基本的函数格式;所包含的内嵌函数和其他子函数.

- 工作区

工作区默认位于当前目录浏览器的左侧下方.该窗口罗列着存在于内存中的变量

名称、存储内容.在该窗口中,可对变量进行观察、图示、编辑、提取和保存.

(二) 运行方式

MATLAB 的使用方法和界面有多种形式,但最基本的,也是入门时首先要掌握的是命令行方式.通过在命令行窗口中提示符">>"后直接输入命令,按 Enter 键来实现运算.

例 1 求 $[12+2\times(7-4)]\div 3^2$ 的算术运算结果.

用键盘在 MATLAB 命令行窗口中输入以下内容:

```
>>(12+2*(7-4))/3^2
```

按 Enter 键,该指令被执行,并显示如下结果:

```
ans =
        2
```

命令行方式使用方便,但处理比较复杂的问题和大量数据时比较烦琐,容易出错.另一种使用方法是 M 文件方式:在主页工具带点击"新建脚本",或者点击"新建",在下拉选项中选择"脚本",打开一个以.m 为扩展名的 M 文件,启动专用编辑器.在其工作区域输入命令和数据,运行时可以点击编辑器中的"运行",也可以在命令窗口直接输入文件名回车运行.

(三) 变量与函数

MATLAB 中变量的命名规则:

(1) 变量名的大小写是敏感的.

(2) 变量的第一个字符必须为英文字母,而且不能超过 63 个字符.

(3) 变量名可以包含字母、数字和下划线,但不能包含空格符、标点.

MATLAB 中有一些所谓的预定义变量.如 clear(清除变量),ans(缺省结果变量名),pi(圆周率),eps(机器零阈值),inf(无穷大),NaN(不定量),i、j(虚数单位)等.这些变量都有特殊含义和用途.建议用户在编写指令和程序时,尽可能不对预定义变量名重新赋值,以免产生混淆.

常用的函数:

除数学上的基本函数 $\sin(x)$,$\cos(x)$,$\tan(x)$,$\cot(x)$,$\sec(x)$,$\csc(x)$,x^a,$\sqrt{x}$,a^x,$\exp(x)$,$\log(x)$,$\log10(x)$,$\operatorname{asin}(x)$,$\operatorname{acos}(x)$,$\operatorname{atan}(x)$,$\operatorname{acot}(x)$,$\operatorname{asec}(x)$,$\operatorname{acsc}(x)$ 外,MATLAB 内装了 abs(f),min(x),max(x),sum(x),diff(f) 等 1 000 多条常用的数学函数和工程计算函数.用户还可以通过 M 文件方式自行编制新的函数.

(四) 数学运算符、特殊运算符和常用命令

(1) +(加号),-(减号),*(乘号),.*(数组乘),/(除号),./(数组除),^(乘幂),.^(数组乘幂).

(2) >(大于),>=(大于等于),<(小于),<=(小于等于),==(等于),~=(不等于).

(3) &(逻辑与),|(逻辑或),~(逻辑非),xor(逻辑异或).

(4) =(赋值号),clear(清除工作空间的变量).

(5) MATLAB 的每条命令之后,若为逗号或无标点符号,则显示命令结果;若命令

行后为分号";",则不显示结果.

(6)"%"后面所有该行内容为注释部分,"…"表示续行.

(7)"clc"用于清屏,"clf"用于清除当前图形,"help"用于在线帮助.

二、MATLAB 中平面图形的作图方法

(一) MATLAB 数值绘图

数值绘图本质上就是描点作图:先选定一组自变量的值 $x=[x_1,x_2,\cdots,x_n]$,再根据所给函数 $y=f(x)$ 算得相应的 $y=[y_1,y_2,\cdots,y_n]$,然后在平面上用折线依次连接各点作出函数曲线.

plot 是绘制二维图形的最基本函数,常用格式为:

(1) plot(x,y),以 x 元素为横坐标值,y 元素为纵坐标值绘制曲线.

(2) plot(x1,y1,x2,y2,…),绘制多条曲线 y1,y2,….

例 2 画出函数 $y=\dfrac{\sin x}{x}$ 在 $[-3\pi,3\pi]$ 上的图像.

解 在 MATLAB 的命令窗口中输入:

```
>>x=linspace(-3*pi,3*pi,100);   % 在区间内产生100个离散点
>>y=sin(x)./x;                   % 在每个x处计算函数值
>>plot(x,y);
```

运行结果如图 1.17.

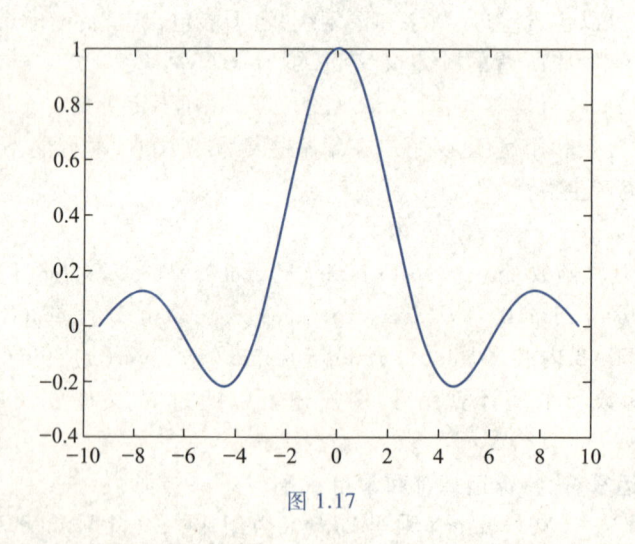

图 1.17

例 3 画出正弦曲线和余弦曲线.

```
>> x=0:pi/10:2*pi;    % 在0到2pi内以pi/10为间距产生离散点
>> y1=sin(x);         % 在每个x处计算正弦值
>> y2=cos(x);         % 在每个x处计算余弦值
>> plot(x,y1,x,y2)
```

图形如图 1.18.

图 1.18

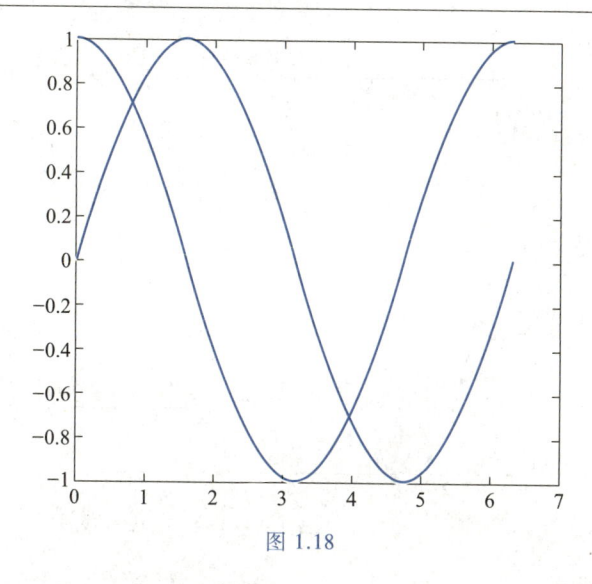

（二）MATLAB 符号作图

符号作图和数值绘图不同,符号作图只需给出函数表达式和变量范围就可直接作图. MATLAB 中平面图形的常用符号函数为 fplot( ),常用格式如下：

（1）fplot(f) 在默认区间[-5,5]（对于 x）绘制由函数 y = f(x) 定义的曲线.

（2）fplot(f,xinterval) 将在指定区间绘图. 将区间指定为[xmin,xmax]形式的二元素向量.

（3）fplot(funx,funy) 在默认区间[-5,5]（对于 t）绘制由 x = funx(t) 和 y = funy(t) 定义的曲线.

（4）fplot(funx,funy,tinterval) 将在指定区间绘图. 将区间指定为[tmin,tmax]形式的二元素向量.

需要注意的是函数中变量必须用 syms 定义为符号对象.

例 4 绘制 $y = \dfrac{2}{3} e^{-\frac{t}{2}} \cos \dfrac{\sqrt{3}}{2} t$ 的图像.

解 在 MATLAB 中输入：

```
>>syms t;
>>y=2/3*exp(-t/2)*cos(sqrt(3)/2*t);
>>fplot(y,[0,4*pi]);
>>title('MATLAB 符号作图');        % 给图形加标题
```

结果显示如图 1.19.

例 5 画出曲线 $\begin{cases} x = a \cdot \cos^3 t, \\ y = a \cdot \sin^3 t \end{cases}$ 的图像,其中 $0 \leq t \leq 2\pi$.

解 在 MATLAB 输入：

```
>> syms t;
>> x(t) = 2*(cos(t))^3;
>> y(t) = 2*(sin(t))^3;
>> fplot(x,y,[0,2*pi])
```

MATLAB符号作图

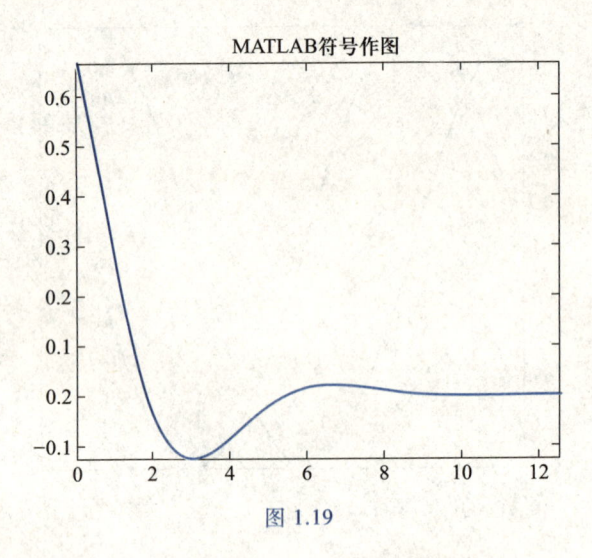

图 1.19

```
>> axis equal;          % 横轴和纵轴采用等长刻度
>> title('MATLAB参数方程作图');
```
结果显示如图 1.20.

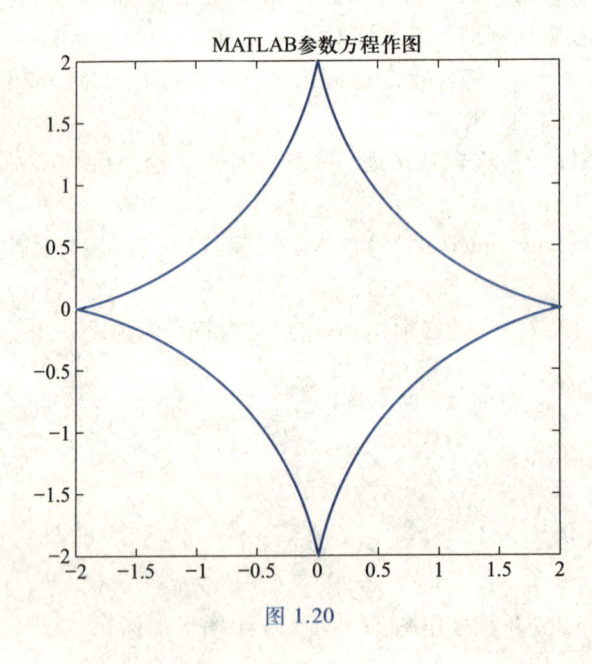

图 1.20

三、用 MATLAB 计算函数极限

MATLAB 中极限运算的函数为 limit( ),格式如下:
(1) limit(f,x,a)　　　　　　求极限 $\lim\limits_{x \to a} f(x)$
(2) limit(f,x,inf)　　　　　　求极限 $\lim\limits_{x \to \infty} f(x)$
(3) limit(f,x,a,'right')　　　　求右极限 $\lim\limits_{x \to a^+} f(x)$

(4) limit(f,x,a,'left')　　　　求左极限 $\lim\limits_{x\to a^-} f(x)$

例 6　用 MATLAB 计算极限 $\lim\limits_{x\to\infty}\left(1-\dfrac{1}{x}\right)^{kx}$.

解　在 MATLAB 中输入:
```
>> syms x k;
>> f=(1-1/x)^(k*x);
>> limit(f,x,inf)
```
回车后显示极限值为 exp(-k),也就是 $\dfrac{1}{e^k}$.

例 7　用 MATLAB 计算极限 $\lim\limits_{x\to 0}\dfrac{\tan x-\sin x}{x^3}$.

解　在 MATLAB 中输入:
```
>> syms x ;
>> f=(tan(x)-sin(x))/x^3 ;
>> limit(f,x,0)
```
回车后显示极限值为 $\dfrac{1}{2}$.

例 8　分析函数 $f(x)=x\sin\dfrac{1}{x}$ 当 $x\to 0$ 时的变化趋势,并讨论极限.

解　我们首先画出 $f(x)$ 在 $[-1,1]$ 上的图像,在 MATLAB 中输入:
```
>>x=-1:0.01:1;            % 在区间[-1,1]上以 0.01 为间距产生离散点
>>y=x.*sin(1./x);         % 计算每个 x 处的 y 值
>>plot(x,y)
```
得到函数图像如图 1.21 所示.

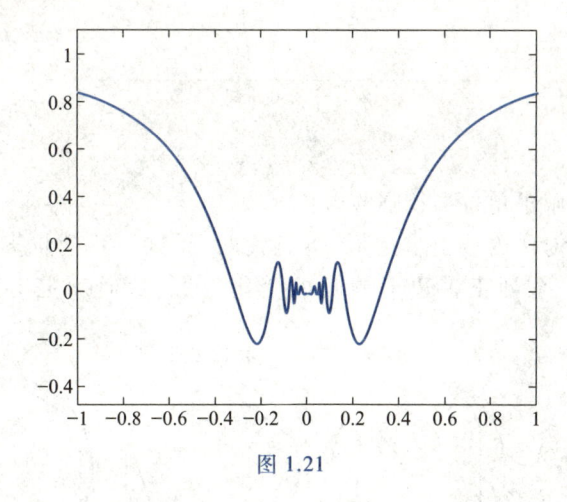

图 1.21

从图 1.21 中能够直观地看出 $x\sin\dfrac{1}{x}$ 随着 $|x|$ 的减小,振幅越来越小,趋于 0;频率越来越高,作无限次振荡.进一步求极限,在 MATLAB 中输入

```
>>syms x;
>>f=x*sin(1/x);
>>limit(f,x,0)
```
得到极限结果为 0.

例 9 计算极限 $\lim\limits_{x \to -1}\left(\dfrac{1}{x+1}-\dfrac{3}{x^3+1}\right)$，并画出函数图像.

解 在 MATLAB 中输入：
```
>>syms x;
>>f=1/(x+1)-3/(x^3+1);
>>limit(f,x,-1)
```
得到函数极限为 -1，继续运用符号作图命令，画出函数图像：
```
>>fplot(f);
>>hold on;                            % 继续在图像上绘制其他图形的命令
>>plot(-1,-1,'r.','MarkerSize',16);   % 在原图中标出点(-1,-1)
```
图像如图 1.22.

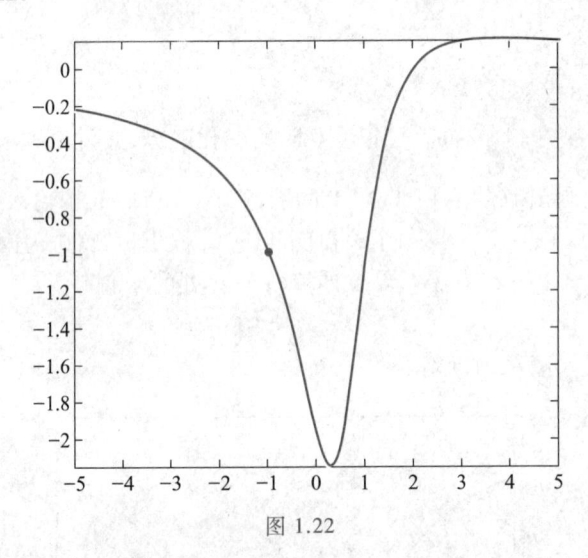

图 1.22

例 10 运用极限求单位半径圆的周长.

首先我们在圆内作内接正多边形，以直代曲，得到一系列越来越逼近于圆周长的近似值.考察这一系列正多边形周长的变化趋势，从而确定出圆周长的准确值（图 1.23）.

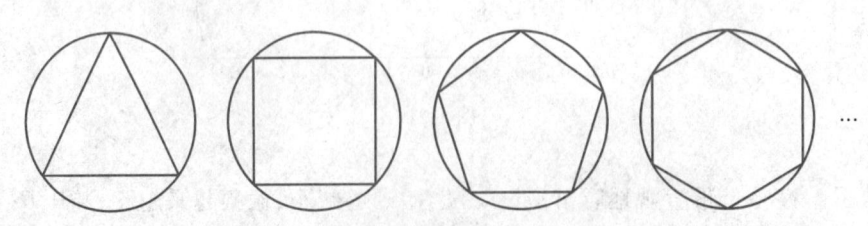

图 1.23

用 C_n 表示正 n 边形的周长,容易求出

$$C_3 = 3 \times 2 \times \sin\left(\frac{2\pi}{3} \times \frac{1}{2}\right),$$

$$C_4 = 4 \times 2 \times \sin\left(\frac{2\pi}{4} \times \frac{1}{2}\right),$$

$$C_5 = 5 \times 2 \times \sin\left(\frac{2\pi}{5} \times \frac{1}{2}\right),$$

…………

根据数学归纳法,可得到正 n 边形的周长 $C_n = 2n\sin\frac{\pi}{n}$. n 越大,正多边形与圆接近的近似程度越高,所以圆的周长等于 $\lim\limits_{n\to\infty} 2n\sin\frac{\pi}{n}$.

运用 MATLAB 求极限 $\lim\limits_{n\to\infty} 2n\sin\frac{\pi}{n}$,在 MATLAB 中输入:

```
>>syms n;
>>Cn=2*n*sin( pi/n);
>>limit( Cn,n,inf )
```

得到极限结果为 2π,即单位圆的周长等于 2π.

例 11 求函数 $y = \frac{|x|}{x}$ 当 $x \to 0$ 时的左、右极限.

解 这是单侧极限的问题,在 MATALB 中运用左、右极限的计算形式,在 MATLAB 中输入:

```
>>syms x
>>limit( abs(x)/x,x,0,'left' )
>>limit( abs(x)/x,x,0,'right' )
```

回车后分别得到结果 -1 和 1.

知 识 拓 展

前面我们讲授了函数的概念、极限及连续性,并且阐述了极限思想,现在对相关内容再进行拓展如下:

(一) 数列极限的定义

定义 1 设 $\{x_n\}$ 为一数列,如果存在常数 a,对于任意给定的正数 ε(不论它多么小),总存在正整数 N,使得当 $n > N$ 时,不等式

$$|x_n - a| < \varepsilon$$

都成立,那么就称常数 a 是数列 $\{x_n\}$ 的极限,或者称数列 $\{x_n\}$ 收敛于 a,记为

$$\lim_{n\to\infty} x_n = a \quad \text{或} \quad x_n \to a \quad (n \to \infty).$$

如果不存在这样的常数 a,就说数列 $\{x_n\}$ 没有极限,或者说数列 $\{x_n\}$ 是发散的,习

惯上也说 $\lim\limits_{n\to\infty} x_n$ 不存在.

上面定义中正数 ε 可以任意给定是很重要的,因为只有这样,不等式 $|x_n-a|<\varepsilon$ 才能表达出 x_n 与 a 无限接近的意思.此外还应注意到:定义中的正整数 N 是与任意给定 ε 的正数有关的,它随着 ε 的给定而选定.

我们给"数列的极限为 a"一个几何解释:

如图 1.24,将常数 a 及数列 $x_1,x_2,x_3,\cdots,x_n,\cdots$ 在数轴上用它们对应的点表示出来,再在数轴上作点 a 的 ε 邻域,即开区间 $(a-\varepsilon,a+\varepsilon)$.

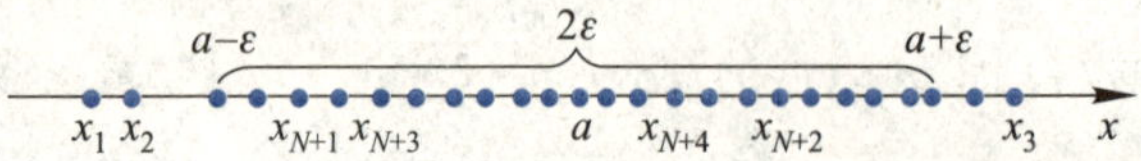

图 1.24

因不等式 $|x_n-a|<\varepsilon$ 与不等式 $a-\varepsilon<x_n<a+\varepsilon$ 等价,所以当 $n>N$ 时,所有的点 x_n 都落在区间 $(a-\varepsilon,a+\varepsilon)$ 内,而只有有限个(至多只有 N 个)在这区间以外.

为了表达方便,引入记号"$\forall$"表示"对于任意给定的"或"对于每一个",记号"$\exists$"表示"存在".于是,"对于任意给定的 $\varepsilon>0$"写成"$\forall \varepsilon>0$","存在正整数 N"写成"$\exists$ 正整数 N",数列极限 $\lim\limits_{n\to\infty} x_n=a$ 的定义可表达为

$$\lim_{n\to\infty} x_n=a \Leftrightarrow \forall \varepsilon>0, \exists \text{正整数} N, \text{当} n>N \text{时}, \text{有} |x_n-a|<\varepsilon.$$

现举一个说明数列极限概念的例子.

例 1 证明数列 $2,\dfrac{1}{2},\dfrac{4}{3},\dfrac{3}{4},\cdots,\dfrac{n+(-1)^{n-1}}{n},\cdots$ 的极限是 1.

证 因为 $|x_n-a|=\left|\dfrac{n+(-1)^{n-1}}{n}-1\right|=\dfrac{1}{n}$,为了使 $|x_n-a|$ 小于任意给定的正数 ε(设 $\varepsilon<1$),只要 $\dfrac{1}{n}<\varepsilon$,即 $n>\dfrac{1}{\varepsilon}$.

所以,$\forall \varepsilon>0$,取 $N=\left[\dfrac{1}{\varepsilon}\right]$,则当 $n>N$ 时,就有

$$\left|\dfrac{n+(-1)^{n-1}}{n}-1\right|<\varepsilon.$$

故

$$\lim_{n\to\infty}\dfrac{n+(-1)^{n-1}}{n}=1.$$

(二) 函数极限的定义

1. $x\to\infty$ 时函数的极限

定义 2 设函数 $f(x)$ 当 $|x|$ 大于某一正数时有定义,如果存在常数 A,对于任意给定的正数 ε(无论它多么小),总存在正数 X,使得当 x 满足不等式 $|x|>X$ 时,对应的函数值都满足不等式

$$|f(x)-A|<\varepsilon,$$

那么常数 A 就叫作函数 $f(x)$ 当 $x\to\infty$ 时的极限,记作

$$\lim_{x\to\infty}f(x)=A \quad \text{或} \quad f(x)\to A \quad (\text{当 } x\to\infty).$$

定义 2 可简单地表述为

$$\lim_{x\to\infty}f(x)=A \Leftrightarrow \forall \varepsilon>0, \exists X>0, \text{当 } |x|>X \text{ 时,有 } |f(x)-A|<\varepsilon.$$

如果 $x>0$ 且无限增大(记作 $x\to+\infty$),那么只要把上面定义中的 $|x|>X$ 改为 $x>X$,就可得 $\lim\limits_{x\to+\infty}f(x)=A$ 的定义.同样,如果 $x<0$ 而 $|x|$ 无限增大(记作 $x\to-\infty$),那么只要把 $|x|>X$ 改为 $x<-X$,便得 $\lim\limits_{x\to-\infty}f(x)=A$ 的定义.

从几何上来说(图 1.25),$\lim\limits_{x\to\infty}f(x)=A$ 的意义是:作直线 $y=A-\varepsilon$ 和 $y=A+\varepsilon$,则总有一个正数 X 存在,使得当 $x<-X$ 或 $x>X$ 时,函数的图形位于这两条直线之间.这时,直线 $y=A$ 是函数 $y=f(x)$ 的图形的水平渐近线.

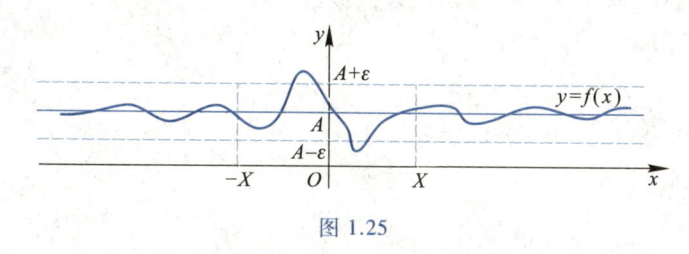

图 1.25

例 2 证明 $\lim\limits_{x\to\infty}\dfrac{1}{x}=0$.

证 $\forall \varepsilon>0$,要证 $\exists X>0$,当 $|x|>X$ 时,不等式 $\left|\dfrac{1}{x}-0\right|<\varepsilon$ 成立.这个不等式相当于

$$\frac{1}{|x|}<\varepsilon \quad \text{或} \quad |x|>\frac{1}{\varepsilon}.$$

由此可知,如果取 $X=\dfrac{1}{\varepsilon}$,那么当 $|x|>X=\dfrac{1}{\varepsilon}$ 时,不等式 $\left|\dfrac{1}{x}-0\right|<\varepsilon$ 成立,这就证明了 $\lim\limits_{x\to\infty}\dfrac{1}{x}=0$.

直线 $y=0$ 是函数 $y=\dfrac{1}{x}$ 的图形的水平渐近线.

2. $x\to x_0$ 时函数的极限

定义 3 设函数在点 x_0 的某一去心邻域内有定义,如果存在常数 A,对于任意给定的正数 ε(不论它多么小),总存在正数 δ,使得当 x 满足不等式 $0<|x-x_0|<\delta$ 时,对应的函数值 $f(x)$ 都满足不等式

$$|f(x)-A|<\varepsilon,$$

那么常数 A 就叫作函数 $f(x)$ 当 $x\to x_0$ 时的极限,记作

$$\lim_{x\to x_0}f(x)=A \quad \text{或} \quad f(x)\to A \quad (\text{当 } x\to x_0).$$

必须指出,定义中 $0<|x-x_0|<\delta$ 表示 $x\neq x_0$,所以 $x\to x_0$ 时 $f(x)$ 有没有极限,与 $f(x)$ 在点 x_0 是否有定义并无关系.

定义 3 可简单地表述为

$$\lim_{x\to x_0} f(x) = A \Leftrightarrow \forall \varepsilon > 0, \exists \delta > 0, 当 0 < |x-x_0| < \delta 时, 有 |f(x)-A| < \varepsilon.$$

函数 $f(x)$ 当 $x\to x_0$ 时的极限为 A 的几何解释如下(图 1.26):任意给定一正数 ε,作平行于 x 轴的两条直线 $y=A+\varepsilon$ 和 $y=A-\varepsilon$,介于这两条直线之间的是一横条区域.根据定义,对于给定的 ε,存在着点 x_0 的一个 δ 邻域 $(x_0-\delta, x_0+\delta)$,当 $y=f(x)$ 的图形上的点的横坐标 x 在 $(x_0-\delta, x_0+\delta)$ 内(但 $x\neq x_0$)时,这些点的纵坐标 $f(x)$ 满足不等式

$$|f(x)-A| < \varepsilon$$

或

$$A-\varepsilon < f(x) < A+\varepsilon.$$

亦即这些点落在图 1.26 上面所做的横条区域内.

例 3 证明 $\lim_{x\to 1}(2x-1)=1$.

证 由于
$$|f(x)-A| = |(2x-1)-1| = 2|x-1|,$$
为了使 $|f(x)-A| < \varepsilon$,只要
$$|x-1| < \frac{\varepsilon}{2}.$$

所以,$\forall \varepsilon > 0$,可取 $\delta = \frac{\varepsilon}{2}$,则当 x 满足不等式
$$0 < |x-1| < \delta$$
时,对应的函数值 $f(x)$ 就满足不等式
$$|f(x)-1| = |(2x-1)-1| < \varepsilon.$$

从而 $\lim_{x\to 1}(2x-1)=1$.

图 1.26

(三) 第一个重要极限的证明

有了极限存在准则,就可以来证明一些函数极限的存在.

例 4 证明 $\lim_{x\to 0}\dfrac{\sin x}{x}=1$.

证 因为 $\dfrac{\sin x}{x}$ 是偶函数,所以只需证明 $\lim_{x\to 0^+}\dfrac{\sin x}{x}=1$.如图 1.27,作四分之一单位圆,$\angle MOA = x \in \left(0, \dfrac{\pi}{2}\right)$,$MB \perp OA$,$TA \perp OA$.则 $BM = \sin x$,$AT = \tan x$,$\overset{\frown}{AM} = x$.

因为 $S_{\triangle OAM} < S_{扇形 OAM} < S_{\triangle OAT}$,所以 $\dfrac{1}{2}\sin x < \dfrac{1}{2}x < \dfrac{1}{2}\tan x$,

即 $0 < \sin x < x < \tan x$,故得 $1 < \dfrac{x}{\sin x} < \dfrac{1}{\cos x}$,即 $\cos x < \dfrac{\sin x}{x} < 1$.

图 1.27

因为 $\lim_{x\to 0^+}\cos x = \lim_{x\to 0^+} 1 = 1$,由夹逼准则,可得 $\lim_{x\to 0^+}\dfrac{\sin x}{x}=1$.

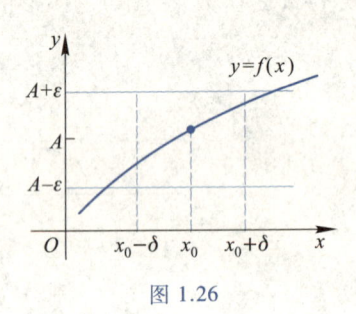

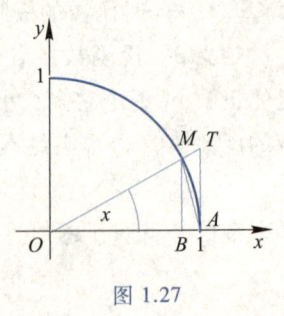

» 本 章 小 结 «

一、知识小结

（一）函数

1. 函数的定义

2. 分段函数

分段函数是用几个解析式表示一个函数,而不是几个函数.分段函数的定义域是自变量在各段取值的全体所组成的集合.

3. 复合函数

4. 初等函数

5. 函数的几种性质:有界性、单调性、奇偶性、周期性

（二）函数的极限

1. 数列的极限: $\lim\limits_{n\to\infty} x_n = A$

2. $x \to \infty$ 函数的极限: $\lim\limits_{x\to\infty} f(x) = a$

3. $x \to x_0$ 函数的极限: $\lim\limits_{x\to x_0} f(x) = a$

4. 函数极限的性质:唯一性、有界性、保号性

（三）无穷小

1. 无穷小的定义

2. 无穷小的性质

对于无穷小的性质,必须注意:

（1）无穷多个无穷小的和未必是无穷小;

（2）两个无穷小的比的结果可能是不等于零的常数,也可能是零,甚至极限不存在,通常记为"$\dfrac{0}{0}$".

3. 无穷小的比较

在求两个无穷小的比的极限即"$\dfrac{0}{0}$"型的极限时,可将其分子或分母因子分别换成它们的等价无穷小,以简化极限的计算.为此,熟悉 $x \to 0$ 时以下的等价无穷小关系对极限的计算是有益的:

$x \to 0$ 时, $x \sim \sin x \sim \tan x \sim \arcsin x \sim \arctan x \sim \ln(1+x) \sim e^x - 1$,

$1 - \cos x \sim \dfrac{1}{2}x^2$, $(1+x)^\mu - 1 \sim \mu x (\mu \in \mathbf{R})$ 等.

必须指出:对分子、分母的乘积因子可以作等价无穷小的代换,但当分子、分母是多项代数和的时候,对它们的某一项不能作等价无穷小的代换.

(四) 无穷大

1. 无穷大的定义

对无穷大要注意理解以下几点(以 $x \to x_0$ 为例,其他情形有类似的结论):

(1) $\lim\limits_{x \to x_0} f(x) = \infty$,即函数 $f(x)$ 是 $x \to x_0$ 时的无穷大,但它是 $f(x)$ 在 $x \to x_0$ 时极限不存在的一种情形;

(2) 函数 $f(x)$ 是 $x \to x_0$ 时的无穷大,也反映了自变量 x 无限趋近 x_0 时,相应的函数值的绝对值变化的总趋势——$|f(x)|$ 无限增大;

(3) $x \to x_0$ 时的无穷大与无界量是两个不同的概念,无穷大必定是无界量,但无界量未必是无穷大.

2. 无穷小与无穷大的关系

无穷大的倒数是无穷小,恒不为零的无穷小的倒数是无穷大.

(五) 极限的运算法则

使用极限的运算法则时,必须注意:

(1) 几条法则都只有在极限 $\lim f(x) = A$,$\lim g(x) = B$ 都存在的条件下才能成立(无穷大是极限不存在的情形).

(2) 对形如 $y = [u(x)]^{v(x)}$ ($u(x)$ 大于 0 且不恒等于 1)的函数(通常称为**幂指函数**),如果

$$\lim u(x) = a > 0, \quad \lim v(x) = b,$$

那么

$$\lim [u(x)]^{v(x)} = a^b.$$

注意:这里三个 lim 都表示在同一自变量变化过程中的极限.

(六) 函数的连续性

(1) 函数在一点的连续性,关键是等式 $\lim\limits_{x \to x_0} f(x) = f(x_0)$ 成立,要正确理解等式所隐含的条件.

(2) 理解函数在点 x_0 左、右连续的定义,理解函数在区间上连续的定义.

(3) 理解连续函数的和差积商及复合函数仍是连续函数的结论,并能正确使用下列推论.

推论 若 $\lim \varphi(x) = u_0$,函数 $y = f(u)$ 在点 u_0 处连续,则复合函数的极限运算与函数运算可以交换次序,即

$$\lim f[\varphi(x)] = f[\lim \varphi(x)].$$

推论提供了求复合函数的极限的一种重要方法——变量代换,它使极限的计算简化.

(4) 初等函数的连续性:初等函数在其**定义区间**内都是连续的.

(5) 函数的间断点及其分类

① 首先清楚间断点的特点是:函数 $f(x)$ 在点 x_0 的某去心邻域内有定义,且在点 x_0 处不连续.

② 间断点分为两类:

间断点
- 第一类间断点($f(x_0^-), f(x_0^+)$都存在)
  - 跳跃间断点($f(x_0^-) \neq f(x_0^+)$)
  - 可去间断点($f(x_0^-) = f(x_0^+)$)
- 第二类间断点($f(x_0^-), f(x_0^+)$至少有一个不存在)
  - 无穷间断点
  - 振荡间断点

对可去间断点,由于$\lim\limits_{x \to x_0} f(x)$存在,只要规定或补充$f(x_0) = \lim\limits_{x \to x_0} f(x)$,则函数在$x = x_0$就连续了.

(七) 闭区间上连续函数的性质

了解闭区间上的连续函数具有:有界性,能取到最大值和最小值;介值性,能取到介于最小值与最大值之间的一切值,特别地,如果两端点处函数值异号,则在开区间内,$f(x) = 0$至少有一个根.

(八) 极限存在准则和两个重要极限

(1) 数列的单调有界准则:单调有界数列必有极限.

(2) 夹逼准则:若在自变量的同一变化过程中,有$g(x) \leq f(x) \leq h(x)$成立,且$\lim g(x) = \lim h(x) = A$,则$\lim f(x) = A$.

(3) $\lim\limits_{x \to 0} \dfrac{\sin x}{x} = 1$.

(4) $\lim\limits_{x \to \infty} \left(1 + \dfrac{1}{x}\right)^x = \mathrm{e}$.

(九) 求极限的方法小结

1. 基本方法

(1) 利用初等函数的连续性.

(2) 利用极限的运算法则.

(3) 利用两个重要极限.

(4) 利用左、右极限.

(5) 等价无穷小代换.

(6) 对$\dfrac{0}{0}$或$\dfrac{\infty}{\infty}$型的极限,用恒等变形(有理化分子或分母、其他代数式或三角式的恒等变形)约去公共的零因式等.

2. 其他方法

(1) 直观分析法.

(2) 利用无穷小与有界量的积为无穷小的性质.

(3) 利用数列的单调有界准则或夹逼准则.

(4) 利用变量代换.

(5) 对无穷多项的和或无穷多个因子的积的极限,用恒等变形化为有限项的和或有限个因子的积的极限.

以上是本章求极限的常用方法小结.由于极限贯穿于高等数学的始终,以后还会有其他求极限的方法.

二、典型例题

例 1 求下列极限：

(1) $\lim\limits_{x\to 1}\dfrac{x^2+\ln(2-x)}{4\arctan x}.$

(2) $\lim\limits_{x\to 4}\dfrac{\sqrt{2x+1}-3}{\sqrt{x-2}-\sqrt{2}}.$

(3) $\lim\limits_{x\to\infty}\dfrac{3x^2-x\sin x}{x^2+\cos x+1}.$

(4) $\lim\limits_{x\to+\infty}\left(\sqrt{4x^2+3x+1}-\sqrt{4x^2-3x-2}\right).$

(5) $\lim\limits_{x\to 0}\dfrac{\tan x-\sin x}{x^2\ln(1-x)}.$

(6) $\lim\limits_{x\to 0}\left(\dfrac{1}{x\sin x}-\dfrac{1}{x\tan x}\right).$

(7) $\lim\limits_{x\to\infty}\left(\dfrac{x+3}{x-2}\right)^x.$

(8) $\lim\limits_{x\to\infty}\left[(x-1)\sin\dfrac{1}{x-1}\right].$

解 (1) $\lim\limits_{x\to 1}\dfrac{x^2+\ln(2-x)}{4\arctan x}=\dfrac{1+\ln 1}{4\arctan 1}=\dfrac{1}{\pi}.$

(2) $\lim\limits_{x\to 4}\dfrac{\sqrt{2x+1}-3}{\sqrt{x-2}-\sqrt{2}}=\lim\limits_{x\to 4}\dfrac{(2x-8)(\sqrt{x-2}+\sqrt{2})}{(x-4)(\sqrt{2x+1}+3)}=\dfrac{2\sqrt{2}}{3}.$

(3) $\lim\limits_{x\to\infty}\dfrac{3x^2-x\sin x}{x^2+\cos x+1}=\lim\limits_{x\to\infty}\dfrac{3-\dfrac{\sin x}{x}}{1+\dfrac{\cos x}{x^2}+\dfrac{1}{x^2}}=3.$

(4) $\lim\limits_{x\to+\infty}\left(\sqrt{4x^2+3x+1}-\sqrt{4x^2-3x-2}\right)$

$=\lim\limits_{x\to+\infty}\dfrac{6x+3}{\sqrt{4x^2+3x+1}+\sqrt{4x^2-3x-2}}=\lim\limits_{x\to+\infty}\dfrac{6+\dfrac{3}{x}}{\sqrt{4+\dfrac{3}{x}+\dfrac{1}{x^2}}+\sqrt{4-\dfrac{3}{x}-\dfrac{2}{x^2}}}=\dfrac{3}{2}.$

(5) $\lim\limits_{x\to 0}\dfrac{\tan x-\sin x}{x^2\ln(1-x)}=\lim\limits_{x\to 0}\dfrac{\tan x(1-\cos x)}{x^2\ln(1-x)}=\lim\limits_{x\to 0}\dfrac{x\cdot\dfrac{1}{2}x^2}{x^2(-x)}=-\dfrac{1}{2}.$

(6) $\lim\limits_{x\to 0}\left(\dfrac{1}{x\sin x}-\dfrac{1}{x\tan x}\right)=\lim\limits_{x\to 0}\dfrac{1-\cos x}{x\sin x}=\lim\limits_{x\to 0}\dfrac{1}{2}\cdot\dfrac{x^2}{x\cdot x}=\dfrac{1}{2}.$

(7) $\lim\limits_{x\to\infty}\left(\dfrac{x+3}{x-2}\right)^x=\lim\limits_{x\to\infty}\dfrac{\left(1+\dfrac{3}{x}\right)^x}{\left(1-\dfrac{2}{x}\right)^x}=\dfrac{\lim\limits_{x\to\infty}\left(1+\dfrac{3}{x}\right)^{\frac{x}{3}\cdot 3}}{\lim\limits_{x\to\infty}\left(1-\dfrac{2}{x}\right)^{-\frac{x}{2}\cdot(-2)}}=\dfrac{e^3}{e^{-2}}=e^5.$

(8) $\lim\limits_{x\to\infty}\left[(x-1)\sin\dfrac{1}{x-1}\right]=\lim\limits_{x\to\infty}\dfrac{\sin\dfrac{1}{x-1}}{\dfrac{1}{x-1}}=1.$

例 2 设函数 $f(x)=\begin{cases} x^2-2, & x<0, \\ a-1, & x=0, \\ \dfrac{\ln(1+bx)}{x}, & x>0. \end{cases}$

（1）当 a,b 为何值时，$f(x)$ 在 $x=0$ 处存在极限？

（2）当 a,b 为何值时，$f(x)$ 在 $x=0$ 处连续？

解 因为
$$\lim_{x\to 0^-}f(x)=\lim_{x\to 0^-}(x^2-2)=-2,$$
$$\lim_{x\to 0^+}f(x)=\lim_{x\to 0^+}\frac{\ln(1+bx)}{x}=\lim_{x\to 0^+}\frac{bx}{x}=b,$$
$$f(0)=a-1,$$

所以

（1）令 $\lim\limits_{x\to 0^-}f(x)=\lim\limits_{x\to 0^+}f(x)$，当 a 为任意值，$b=-2$ 时，$\lim\limits_{x\to 0}f(x)$ 存在，且 $\lim\limits_{x\to 0}f(x)=-2$.

（2）进一步，令 $\lim\limits_{x\to 0}f(x)=-2=f(0)$，当 $a=-1,b=-2$ 时，有 $\lim\limits_{x\to 0}f(x)=f(0)=-2$ 成立，即有 $f(x)$ 在 $x=0$ 处连续.

例 3 讨论函数 $f(x)=\begin{cases} \dfrac{\sin x}{x}, & x<0, \\ 1, & x=0, \\ \dfrac{2(\sqrt{x+1}-1)}{x}, & x>0 \end{cases}$ 的连续性.

解 $f(x)$ 在 $(-\infty,0)$ 及 $(0,+\infty)$ 内是初等函数，所以 $f(x)$ 在 $(-\infty,0),(0,+\infty)$ 内分别连续.

再讨论在 $x=0$ 处的连续性：

因为
$$\lim_{x\to 0^-}f(x)=\lim_{x\to 0^-}\frac{\sin x}{x}=1=f(0),$$
$$\lim_{x\to 0^+}f(x)=\lim_{x\to 0^+}\frac{2(\sqrt{x+1}-1)}{x}=\lim_{x\to 0^+}\frac{2\cdot\dfrac{1}{2}x}{x}=1=f(0),$$

所以函数 $f(x)$ 在 $x=0$ 处既左连续又右连续，故 $f(x)$ 在 $x=0$ 处连续.

综上所述，$f(x)$ 在 $(-\infty,+\infty)$ 内都连续.

例 4 求函数 $f(x)=\dfrac{x}{|\sin x|}$ 的间断点，并确定间断点的类型.

解 因为当 $x=k\pi(k\in\mathbf{Z})$ 时，$|\sin x|=0$，这时函数无定义，所以 $x=k\pi(k\in\mathbf{Z})$ 是 $f(x)$ 的间断点.

在 $x=k\pi(k\neq 0,k\in\mathbf{Z})$ 处，
$$\lim_{\substack{x\to k\pi\\(k\neq 0)}}f(x)=\lim_{\substack{x\to k\pi\\(k\neq 0)}}\frac{x}{|\sin x|}=\infty,$$

所以 $x=k\pi(k\neq 0,k\in Z)$ 为 $f(x)$ 的第二类间断点,且是无穷间断点;

在 $x=0$ 处,
$$\lim_{x\to 0^-}f(x)=\lim_{x\to 0^-}\frac{x}{-\sin x}=-1,$$
$$\lim_{x\to 0^+}f(x)=\lim_{x\to 0^+}\frac{x}{\sin x}=1,$$

因为 $\lim\limits_{x\to 0^-}f(x)\neq\lim\limits_{x\to 0^+}f(x)$,所以 $x=0$ 是 $f(x)$ 的第一类间断点,且是跳跃间断点.

例 5 求 $f(x)=\dfrac{1}{1-e^{\frac{x}{1-x}}}$ 的连续区间、间断点并判别其类型.

解 使 $f(x)$ 无定义的点是使 $1-e^{\frac{x}{1-x}}=0$ 和 $1-x=0$ 的点,即 $x=0$ 和 $x=1$,所以 $f(x)$ 的连续区间为 $(-\infty,0),(0,1),(1,+\infty)$.

当 $x\to 0$ 时,$1-e^{\frac{x}{1-x}}\to 0$,所以 $\lim\limits_{x\to 0}f(x)=\infty$.

所以 $x=0$ 是 $f(x)$ 的第二类间断点,且是无穷间断点.

当 $x\to 1^-$ 时,$\dfrac{x}{1-x}\to+\infty$,$1-e^{\frac{x}{1-x}}\to-\infty$,所以 $f(1^-)=0$;

当 $x\to 1^+$ 时,$\dfrac{x}{1-x}\to-\infty$,$1-e^{\frac{x}{1-x}}\to 1$,所以 $f(1^+)=1$.

所以 $x=1$ 是 $f(x)$ 的第一类间断点,且是跳跃间断点.

例 6 已知 $\lim\limits_{x\to\infty}\left[\dfrac{x^2+1}{x+1}-(ax+b)\right]=0$,求常数 a,b.

解 因为
$$\lim_{x\to\infty}\left[\frac{x^2+1}{x+1}-(ax+b)\right]=\lim_{x\to\infty}\frac{x^2+1-(ax+b)(x+1)}{x+1}$$
$$=\lim_{x\to\infty}\frac{(1-a)x^2-(a+b)x+1-b}{x+1}=0,$$

所以分子次数低于分母的次数,必有 $1-a=0,-(a+b)=0$,即有 $a=1,b=-1$.故原式成立时,常数 $a=1,b=-1$.

例 7 设 $f(x)\in[0,1],x\in[0,1]$,且在 $[0,1]$ 上连续.证明存在 $\xi\in[0,1]$,使 $f(\xi)=\xi$.

证 设 $F(x)=f(x)-x$,则因 $f(x)$ 在 $[0,1]$ 上连续,$F(x)$ 也在 $[0,1]$ 上连续.因为
$$f(x)\in[0,1],\quad 即 0\leq f(x)\leq 1,$$
所以
$$F(0)=f(0)-0\geq 0,\quad F(1)=f(1)-1\leq 0.$$

第一种情况:若两个不等式中有一个成立等号,则 $\xi\in[0,1]$ 的存在性已经得证.

第二种情况:若两个不等式中无一个成立等号,则 $F(0)>0,F(1)<0$,据根的存在定理,必定存在 $\xi\in(0,1)$,使 $F(\xi)=0$.即 $f(\xi)-\xi=0$.

综上所述,结论得证.

复习题一

一、填空题

1. 函数 $y=\ln(5-x)+\arcsin\dfrac{x-1}{6}$ 的定义域为_____.

2. 函数 $f(x)=\ln(x+\sqrt{x^2+1})$ 的奇偶性是_____.

3. 复合函数 $y=\sqrt{\ln(x+1)}$ 是由_____复合而成的.

4. $\lim\limits_{x\to 0}\dfrac{\sqrt{x+1}-1}{x}=$_____.

5. 函数 $y=\ln x$,当 $x\to$_____是无穷小量,$x\to$_____是无穷大量.

6. $\lim\limits_{x\to\infty}\left(1+\dfrac{2}{x}\right)^x=$_____;$\lim\limits_{x\to 0}(1-3x)^{\frac{1}{x}}=$_____.

7. 函数 $y=\dfrac{(x^2-1)(x+3)}{(x+1)(x-4)}$ 的连续区间是_____,$x=$_____是第一类间断点,$x=$_____是第二类间断点.

*8. $\lim\limits_{x\to\pi}\dfrac{\sin mx}{\sin nx}(n,m\in\mathbf{Z},n\neq 0)=$_____.

*9. 已知 $\lim\limits_{x\to\infty}\left[\dfrac{x^2+1}{x+1}-ax+b\right]=3$,则常数 $a=$_____,$b=$_____.

二、单项选择题

1. 下列函数中既是奇函数又是单调增加函数的是( ).
   A. $\sin^3 x$ B. x^3+1 C. x^3+x D. x^3-1

2. 设函数 $f(x)$ 在 $(-\infty,+\infty)$ 内有定义,下列函数中必为奇函数的是( ).
   A. $y=-|f(x)|$ B. $y=x^3 f(x^4)$
   C. $y=-f(-x)$ D. $y=f(x)+f(-x)$

3. 当 $x\to 0$ 时,下列函数中为 x 的高阶无穷小的是( ).
   A. $1-\cos x$ B. $x+x^2$ C. $\sin x$ D. $\sqrt{x}$

4. $\lim\limits_{x\to\infty}\dfrac{\sin x}{x}=$( ).
   A. ∞ B. 1   C. 0   D. 不存在

5. 如果 $\lim\limits_{n\to\infty}x_n=a$,则数列 $\{x_n\}$ 是( ).
   A. 有界数列   B. 发散数列
   C. 单调递增数列   D. 单调递减数列

6. $\lim\limits_{x\to 0}\dfrac{x+\sin x}{x}=$( ).

A. 0　　　　　　B. 1　　　　　　C. 2　　　　　　D. ∞

三、计算题

1. $\lim\limits_{n\to\infty}(\sqrt{n^2+n}-n)$.

2. $\lim\limits_{x\to 0}\dfrac{x^2-\sin x}{x+\sin x}$.

3. $\lim\limits_{x\to 0}\dfrac{\sin 3x}{\ln(1+5x)}$.

4. $\lim\limits_{x\to\infty}\left(\dfrac{x-1}{x+1}\right)^x$.

5. $\lim\limits_{x\to 0}\dfrac{\ln(a+x)-\ln a}{x}(a>0)$.

6. $\lim\limits_{x\to a}\dfrac{e^x-e^a}{x-a}$.

7. $\lim\limits_{n\to\infty}\left(\dfrac{1}{n^2}+\dfrac{2}{n^2}+\cdots+\dfrac{n}{n^2}\right)$.

8. $\lim\limits_{x\to 1}(x^2-1)\cos\dfrac{1}{x-1}$.

9. $\lim\limits_{x\to 1}\left(\dfrac{2}{1-x^2}-\dfrac{x}{1-x}\right)$.

10. $\lim\limits_{x\to 0}\dfrac{\tan x\cdot(1-\cos x)}{\sin(x^2)\cdot\ln(1-x)}$.

*四、综合题

1. 证明 $\lim\limits_{n\to\infty}\left(\dfrac{1}{\sqrt{n^2+1}}+\dfrac{1}{\sqrt{n^2+2}}+\cdots+\dfrac{1}{\sqrt{n^2+n}}\right)=1$(提示:用夹逼准则).

2. 设 $x_1=1, x_{n+1}=\sqrt{6+x_n}(n=1,2,\cdots)$,证明该数列 $\{x_n\}$ 极限存在,并求其极限(提示:用单调有界准则).

3. 证明方程 $x\cdot 3^x=2$ 至少有一个小于 1 的正根.

4. 计算极限 $\lim\limits_{x\to 0}\left(\dfrac{a^x+b^x+c^x}{3}\right)^{\frac{1}{x}}(a>0,b>0,c>0)$.

5. 讨论函数 $f(x)=\lim\limits_{n\to\infty}\dfrac{1-x^{2n}}{1+x^{2n}}$ 的连续性,如果有间断点,判断其类型.

6. 讨论 $f(x)=\begin{cases}\dfrac{1-e^{-\frac{1}{x}}}{1+e^{-\frac{1}{x}}},&x\neq 0\\ 1,&x=0\end{cases}$ 在点 $x=0$ 处的连续性,如果是间断点,判别其类型.

7. 假定你打算在银行存入一笔资金,你期望这笔投资 10 年后价值为 12 000 元.如果银行以年利率 9%、每年支付复利四次的方式付息,你应该投资多少元?

8. 根据函数极限的 ε-δ 定义证明 $\lim\limits_{x\to 3}\dfrac{x^2-x-6}{x-3}=5$.

》第二章

导数与微分

学习目标

- 理解导数的概念及其几何意义
- 掌握基本初等函数的求导公式
- 掌握四则运算求导法则和复合函数求导法则
- 会求隐函数和参数式函数的导数
- 了解高阶导数的概念,会计算显函数的二阶导数
- 了解微分的概念,掌握微分计算方法
- 会用 MATLAB 计算函数的导数
- 了解反例证明法,理解唯物辩证法的否定之否定规律,正确认识事物发展的曲折性和前进性,培养勇于探索和善于探索的科学精神

在前人研究的基础上,牛顿和莱布尼茨从不同角度系统地研究了微积分.牛顿的微积分理论被称为"流数术",他将变量称为流量,将变量的变化率称为流数,就是我们下面要学习的导数.后来,经过达朗贝尔、欧拉、拉格朗日、柯西、魏尔斯特拉斯为代表的众多数学家百年不懈的探索,导数的定义才得以逐步严格化.在导数概念形成中数学家们孜孜不倦、严谨求真的精神,不断激励着一代又一代的数学学习者.

本章我们主要阐释一元函数微分学中的两个基本概念:导数与微分.由此建立起一整套的微分公式与法则,从而系统地解决初等函数的求导问题.导数同上一章的极限、连续有着密切的联系,是高等数学基本的也是核心的内容.先看两个案例.

瞬时速度的案例 设一质点在 x 轴上从某一点开始作变速直线运动,已知运动方程为 $x=f(t)$.记 $t=t_0$ 时质点的位置为 $x_0=f(t_0)$.当 t 从 t_0 增加到 $t_0+\Delta t$ 时,x 相应地从 x_0 增加到 $x_0+\Delta x=f(t_0+\Delta t)$.因此质点在 Δt 这段时间内的位移是

$$\Delta x = f(t_0+\Delta t) - f(t_0),$$

在 Δt 时间内质点的平均速度是

$$\bar{v} = \frac{\Delta x}{\Delta t} = \frac{f(t_0+\Delta t) - f(t_0)}{\Delta t}.$$

显然,随着 Δt 的减小,平均速度 $\bar{v}$ 就越接近质点在 t_0 时刻的瞬时速度.但无论 Δt

取得怎样小,平均速度 $\bar{v}$ 总不能精确刻画出质点运动在 $t=t_0$ 时的快慢程度.为此我们采取"极限"的手段,如果平均速度 $\bar{v}=\dfrac{\Delta x}{\Delta t}$ 当 $\Delta t \to 0$ 时的极限存在,则把该极限值(记作 v)定义为质点在 $t=t_0$ 时的瞬时速度:

$$v=\lim_{\Delta t\to 0}\dfrac{\Delta x}{\Delta t}=\lim_{\Delta t\to 0}\dfrac{f(t_0+\Delta t)-f(t_0)}{\Delta t}.$$

曲线切线斜率的案例 设曲线 L 的方程为 $y=f(x)$,$P_0(x_0,y_0)$ 为 L 上的一个定点,为求曲线 $y=f(x)$ 在点 P_0 的切线,可在曲线上取邻近于 P_0 的点 $P(x_0+\Delta x, y_0+\Delta y)$,算出割线 P_0P 的斜率:

$$\tan\beta=\dfrac{\Delta y}{\Delta x}=\dfrac{f(x_0+\Delta x)-f(x_0)}{\Delta x},$$

其中 β 为割线 P_0P 的倾斜角(图 2.1).令 $\Delta x\to 0$,P 就沿着 L 趋向于 P_0,割线 P_0P 就不断地绕 P_0 转动,角 β 也不断地发生变化.如果 $\tan\beta=\dfrac{\Delta y}{\Delta x}$ 趋向于某个极限,则从解析几何知道,该极限值就是曲线在 P_0 处切线的斜率 k,而这时 $\beta=\arctan\dfrac{\Delta y}{\Delta x}$ 的极限也必存在,就是切线的倾斜角 α,即 $k=\tan\alpha$.所以我们把曲线 $y=f(x)$ 在点 P_0 处的切线斜率定义为

$$k=\tan\alpha=\lim_{\Delta x\to 0}\dfrac{\Delta y}{\Delta x}=\lim_{\Delta x\to 0}\dfrac{f(x_0+\Delta x)-f(x_0)}{\Delta x}.$$

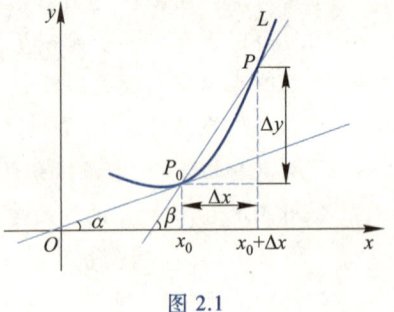

图 2.1

这里,$\dfrac{\Delta y}{\Delta x}$ 是函数的增量与自变量的增量之比,它表示函数相对于自变量的平均变化率.

上面所讲的瞬时速度和切线斜率,虽然它们来自不同的具体问题,但在计算上都归结为同一个极限形式,即函数相对于自变量的平均变化率的极限,称为**瞬时变化率**.在实际生活中,我们会经常遇到数学结构形式完全相同的各种各样的变化率,从而有必要从中抽象出一个数学概念来加以研究:导数的概念.

第一节 导数的概念

一、导数的定义

定义 2.1.1 设函数 $y=f(x)$ 在点 x_0 的某个邻域 $U(x_0,\delta)$ 内有定义,当自变量在 x_0 处有增量 Δx 时,相应地,函数有增量 $\Delta y=f(x_0+\Delta x)-f(x_0)$,若 $\Delta x\to 0$ 时,增量比 $\dfrac{\Delta y}{\Delta x}$ 的极限存在,则称函数 $y=f(x)$ 在点 x_0 处可导,并称此极限值为函数 $y=f(x)$ 在点 x_0 处的**导数**,记作

$$f'(x_0), \quad y'\big|_{x=x_0}, \quad \frac{dy}{dx}\bigg|_{x=x_0} 或 \frac{df(x)}{dx}\bigg|_{x=x_0}.$$

即

$$f'(x_0) = \lim_{\Delta x \to 0} \frac{\Delta y}{\Delta x} = \lim_{\Delta x \to 0} \frac{f(x_0+\Delta x)-f(x_0)}{\Delta x}. \tag{1}$$

若式(1)极限不存在,则称$f(x)$在点x_0处**不可导**.如果不可导的原因在于$\frac{\Delta y}{\Delta x}$当$\Delta x \to 0$时是无穷大,则为了方便,也往往说$f(x)$在点$x_0$处的导数为无穷大.

在式(1)中,若令$x = x_0 + \Delta x$,则有

$$\Delta x = x - x_0, \quad \Delta y = f(x) - f(x_0).$$

当$\Delta x \to 0$时,$x \to x_0$,从而$y = f(x)$在点x_0处的导数又可以写成

$$f'(x_0) = \lim_{x \to x_0} \frac{f(x)-f(x_0)}{x-x_0}. \tag{2}$$

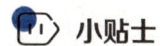

> **小贴士**
>
> 导数研究函数相对于自变量的变化率,即因变量随自变量变化的快慢程度.导数值的大小反映在x_0处当自变量变化一单位时,因变量会变化多少单位.

如果函数$y = f(x)$在开区间I内每一点都可导,则称$f(x)$在I内可导.这时对每一个$x \in I$,都有导数$f'(x)$与之相对应,从而在I内确定了一个函数,称为$y = f(x)$的**导函数**,简称为**导数**,记作

$$f'(x), \quad y', \quad \frac{dy}{dx} 或 \frac{df(x)}{dx}.$$

在式(1)中把x_0换成x,即得导函数的定义:

$$f'(x) = \lim_{\Delta x \to 0} \frac{f(x+\Delta x)-f(x)}{\Delta x} = \lim_{h \to 0} \frac{f(x+h)-f(x)}{h}, \quad x \in I.$$

于是有

$$f'(x_0) = f'(x)\big|_{x=x_0}.$$

下面我们利用导数的定义来推出几个基本初等函数的导数公式.

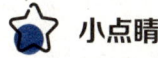

> **小点睛**
>
> 抽象性是数学的一个典型特征.我们运用抽象数字,却并不打算把它们每次都和具体的对象联系起来.我们在学校学习抽象的乘法表——总是数字的乘法表,而不是男孩的数目乘苹果的数目,或者苹果的数目乘苹果的价钱等.再如几何中我们用抽象的直线,而不是拉紧的绳子.导数的概念我们只抽象地定义为函数因变量与自变量的增量比值的极限,而舍弃了其几何的或物理的等实际背景.在应用数学来解决实际问题时,我们会从具体问题中抽象出数学模型,求解数学模型的结果后,再代入实际问题去解释结果.数学的抽象性可以训练我们在生活中善于抓住事情的共性和本质的思维能力.

例1 求函数 $y = C$ (C 为常数) 的导数.

解 考虑常数函数 $y = C$,当 x 取得增量 Δx 时,函数的增量总等于零,即 $\Delta y = 0$. 从而有

$$\frac{\Delta y}{\Delta x} = 0,$$

于是

$$\frac{dy}{dx} = \lim_{\Delta x \to 0} \frac{\Delta y}{\Delta x} = 0.$$

即

$$(C)' = 0.$$

例2 求函数 $f(x) = \sin x$ 的导数 $(\sin x)'$ 及 $(\sin x)'|_{x=\frac{\pi}{4}}$.

解 $(\sin x)' = \lim\limits_{\Delta x \to 0} \dfrac{\sin(x+\Delta x) - \sin x}{\Delta x} = \lim\limits_{\Delta x \to 0} \dfrac{2\sin\frac{\Delta x}{2}\cos\left(x+\frac{\Delta x}{2}\right)}{\Delta x} = \cos x,$

即

$$(\sin x)' = \cos x.$$

$$(\sin x)'|_{x=\frac{\pi}{4}} = \cos x |_{x=\frac{\pi}{4}} = \frac{\sqrt{2}}{2}.$$

另外,容易验证

$$(\cos x)' = -\sin x.$$

例3 求函数 $y = x^n$ (n 为正整数) 的导数.

解 由题意,

$$\Delta y = (x+\Delta x)^n - x^n$$
$$= nx^{n-1}\Delta x + \frac{n(n-1)}{2}x^{n-2}(\Delta x)^2 + \cdots + (\Delta x)^n,$$

所以

$$\lim_{\Delta x \to 0} \frac{\Delta y}{\Delta x} = \lim_{\Delta x \to 0}\left[nx^{n-1} + \frac{n(n-1)}{2}x^{n-2}\Delta x + \cdots + (\Delta x)^{n-1}\right] = nx^{n-1}.$$

即

$$(x^n)' = nx^{n-1}.$$

更一般地,

$$(x^\mu)' = \mu x^{\mu-1} \quad (x > 0, \mu \in \mathbf{R}) \text{(证明详见本章第二节中例18)}.$$

例如,

$$\left(\frac{1}{x}\right)' = -\frac{1}{x^2}, \quad (\sqrt{x})' = \frac{1}{2\sqrt{x}}.$$

例4 求函数 $f(x) = a^x$ ($a > 0, a \neq 1$) 的导数.

解 $f'(x) = \lim\limits_{\Delta x \to 0} \dfrac{a^{x+\Delta x} - a^x}{\Delta x} = a^x \lim\limits_{\Delta x \to 0} \dfrac{a^{\Delta x} - 1}{\Delta x} = a^x \lim\limits_{\Delta x \to 0} \dfrac{e^{\ln a \Delta x} - 1}{\Delta x}$

$= a^x \lim\limits_{\Delta x \to 0} \dfrac{\ln a^{\Delta x}}{\Delta x} = a^x \lim\limits_{\Delta x \to 0} \dfrac{\Delta x \ln a}{\Delta x} = a^x \ln a.$

即
$$(a^x)' = a^x \ln a.$$
特别地,$(e^x)' = e^x$.

例 5 求函数 $f(x) = \ln x$ 的导数.

解 $f'(x) = \lim\limits_{h \to 0} \dfrac{f(x+h) - f(x)}{h} = \lim\limits_{h \to 0} \dfrac{\ln(x+h) - \ln x}{h} = \lim\limits_{h \to 0} \dfrac{1}{h} \cdot \ln\left(1 + \dfrac{h}{x}\right)$

$= \lim\limits_{h \to 0} \left(\dfrac{1}{h} \cdot \dfrac{h}{x}\right) = \dfrac{1}{x}.$

即 $(\ln x)' = \dfrac{1}{x}$.

同理得出 $(\log_a x)' = \dfrac{1}{x \ln a}$.

既然导数是增量比 $\dfrac{\Delta y}{\Delta x}$ 当 $\Delta x \to 0$ 时的极限,我们也往往根据需要,考察它的单侧极限.

定义 2.1.2 设函数 $y = f(x)$ 在点 x_0 的某个邻域内有定义,若极限 $\lim\limits_{\Delta x \to 0^-} \dfrac{\Delta y}{\Delta x}$ 存在,则称 $f(x)$ 在点 x_0 处左可导,且称此极限值为 $f(x)$ 在点 x_0 处的**左导数**,记作 $f'_-(x_0)$;若极限 $\lim\limits_{\Delta x \to 0^+} \dfrac{\Delta y}{\Delta x}$ 存在,则称 $f(x)$ 在点 x_0 处右可导,并称此极限值为 $f(x)$ 在点 x_0 处的**右导数**,记作 $f'_+(x_0)$.即

$$f'_-(x_0) = \lim\limits_{\Delta x \to 0^-} \dfrac{f(x_0 + \Delta x) - f(x_0)}{\Delta x} = \lim\limits_{x \to x_0^-} \dfrac{f(x) - f(x_0)}{x - x_0},$$

$$f'_+(x_0) = \lim\limits_{\Delta x \to 0^+} \dfrac{f(x_0 + \Delta x) - f(x_0)}{\Delta x} = \lim\limits_{x \to x_0^+} \dfrac{f(x) - f(x_0)}{x - x_0}.$$

根据单侧极限与极限的关系,我们得到

定理 2.1.1 $f(x)$ 在点 x_0 处可导的充要条件是 $f(x)$ 在点 x_0 处既左可导又右可导,且 $f'_-(x_0) = f'_+(x_0)$.

> **小贴士**
>
> 左、右导数常用于判定分段函数在分段点 x_0 处是否可导.只有当分段点 x_0 处左、右单侧导数 $f'_-(x_0)$ 与 $f'_+(x_0)$ 都存在并且相等时,函数 $y = f(x)$ 在点 x_0 才可导.这一点跟计算分段点的极限类似,原因在于导数本质上也是极限这一数学思想方法的应用,导数就是函数因变量与自变量的增量比值的极限.

例 6 已知 $f(x) = \begin{cases} \sin x, & x < 0, \\ x, & x \geq 0, \end{cases}$ 求 $f'(0)$.

解 由于

$$f'_-(0) = \lim\limits_{x \to 0^-} \dfrac{f(x) - f(0)}{x - 0} = \lim\limits_{x \to 0^-} \dfrac{\sin x - 0}{x} = 1,$$

$$f'_+(0) = \lim_{x \to 0^+} \frac{f(x)-f(0)}{x-0} = \lim_{x \to 0^+} \frac{x-0}{x} = 1,$$
$$f'_-(0) = f'_+(0) = 1,$$

所以 $f'(0)=1$.

注意: 对于分段函数在分段点处的导数, 须通过讨论它的单侧导数来确定它的存在性.

二、导数的几何意义

由曲线切线的斜率案例讨论和导数的定义可得导数的几何意义为: 函数 $y=f(x)$ 在点 x_0 处的导数 $f'(x_0)$ 就是曲线 $y=f(x)$ 在点 $M_0(x_0, y_0)$ 处的切线斜率. 即
$$k = f'(x_0) = \tan \alpha,$$
其中 α 是切线的倾斜角, 如图 2.2 所示.

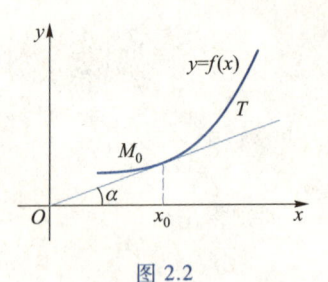

图 2.2

小贴士

若 $f'(x_0)=0$, 则曲线 $y=f(x)$ 在点 $M_0(x_0, y_0)$ 处有平行于 x 轴的切线; 若 $f'(x_0)=\infty$, 则曲线 $y=f(x)$ 在点 $M_0(x_0, y_0)$ 处有垂直于 x 轴的切线.

由导数的几何意义, 可分别得到曲线 $y=f(x)$ 在点 $M_0(x_0, f(x_0))$ 处的切线方程为
$$y - f(x_0) = f'(x_0)(x-x_0),$$
法线方程为
$$y - f(x_0) = -\frac{1}{f'(x_0)}(x-x_0) \quad (f'(x_0) \neq 0)$$
或
$$x = x_0 \quad (f'(x_0)=0).$$

例 7 求曲线 $y=\dfrac{1}{x}$ 在点 $\left(2, \dfrac{1}{2}\right)$ 处的切线方程和法线方程.

解 所求切线方程的斜率为
$$k = \left(\frac{1}{x}\right)'\bigg|_{x=2} = -\frac{1}{x^2}\bigg|_{x=2} = -\frac{1}{4},$$
则所求的切线方程为 $y - \dfrac{1}{2} = -\dfrac{1}{4}(x-2)$, 即 $x+4y-4=0$. 所求的法线方程为 $y - \dfrac{1}{2} = 4(x-2)$, 即 $8x-2y-15=0$.

三、函数的可导性与连续性的关系

连续与可导是函数的两个重要概念. 虽然在导数的定义中未明确要求函数在点 x_0 处连续, 但却蕴涵可导必然连续这一关系.

定理 2.1.2 若 $f(x)$ 在点 x_0 处可导, 则它在点 x_0 处连续.

证 设 $f(x)$ 在 x_0 可导，即
$$\lim_{\Delta x \to 0} \frac{\Delta y}{\Delta x} = f'(x_0),$$
则有
$$\lim_{\Delta x \to 0} \Delta y = \lim_{\Delta x \to 0} \left(\frac{\Delta y}{\Delta x} \cdot \Delta x \right) = \lim_{\Delta x \to 0} \frac{\Delta y}{\Delta x} \cdot \lim_{\Delta x \to 0} \Delta x = f'(x_0) \cdot \lim_{\Delta x \to 0} \Delta x = 0.$$
所以 $f(x)$ 在点 x_0 处连续．

注意：逆命题不一定成立，即在点 x_0 处连续的函数未必在点 x_0 处可导．

例 8 证明函数 $f(x) = |x|$ 在 $x = 0$ 处连续但不可导（图 2.3）．

证 因为 $\lim\limits_{x \to 0^-} f(x) = \lim\limits_{x \to 0^+} f(x) = 0 = f(0)$，所以 $f(x) = |x|$ 在 $x = 0$ 处连续，而
$$f'_-(0) = \lim_{x \to 0^-} \frac{f(x) - f(0)}{x - 0} = \lim_{x \to 0^-} \frac{-x - 0}{x} = -1,$$
$$f'_+(0) = \lim_{x \to 0^+} \frac{f(x) - f(0)}{x - 0} = \lim_{x \to 0^+} \frac{x - 0}{x} = 1,$$
$$f'_-(0) \neq f'_+(0),$$
所以 $f(x) = |x|$ 在 $x = 0$ 处不可导．

综上可得，函数 $f(x) = |x|$ 在点 $x = 0$ 处连续，但不可导．

请思考：函数 $y = f(x)$ 在点 x_0 处连续，但在点 x_0 处未必可导．试举例说明．

图 2.3

习题 2.1

1. 设 $f(x) = 10x^2$，试按定义求 $f'(-1)$．
2. 设 $f(x) = 2x - 3$，试按定义求 $f'(x)$ 及 $f'(1)$．
3. 求曲线 $y = \sin x$ 在原点处的切线方程和法线方程．
4. 求曲线 $y = 2^x$ 在点 $(0, 1)$ 处的切线方程．
5. 已知 $f(x)$ 在 $x = x_0$ 处可导，且 $f'(x_0) = A$，求：

(1) $\lim\limits_{\Delta x \to 0} \dfrac{f(x_0 + \Delta x) - f(x_0)}{2 \Delta x}$．　　(2) $\lim\limits_{\Delta x \to 0} \dfrac{f(x_0 - \Delta x) - f(x_0)}{\Delta x}$．

(3) $\lim\limits_{\Delta x \to 0} \dfrac{f(x_0 + 3\Delta x) - f(x_0)}{\Delta x}$．

*6. 证明：$(\cos x)' = -\sin x$．

*7. 讨论函数 $f(x) = |x - 4|$ 在 $x = 4$ 处的连续性和可导性．

*8. 已知 $g(x)$ 在 $x = 0$ 处连续，且 $g(0) = 2$，设 $f(x) = g(x) \sin 2x$，求 $f'(0)$．

*9. 设 $f(x) = \begin{cases} e^x, & x \leq 0, \\ 2x + 1, & x > 0, \end{cases}$ 试确定函数在 $x = 0$ 处的可导性．

第二节 导数的计算

一、导数公式及四则运算法则

首先,我们根据导数的定义,推出几个主要的求导法则——导数的四则运算法则、反函数的求导法则.借助于这些法则和上节导出的几个基本初等函数的导数公式,求出其余的基本初等函数的导数公式.

(一) 导数的四则运算

定理 2.2.1 设 $u(x),v(x)$ 在 x 处可导,则 $u(x)\pm v(x),u(x)v(x)$ 及 $\dfrac{u(x)}{v(x)}(v(x)\neq 0)$ 也在 x 处可导,且有

(1) $[u(x)\pm v(x)]'=u'(x)\pm v'(x).$

(2) $[u(x)v(x)]'=u'(x)v(x)+u(x)v'(x).$

(3) $\left[\dfrac{u(x)}{v(x)}\right]'=\dfrac{u'(x)v(x)-u(x)v'(x)}{v^2(x)}.$

证 (1) 令 $y=u(x)+v(x)$,则
$$\Delta y = [u(x+\Delta x)+v(x+\Delta x)]-[u(x)+v(x)]$$
$$= [u(x+\Delta x)-u(x)]+[v(x+\Delta x)-v(x)] = \Delta u+\Delta v,$$

从而有
$$\lim_{\Delta x\to 0}\frac{\Delta y}{\Delta x}=\lim_{\Delta x\to 0}\frac{\Delta u}{\Delta x}+\lim_{\Delta x\to 0}\frac{\Delta v}{\Delta x}=u'(x)+v'(x),$$

所以 $y=u(x)+v(x)$ 也在 x 处可导,且
$$[u(x)+v(x)]'=u'(x)+v'(x).$$

类似可证明 $[u(x)-v(x)]'=u'(x)-v'(x).$

(2) 令 $y=u(x)v(x)$,则
$$\Delta y = u(x+\Delta x)v(x+\Delta x)-u(x)v(x)$$
$$= [u(x+\Delta x)-u(x)]v(x+\Delta x)+u(x)[v(x+\Delta x)-v(x)]$$
$$= \Delta u\cdot v(x+\Delta x)+u(x)\cdot \Delta v.$$

由于可导必连续,故有 $\lim\limits_{\Delta x\to 0}v(x+\Delta x)=v(x)$,从而推出
$$\lim_{\Delta x\to 0}\frac{\Delta y}{\Delta x}=\lim_{\Delta x\to 0}\frac{\Delta u}{\Delta x}\cdot\lim_{\Delta x\to 0}v(x+\Delta x)+u(x)\cdot\lim_{\Delta x\to 0}\frac{\Delta v}{\Delta x}$$
$$=u'(x)v(x)+u(x)v'(x),$$

所以 $y=u(x)v(x)$ 也在 x 处可导,且有
$$[u(x)v(x)]'=u'(x)v(x)+u(x)v'(x).$$

(3) 先证 $\left[\dfrac{1}{v(x)}\right]' = -\dfrac{v'(x)}{v^2(x)}$. 令 $y = \dfrac{1}{v(x)}$, 则

$$\Delta y = \dfrac{1}{v(x+\Delta x)} - \dfrac{1}{v(x)} = -\dfrac{v(x+\Delta x)-v(x)}{v(x+\Delta x)v(x)}.$$

由于 $v(x)$ 在 x 处可导, $\lim\limits_{\Delta x \to 0} v(x+\Delta x) = v(x) \neq 0$, 故有

$$\lim_{\Delta x \to 0} \dfrac{\Delta y}{\Delta x} = -\lim_{\Delta x \to 0} \dfrac{\dfrac{v(x+\Delta x)-v(x)}{\Delta x}}{v(x+\Delta x)v(x)} = -\dfrac{v'(x)}{v^2(x)}.$$

所以 $y = \dfrac{1}{v(x)}$ 在 x 处可导, 且 $\left[\dfrac{1}{v(x)}\right]' = -\dfrac{v'(x)}{v^2(x)}$. 从而由(2)推出

$$\left[\dfrac{u(x)}{v(x)}\right]' = u'(x) \cdot \dfrac{1}{v(x)} + u(x)\left[\dfrac{1}{v(x)}\right]'$$

$$= u'(x)\dfrac{1}{v(x)} - u(x)\dfrac{v'(x)}{v^2(x)} = \dfrac{u'(x)v(x) - u(x)v'(x)}{v^2(x)}.$$

证毕.

推论 1 若 $u(x)$ 在 x 处可导, C 是常数, 则 $Cu(x)$ 在 x 处可导, 且

$$[Cu(x)]' = Cu'(x).$$

即求导时常数因子可以提到求导符号的外面来.

推论 2 乘积求导公式可以推广到有限个可导函数乘积的导数.

例如, 若 u,v,w 都是区间 I 内的可导函数, 则

$$(uvw)' = u'vw + uv'w + uvw'.$$

例 1 设 $f(x) = 2x^2 - 3x + \sin\dfrac{\pi}{3}$, 求 $f'(x)$ 及 $f'(1)$.

解 注意 $\sin\dfrac{\pi}{3}$ 是常数, 故

$$f'(x) = \left(2x^2 - 3x + \sin\dfrac{\pi}{3}\right)' = (2x^2)' - (3x)' + \left(\sin\dfrac{\pi}{3}\right)' = 4x - 3.$$

$$f'(1) = 4 \times 1 - 3 = 1.$$

例 2 设 $f(x) = x\cos x$, 求 $f'(x)$.

解 $f'(x) = (x\cos x)' = (x)'\cos x + x(\cos x)' = \cos x - x\sin x.$

例 3 求函数 $y = \tan x$ 的导数.

解 $(\tan x)' = \left(\dfrac{\sin x}{\cos x}\right)' = \dfrac{\cos x\cos x - \sin x(-\sin x)}{\cos^2 x} = \dfrac{1}{\cos^2 x} = \sec^2 x.$

类似可证明 $(\cot x)' = -\csc^2 x$.

例 4 求函数 $y = \sec x$ 的导数.

解 $(\sec x)' = \left(\dfrac{1}{\cos x}\right)' = -\dfrac{(\cos x)'}{\cos^2 x} = \dfrac{\sin x}{\cos^2 x} = \sec x\tan x.$

类似可证明 $(\csc x)' = -\csc x\cot x$.

(二) 反函数的导数

定理 2.2.2 设 $y=f(x)$ 为 $x=\varphi(y)$ 的反函数. 如果 $x=\varphi(y)$ 在某区间 I_y 内单调可导,且 $\varphi'(y)\neq 0$,则它的反函数 $y=f(x)$ 也在对应的区间 I_x 内可导,且

$$f'(x)=\frac{1}{\varphi'(y)} \quad \text{或} \quad \frac{\mathrm{d}y}{\mathrm{d}x}=\frac{1}{\frac{\mathrm{d}x}{\mathrm{d}y}}. \tag{1}$$

证 任取 $x\in I_x$ 及 $\Delta x\neq 0$,使 $x+\Delta x\in I_x$. 由假设可知 $y=f(x)$ 在区间 I_x 内也严格单调,因此

$$\Delta y=f(x+\Delta x)-f(x)\neq 0.$$

又由假设可知 $f(x)$ 在 x 连续,故当 $\Delta x\to 0$ 时 $\Delta y\to 0$. 而 $x=\varphi(y)$ 可导且 $\varphi'(y)\neq 0$,所以

$$\lim_{\Delta x\to 0}\frac{\Delta y}{\Delta x}=\frac{1}{\lim_{\Delta y\to 0}\frac{\Delta x}{\Delta y}}=\frac{1}{\varphi'(y)},$$

即 $y=f(x)$ 在 x 可导,并且(1)式成立.

例 5 求函数 $y=\arcsin x$ 的导数.

解 由于函数 $y=\arcsin x, x\in(-1,1)$ 是函数 $x=\sin y, y\in\left(-\frac{\pi}{2},\frac{\pi}{2}\right)$ 的反函数,且当 $y\in\left(-\frac{\pi}{2},\frac{\pi}{2}\right)$ 时,$(\sin y)'=\cos y>0$. 所以

$$(\arcsin x)'=\frac{1}{(\sin y)'}=\frac{1}{\cos y}=\frac{1}{\sqrt{1-\sin^2 y}}=\frac{1}{\sqrt{1-x^2}}.$$

类似可证明

$$(\arccos x)'=-\frac{1}{\sqrt{1-x^2}},\ (\arctan x)'=\frac{1}{1+x^2},\ (\text{arccot } x)'=-\frac{1}{1+x^2}.$$

上节利用导数定义,我们证明了 $(\log_a x)'=\frac{1}{x\ln a}$,该公式也可通过反函数求导法则得出.

例 6 求函数 $y=\log_a x\,(a>0,a\neq 1)$ 的导数.

解 由于函数 $y=\log_a x, x\in(0,+\infty)$ 是 $x=a^y, y\in(-\infty,+\infty)$ 的反函数,因此

$$(\log_a x)'=\frac{1}{(a^y)'}=\frac{1}{a^y\ln a}=\frac{1}{x\ln a}.$$

特别地,$(\ln x)'=\frac{1}{x}$.

(三) 导数基本公式

把前面导出的常数与基本初等函数的求导公式汇总起来,得到以下导数基本公式:

(1) $(C)'=0$.

(2) $(x^\mu)'=\mu x^{\mu-1}$ (μ 为任意实数).

(3) $(a^x)'=a^x\ln a$, $\qquad (\mathrm{e}^x)'=\mathrm{e}^x$.

(4) $(\log_a x)'=\frac{1}{x\ln a}$, $\qquad (\ln x)'=\frac{1}{x}$.

(5) $(\sin x)' = \cos x,$ $(\cos x)' = -\sin x,$
  $(\tan x)' = \sec^2 x,$ $(\cot x)' = -\csc^2 x,$
  $(\sec x)' = \sec x \tan x,$ $(\csc x)' = -\csc x \cot x.$

(6) $(\arcsin x)' = \dfrac{1}{\sqrt{1-x^2}},$ $(\arccos x)' = -\dfrac{1}{\sqrt{1-x^2}},$
  $(\arctan x)' = \dfrac{1}{1+x^2},$ $(\text{arccot } x)' = -\dfrac{1}{1+x^2}.$

例 7 设 $y = \sqrt{x}\cos x + 4\ln x + \tan\dfrac{\pi}{7}$,求 y'.

解 $y' = (\sqrt{x}\cos x)' + (4\ln x)' + \left(\tan\dfrac{\pi}{7}\right)' = (\sqrt{x})'\cos x + \sqrt{x}(\cos x)' + 4(\ln x)'$

$= \dfrac{\cos x}{2\sqrt{x}} - \sqrt{x}\sin x + \dfrac{4}{x}.$

例 8 设 $y = 4\log_2 x - \dfrac{e^x}{x}$,求 y'.

解 $y' = (4\log_2 x)' - \left(\dfrac{e^x}{x}\right)' = \dfrac{4}{x\ln 2} - \dfrac{xe^x - e^x}{x^2}.$

例 9 设 $f(x) = \dfrac{x^2 + 2x - 1}{\sqrt{x}}$,求 $f'(x)$.

解 化简 $f(x) = x^{\frac{3}{2}} + 2x^{\frac{1}{2}} - x^{-\frac{1}{2}}$,所以

$f'(x) = (x^{\frac{3}{2}} + 2x^{\frac{1}{2}} - x^{-\frac{1}{2}})' = \dfrac{3}{2}x^{\frac{1}{2}} + 2 \cdot \dfrac{1}{2} \cdot x^{-\frac{1}{2}} - \left(-\dfrac{1}{2}\right)x^{-\frac{3}{2}}$

$= \dfrac{3}{2}x^{\frac{1}{2}} + x^{-\frac{1}{2}} + \dfrac{1}{2}x^{-\frac{3}{2}}.$

例 10 设 $f(x) = \arcsin x - 2\sqrt{x\sqrt{x}}$,求 $f'(x)$.

解 化简 $f(x) = \arcsin x - 2x^{\frac{3}{4}}$,所以

$f'(x) = (\arcsin x)' - (2x^{\frac{3}{4}})' = \dfrac{1}{\sqrt{1-x^2}} - 2 \cdot \dfrac{3}{4}x^{-\frac{1}{4}}$

$= \dfrac{1}{\sqrt{1-x^2}} - \dfrac{3}{2}x^{-\frac{1}{4}}.$

例 11 设 $f(x) = \dfrac{x\sin x}{1+\cos x}$,求 $f'(x)$.

解 $f'(x) = \dfrac{(x\sin x)'(1+\cos x) - x\sin x(1+\cos x)'}{(1+\cos x)^2}$

$= \dfrac{(\sin x + x\cos x)(1+\cos x) - x\sin x(-\sin x)}{(1+\cos x)^2}$

$= \dfrac{\sin x + x}{1+\cos x}$

二、复合函数的导数

定理 2.2.3 设 $y=f(u)$ 与 $u=\varphi(x)$ 可以复合成函数 $y=f[\varphi(x)]$,如果 $u=\varphi(x)$ 在点 x_0 处可导,而 $y=f(u)$ 在对应的点 $u_0=\varphi(x_0)$ 处可导,则函数 $y=f[\varphi(x)]$ 在点 x_0 处可导,且有

$$\frac{dy}{dx}\bigg|_{x=x_0}=f'(u_0)\cdot\varphi'(x_0). \tag{2}$$

证 由于 $y=f(u)$ 在点 u_0 处可导,因此 $\lim\limits_{\Delta u\to 0}\frac{\Delta y}{\Delta u}=f'(u_0)$.由函数极限与无穷小的关系有

$$\frac{\Delta y}{\Delta u}=f'(u_0)+\alpha,$$

其中 α 是 $\Delta u\to 0$ 时的无穷小,则

$$\Delta y=f'(u_0)\Delta u+\alpha\cdot\Delta u. \tag{3}$$

设函数 $y=f[\varphi(x)]$ 在 x_0 处有增量 Δx,用 Δx 除(3)式两边,得

$$\frac{\Delta y}{\Delta x}=f'(u_0)\frac{\Delta u}{\Delta x}+\alpha\frac{\Delta u}{\Delta x}, \tag{4}$$

因为 $u=\varphi(x)$ 在点 x_0 处可导,所以 $\lim\limits_{\Delta x\to 0}\frac{\Delta u}{\Delta x}=\varphi'(x_0)$.又由 $u=\varphi(x)$ 在 x_0 的连续性推知,当 $\Delta x\to 0$ 时 $\Delta u\to 0$.从而有

$$\lim_{\Delta x\to 0}\alpha=\lim_{\Delta u\to 0}\alpha=0.$$

于是(4)式右边当 $\Delta x\to 0$ 时极限存在,且

$$\lim_{\Delta x\to 0}\frac{\Delta y}{\Delta x}=f'(u_0)\cdot\varphi'(x_0).$$

所以 $y=f[\varphi(x)]$ 在 x_0 可导,并且(2)式成立.

由(2)式可知,若 $u=\varphi(x)(x\in I)$ 及 $y=f(u)(u\in I_1)$ 均为可导函数,且当 $x\in I$ 时 $u=\varphi(x)\in I_1$,则复合函数 $y=f[\varphi(x)]$ 在 I 内也可导,且有

$$\frac{dy}{dx}=\frac{dy}{du}\cdot\frac{du}{dx}. \tag{5}$$

式(5)通常称为复合函数的**链式求导法则**.它可以推广到任意有限个可导函数的复合函数.例如,设 $y=f(u),u=\varphi(v),v=\psi(x)$ 均为相应区间内的可导函数,且可以复合成函数 $y=f\{\varphi[\psi(x)]\}$,则有

$$\frac{dy}{dx}=\frac{dy}{du}\cdot\frac{du}{dv}\cdot\frac{dv}{dx}.$$

例 12 设函数 $y=\sin 3x$,求 y'.

解 由于 $y=\sin 3x$ 可以看作由三角函数 $y=\sin u$ 与幂函数 $u=3x$ 复合而成的函数,而 $\frac{dy}{du}=(\sin u)'=\cos u,\frac{du}{dx}=(3x)'=3$,故

$$y' = \frac{dy}{dx} = \frac{dy}{du} \cdot \frac{du}{dx} = \cos u \cdot 3 = 3\cos 3x.$$

例 13 设函数 $y = e^{\tan\frac{2}{x}}$，求 y'.

解 由于 $y = e^{\tan\frac{2}{x}}$ 可以看作函数 $y = e^u$, $u = \tan v$, $v = \frac{2}{x}$ 复合而成的函数，而 $\frac{dy}{du} = (e^u)' = e^u$, $\frac{du}{dv} = (\tan v)' = \sec^2 v$, $\frac{dv}{dx} = \left(\frac{2}{x}\right)' = -\frac{2}{x^2}$, 故

$$y' = \frac{dy}{dx} = \frac{dy}{du} \cdot \frac{du}{dv} \cdot \frac{dv}{dx} = e^u \cdot \sec^2 v \cdot \left(-\frac{2}{x^2}\right) = -\frac{2}{x^2} e^{\tan\frac{2}{x}} \sec^2 \frac{2}{x}.$$

> **小贴士**
> 在熟悉了链式求导法则后，可以不写出中间变量而直接求导，对外函数求导再乘内函数的导数，当内函数是复合函数时，重复使用链式求导法则就可以了. 关键是理清复合函数结构，由外向内逐层求导.

如解例 12 时，把 $3x$ 看作中间变量，不写出中间变量的符号，有

$$y' = (\sin 3x)' = \cos 3x \cdot (3x)' = 3\cos 3x.$$

又如解例 13 时，先将 $u = \tan\frac{2}{x}$ 看作中间变量，有 $y' = (e^{\tan\frac{2}{x}})' = e^{\tan\frac{2}{x}} \cdot \left(\tan\frac{2}{x}\right)'$. 求 $\left(\tan\frac{2}{x}\right)'$ 时，再将 $\frac{2}{x}$ 看作中间变量，于是

$$y' = e^{\tan\frac{2}{x}} \cdot \left(\tan\frac{2}{x}\right)' = e^{\tan\frac{2}{x}} \cdot \sec^2 \frac{2}{x} \cdot \left(\frac{2}{x}\right)' = -\frac{2}{x^2} e^{\tan\frac{2}{x}} \sec^2 \frac{2}{x}.$$

> **小点睛**
> 复合函数求导中我们又用到整体变量代换的方法，将内函数看成一个整体，对外函数求导，再乘内函数的导数，若内函数仍为复合函数，就重复使用复合函数求导的方法. 整体变量代换的方法在数学中很常见，在前面无穷小等价代换中遇到过，在不定积分的第一类换元法等后续学习内容中还会碰到.

例 14 求 $y = \arctan\sqrt{x^3+1}$ 的导数.

解 $y' = \dfrac{1}{1+(x^3+1)}(\sqrt{x^3+1})' = \dfrac{1}{2+x^3} \cdot \dfrac{1}{2\sqrt{x^3+1}}(x^3+1)'$

$= \dfrac{1}{2+x^3} \cdot \dfrac{1}{2\sqrt{x^3+1}} \cdot 3x^2 = \dfrac{3x^2}{2(2+x^3)\sqrt{x^3+1}}.$

例 15 求 $y = \ln(x+\sqrt{x^2+1})$ 的导数.

解 $y' = \dfrac{1}{x+\sqrt{x^2+1}}(x+\sqrt{x^2+1})' = \dfrac{1}{x+\sqrt{x^2+1}}\left[1+\dfrac{1}{2\sqrt{x^2+1}}(x^2+1)'\right]$

$$= \frac{1}{x+\sqrt{x^2+1}}\left[1+\frac{1}{2\sqrt{x^2+1}}\cdot 2x\right] = \frac{1}{x+\sqrt{x^2+1}}\cdot\frac{x+\sqrt{x^2+1}}{\sqrt{x^2+1}}$$

$$= \frac{1}{\sqrt{x^2+1}}.$$

例 16 求 $y=\arcsin(\sin^2 x)$ 的导数.

解
$$y' = \frac{1}{\sqrt{1-\sin^4 x}}(\sin^2 x)' = \frac{1}{\sqrt{1-\sin^4 x}}\cdot 2\sin x\cdot(\sin x)'$$

$$= \frac{2\sin x\cos x}{\sqrt{1-\sin^4 x}} = \frac{\sin 2x}{\sqrt{1-\sin^4 x}}.$$

例 17 求 $y=2^{\cos x}\sec 3x$ 的导数.

解
$$y' = (2^{\cos x})'\sec 3x+2^{\cos x}(\sec 3x)'$$

$$= \sec 3x\cdot 2^{\cos x}\ln 2\cdot(\cos x)'+2^{\cos x}\sec 3x\tan 3x\cdot(3x)'$$

$$= 2^{\cos x}\sec 3x(3\tan 3x-\ln 2\cdot\sin x).$$

例 18 证明:$(x^\mu)'=\mu x^{\mu-1}(x>0,\mu\in\mathbf{R})$.

证 由于 $y=x^\mu=\mathrm{e}^{\mu\ln x}$ 可以看作由函数 $y=\mathrm{e}^v, v=\mu\ln x$ 复合而成的函数,因此

$$y'=\frac{\mathrm{d}y}{\mathrm{d}v}\cdot\frac{\mathrm{d}v}{\mathrm{d}x}=\mathrm{e}^v\cdot\mu\cdot\frac{1}{x}=\mu\mathrm{e}^{\mu\ln x}\cdot\frac{1}{x}=\mu x^{\mu-1},$$

即 $(x^\mu)'=\mu x^{\mu-1}(x>0)$.

例 19 求 $y=\ln|x|$ 的导数.

解 由于

$$y=\ln|x|=\begin{cases}\ln x, & x>0,\\ \ln(-x), & x<0,\end{cases}$$

所以

$$x>0 \text{ 时},(\ln|x|)'=(\ln x)'=\frac{1}{x},$$

$$x<0 \text{ 时},(\ln|x|)'=[\ln(-x)]'=\frac{1}{-x}(-x)'=\frac{1}{x},$$

综上所述,$(\ln|x|)'=\frac{1}{x}.$

例 20 求 $y=\ln|f(x)|$ 的导数($f(x)\neq 0$ 且 $f(x)$ 可导).

解 $y=\ln|f(x)|$ 可由 $y=\ln|u|, u=f(x)$ 复合而成,则

$$y'=\frac{\mathrm{d}y}{\mathrm{d}u}\cdot\frac{\mathrm{d}u}{\mathrm{d}x}=\frac{1}{u}\cdot f'(x)=\frac{f'(x)}{f(x)}.$$

例 21 求 $y=\ln|\sec x+\tan x|$ 的导数.

解
$$y'=\frac{1}{\sec x+\tan x}(\sec x+\tan x)'=\frac{\sec x\tan x+\sec^2 x}{\sec x+\tan x}=\sec x.$$

例 22 设函数 $f(x)$ 可导，且 $y=f(\sin x)+2f(x^3)$，求 y'.

解
$$y'=(f(\sin x))'+(2f(x^3))'$$
$$=f'(\sin x)\cdot(\sin x)'+2f'(x^3)\cdot(x^3)'$$
$$=f'(\sin x)\cos x+6x^2f'(x^3).$$

这里必须注意，$(f[\varphi(x)])'$ 表示复合函数对自变量 x 的导数，$f'[\varphi(x)]$ 表示复合函数对中间变量的导数．

> **小贴士**
>
> 掌握了基本初等函数的导数、四则运算求导和复合函数求导后，对一切初等函数我们都可以计算导数，且其导数仍为初等函数．这也是大多数同学觉得导数计算相对比较简单的一个重要原因．相比较而言，后面要学的初等函数的积分就没有这么好的性质．

三、隐函数与参数式函数的导数

（一）隐函数的导数

若由方程 $F(x,y)=0$ 可确定 y 是 x 的函数，则称此函数为**隐函数**．由 $y=f(x)$ 表示的函数，称为**显函数**．

例如，由方程 $2x-y^3-1=0$ 可确定 y 是 x 的函数，该隐函数可化成显函数 $y=\sqrt[3]{2x-1}$，那么它的导数可以化成显函数后再求；而方程 $e^y+xy-y^2=0$ 也可确定 y 是 x 的函数，但此隐函数不能显化，那么它的导数如何求解呢？

下面介绍隐函数的求导方法：

在方程 $F(x,y)=0$ 的两边同时对 x 求导，遇到 y 时，就视 y 是 x 的函数；遇到 y 的函数时，就看成 x 的复合函数，y 为中间变量；然后从所得的等式中解出 $\dfrac{\mathrm{d}y}{\mathrm{d}x}$，即可求得隐函数的导数．

例 23 设 $y=y(x)$ 是由方程 $e^y+xy-y^2=0$ 所确定的隐函数，求 $\dfrac{\mathrm{d}y}{\mathrm{d}x}$.

解 在方程 $e^y+xy-y^2=0$ 中把 y 看作 x 的函数，方程两边对 x 求导，得
$$e^y y'+y+xy'-2yy'=0,$$
所以
$$\frac{\mathrm{d}y}{\mathrm{d}x}=y'=\frac{y}{2y-x-e^y}.$$

> **小贴士**
>
> 由于隐函数常常解不出 $y=f(x)$ 的显函数式，因此，在导数 $\dfrac{\mathrm{d}y}{\mathrm{d}x}$ 的表达式中往往同时含有自变量 x 和因变量 y．

例 24 求椭圆 $2x^2+y^2=6$ 在点 $(1,2)$ 处的切线方程.

解 方程两边对 x 求导,得

$$4x+2yy'=0,$$

所以

$$y'=-\frac{2x}{y},$$

则

$$y'\Big|_{\substack{x=1\\y=2}}=-1,$$

故所求的切线方程为 $y=-x+3$.

隐函数求导法则有时可以简化显函数求导的计算.例如,对幂指函数 $u(x)^{v(x)}$ ($u(x)>0$)或由几个含有变量的式子的乘、除、乘方、开方构成的函数求导,可在求导前先在表达式两边取对数,并利用对数性质化简,然后按隐函数求导法则来求导,这种求导的方法称为**对数求导法**.

例 25 求 $y=\sqrt[3]{\dfrac{x(x^2+1)}{(x-1)^2}}$ 的导数.

解 两边取对数得

$$\ln|y|=\frac{1}{3}[\ln|x|+\ln(x^2+1)-2\ln|x-1|],$$

对 x 求导得

$$\frac{1}{y}y'=\frac{1}{3}\left(\frac{1}{x}+\frac{2x}{x^2+1}-\frac{2}{x-1}\right),$$

所以

$$y'=\frac{1}{3}\sqrt[3]{\frac{x(x^2+1)}{(x-1)^2}}\left(\frac{1}{x}+\frac{2x}{x^2+1}-\frac{2}{x-1}\right).$$

例 26 求 $y=x^{\sin 2x}$ ($x>0$) 的导数.

解 两边取对数得

$$\ln y=(\sin 2x)\ln x,$$

对 x 求导得

$$\frac{y'}{y}=2(\cos 2x)\ln x+\sin 2x\cdot\frac{1}{x},$$

所以

$$y'=x^{\sin 2x}\left[2(\cos 2x)\ln x+\frac{\sin 2x}{x}\right].$$

注意:对幂指函数 $y=u^v$ 用对数求导法求导的结果实际上是按指数函数求导与按幂函数求导两部分的和,即

$$y'=u^v\ln u\cdot v'+vu^{v-1}\cdot u'.$$

(二) 参数式函数的导数

设参数方程 $\begin{cases}x=x(t),\\y=y(t)\end{cases}$ 可确定 y 与 x 之间的一个函数关系, x 为自变量, y 为因变

量,t 为参数,则称此函数关系所表示的函数为由参数方程所确定的函数.

参数式函数的求导法则:设由参数方程 $\begin{cases} x=x(t), \\ y=y(t) \end{cases}$ ($t\in(\alpha,\beta)$)确定的函数为 $y=y(x)$,其中函数 $x(t), y(t)$ 可导,且 $x'(t)\neq 0$,则函数 $y=y(x)$ 可导且

$$\frac{\mathrm{d}y}{\mathrm{d}x}=\frac{y'(t)}{x'(t)}$$ (证明详见本章第三节中例7).

例 27 求参数方程 $\begin{cases} x=t^2+2t, \\ y=\ln(t^2-1) \end{cases}$ 的导数 $\frac{\mathrm{d}y}{\mathrm{d}x}$.

解 $\dfrac{\mathrm{d}y}{\mathrm{d}x}=\dfrac{y'(t)}{x'(t)}=\dfrac{[\ln(t^2-1)]'}{(t^2+2t)'}=\dfrac{\dfrac{2t}{t^2-1}}{2t+2}=\dfrac{t}{(t^2-1)(t+1)}.$

小贴士

参数式函数的导数 $\dfrac{\mathrm{d}y}{\mathrm{d}x}$ 是指 y 对 x 的导数,而不是 y 对 t 的导数 $\dfrac{\mathrm{d}y}{\mathrm{d}t}$,其表达式还与 t 有关,一般不将 t 代入.

例 28 已知摆线 $\begin{cases} x=a(t-\sin t), \\ y=a(1-\cos t) \end{cases}$ (a 为常数,$0\leq t\leq 2\pi$),求:

(1) 在摆线上任意点的切线斜率. (2) 在 $t=\dfrac{\pi}{2}$ 处的切线方程.

解 (1) 在摆线上任意点的切线斜率为

$$\frac{\mathrm{d}y}{\mathrm{d}x}=\frac{[a(1-\cos t)]'}{[a(t-\sin t)]'}=\frac{\sin t}{1-\cos t}=\cot\frac{t}{2}.$$

(2) 当 $t=\dfrac{\pi}{2}$ 时,摆线上对应点为 $\left(a\left(\dfrac{\pi}{2}-1\right),a\right)$,在此点的切线斜率为

$$\left.\frac{\mathrm{d}y}{\mathrm{d}x}\right|_{t=\frac{\pi}{2}}=\left.\cot\frac{t}{2}\right|_{t=\frac{\pi}{2}}=1,$$

于是切线方程为

$$y-a=x-a\left(\frac{\pi}{2}-1\right),$$

即 $y=x-a\left(\dfrac{\pi}{2}-2\right)$.

四、高阶导数

回到本章一开始讨论的案例,在讨论变速直线运动时,实际上速度函数 $v(t)$ 是位置函数 $s(t)$ 对时间 t 的导数,即

$$s'(t)=v(t).$$

加速度函数 $a(t)$ 是速度函数 $v(t)$ 对时间 t 的变化率,即加速度函数 $a(t)$ 是位置函数 $s(t)$

对 t 的导数的导数:
$$a(t)=v'(t)=(s'(t))',$$
称加速度函数 $a(t)$ 是位置函数 $s(t)$ 对 t 的二阶导数.

一般地,设 $y=f(x)$ 在 D 上可导,其导数为 $f'(x)$,如果函数 $y=f(x)$ 的导数仍是 x 的可导函数,就称 $y'=f'(x)$ 的导数为函数 $y=f(x)$ 的二阶导数,记作
$$y'',\quad f''(x),\quad \frac{d^2y}{dx^2} \text{或} \frac{d^2f(x)}{dx^2},$$
即
$$y''=(y')',\quad f''(x)=[f'(x)]',\quad \frac{d^2y}{dx^2}=\frac{d}{dx}\left(\frac{dy}{dx}\right) \text{或} \frac{d^2f(x)}{dx^2}=\frac{df'(x)}{dx}.$$

类似地,二阶导数的导数叫作三阶导数,三阶导数的导数叫作四阶导数,……,$n-1$ 阶导数的导数叫作 n 阶导数,分别记作 $y''',y^{(4)},\cdots,y^{(n)}$ 或 $f'''(x),f^{(4)}(x),\cdots,f^{(n)}(x)$ 或 $\frac{d^3y}{dx^3},\frac{d^4y}{dx^4},\cdots,\frac{d^ny}{dx^n}$ 或 $\frac{d^3f(x)}{dx^3},\frac{d^4f(x)}{dx^4},\cdots,\frac{d^nf(x)}{dx^n}$ 等.

二阶及二阶以上的导数统称为高阶导数.

显然,$y=f(x)$ 的导数 $f'(x)$ 称为 $y=f(x)$ 的一阶导数.

⭐ 小点睛

化归是把待解决的问题,通过某种转化过程,归结到一类已经能够解决或者比较容易解决的问题中去,借此来获得原问题解的一种思想方法.一切未知都建立在已知的基础上,从这个意义上说,化归是知识拓展的重要途径.对两重以上的复合函数求导,每次都是对最外层求导再乘以内函数的导数,这样就将多重复合函数求导问题化归为两重复合函数求导问题.隐函数求导时将因变量看作自变量的函数,从而隐函数求导问题就化归为复合函数求导问题.不管计算多少阶高阶导数,全部是化归为一阶导数来计算.

例29 设 $y=2x^4-3x^2+x-1$,求 y'''.

解
$$y'=(2x^4-3x^2+x-1)'=8x^3-6x+1,$$
$$y''=(8x^3-6x+1)'=24x^2-6,$$
$$y'''=(24x^2-6)'=48x.$$

例30 已知 $y=e^{2x}$,求 $y'',y''',y^{(n)}$.

解
$$y'=(e^{2x})'=2e^{2x},$$
$$y''=(2e^{2x})'=2^2e^{2x}=4e^{2x},$$
$$y'''=(2^2e^{2x})'=2^3e^{2x}=8e^{2x},$$
由数学归纳法可证
$$y^{(n)}=2^ne^{2x}.$$

证明略.

例31 已知 $y=\sin 3x$,求 $y'',y^{(n)}$.

解
$$y'=3\cos 3x=3\sin\left(3x+\frac{\pi}{2}\right),$$

$$y'' = \left[3\sin\left(3x+\frac{\pi}{2}\right)\right]' = 3^2\sin\left(3x+\frac{\pi}{2}+\frac{\pi}{2}\right) = 3^2\sin\left(3x+2\cdot\frac{\pi}{2}\right),$$

$$y''' = \left[3^2\sin\left(3x+2\cdot\frac{\pi}{2}\right)\right]' = 3^3\sin\left(3x+2\cdot\frac{\pi}{2}+\frac{\pi}{2}\right) = 3^3\sin\left(3x+3\cdot\frac{\pi}{2}\right),$$

由数学归纳法可证

$$y^{(n)} = 3^n\sin\left(3x+\frac{n\pi}{2}\right).$$

类似可证 $(\cos ax)^{(n)} = a^n\cos\left(ax+\frac{n\pi}{2}\right).$

例 32 已知 $y = \ln(1+x)$,求 $y^{(4)}$.

解
$$y' = [\ln(1+x)]' = \frac{1}{1+x},$$

$$y'' = \left(\frac{1}{1+x}\right)' = -\frac{1}{(1+x)^2},$$

$$y''' = \left[-\frac{1}{(1+x)^2}\right]' = (-1)^2\frac{1\cdot 2}{(1+x)^3},$$

$$y^{(4)} = \left[(-1)^2\frac{1\cdot 2}{(1+x)^3}\right]' = (-1)^3\frac{1\cdot 2\cdot 3}{(1+x)^4} = -\frac{6}{(1+x)^4}.$$

不难证明

$$y^{(n)} = (-1)^{n-1}\frac{(n-1)!}{(1+x)^n}.$$

例 33 已知 $y = (1+x)^\mu (\mu \in \mathbf{R})$,求 $y^{(n)}$.

解 (1) 当 $\mu \notin \mathbf{N}$ 时,

$$y' = \mu(1+x)^{\mu-1}, \quad y'' = \mu(\mu-1)(1+x)^{\mu-2}, \quad y''' = \mu(\mu-1)(\mu-2)(1+x)^{\mu-3},$$

由数学归纳法可证

$$y^{(n)} = \mu(\mu-1)\cdots(\mu-n+1)(1+x)^{\mu-n}.$$

(2) 当 $\mu \in \mathbf{N}$ 时,

若 $n \leq \mu$,则

$$y^{(n)} = \mu(\mu-1)\cdots(\mu-n+1)(1+x)^{\mu-n}.$$

若 $n > \mu$,则

$$y^{(n)} = 0.$$

> **小贴士**
>
> 对多项式而言,每求一次导数,多项式的次数就降低一次;n 次多项式的 n 阶导数为一常数;大于多项式次数的任何阶数的导数均为零.

例 34 设 $\begin{cases} x = t^2+2t, \\ y = t^3-3t-9, \end{cases}$ 求 $\dfrac{d^2y}{dx^2}$.

分析 由参数式函数求导知,$\dfrac{dy}{dx}$ 是关于 t 的函数,而二阶导数 $\dfrac{d^2y}{dx^2}$ 指的是 $\dfrac{dy}{dx}$ 对 x 求

导,故可以建立参数方程

$$\begin{cases} \dfrac{dy}{dx} = \psi(t), \\ x = \varphi(t). \end{cases}$$

再次利用参数式函数求导法则得

$$\dfrac{d^2 y}{dx^2} = \dfrac{d}{dx}\left(\dfrac{dy}{dx}\right) = \dfrac{\dfrac{d}{dt}\left(\dfrac{dy}{dx}\right)}{\dfrac{dx}{dt}}.$$

解 首先

$$\dfrac{dy}{dx} = \dfrac{(t^3-3t-9)'}{(t^2+2t)'} = \dfrac{3t^2-3}{2t+2} = \dfrac{3}{2}(t-1),$$

其次建立参数方程

$$\begin{cases} \dfrac{dy}{dx} = \dfrac{3}{2}(t-1), \\ x = t^2+2t, \end{cases}$$

求得

$$\dfrac{d^2 y}{d^2 x} = \dfrac{\dfrac{d}{dt}\left(\dfrac{dy}{dx}\right)}{\dfrac{dx}{dt}} = \dfrac{\left[\dfrac{3}{2}(t-1)\right]'}{(t^2+2t)'} = \dfrac{\dfrac{3}{2}}{2t+2} = \dfrac{3}{4(t+1)}.$$

习题 2.2

1. 求下列函数的导数:

(1) $y = 2x^2 - \dfrac{1}{x^3} + 5x + 1.$

(2) $y = x^2 \sin x.$

(3) $y = \dfrac{1}{\sqrt{x}} + \dfrac{\sqrt{x}}{2} - \dfrac{\pi}{2}.$

(4) $y = \dfrac{1}{x + \cos x}.$

(5) $y = \left(x - \dfrac{1}{x}\right)\left(x^2 - \dfrac{1}{x^2}\right).$

(6) $y = \arcsin x + \arccos x.$

(7) $y = \dfrac{x \tan x}{1+x^2}.$

(8) $y = \dfrac{10^x - 1}{10^x + 1}.$

(9) $y = e^x(\sin x - 2\cos x).$

(10) $y = \dfrac{x+5}{2x-1}.$

(11) $y = 2\sec x + 3\sqrt[3]{x}\arctan x.$

(12) $y = \sin x \cos x.$

(13) $y = \dfrac{(x-1)^2}{x^2}.$

(14) $y = x(2x+3).$

(15) $y = x \ln x.$

(16) $y = \dfrac{e^x + 2x}{x}.$

(17) $y=\dfrac{\operatorname{arccot} x}{1+x^2}.$ (18) $y=\cot x\csc x.$

(19) $y=3^x(5^x-2^x+2).$ (20) $y=\dfrac{1-4^x+6^x}{2^x}.$

(21) $y=xe^x\sec x.$ (22) $y=(1+\sin x)\cos x.$

(23) $y=\dfrac{x^2-1}{x}.$ (24) $y=2^x(x^3-1)\ln 2.$

(25) $y=\dfrac{x^2-1}{x-1}.$ (26) $y=\dfrac{x^3+1}{x+1}.$

(27) $y=\dfrac{2\ln x}{1+x^2}.$ (28) $y=\sin x(\cot x-2).$

(29) $y=x^2\log_3 x.$ (30) $y=\dfrac{\arcsin x}{x}.$

2. 求下列函数在给定点处的导数：

(1) $y=\sin x-\cos x$，求 $y'\big|_{x=\frac{\pi}{6}}$ 和 $y'\big|_{x=\frac{\pi}{4}}$.

(2) $p=\varphi\sin\varphi+\dfrac{1}{2}\cos\varphi$，求 $p'\left(\dfrac{\pi}{4}\right).$

(3) $f(t)=\dfrac{1-\sqrt{t}}{1+\sqrt{t}}$，求 $f'(4).$

(4) $f(x)=\dfrac{3}{5-x}+\dfrac{x^2}{5}$，求 $f'(0)$ 和 $f'(2).$

3. 设 $f(x)=(ax+b)\sin x+(cx+d)\cos x$，试确定常数 a,b,c,d 的值使 $f'(x)=x\cos x.$

4. 设 $f(x)=x^2-2\ln x$，求使得 $f'(x)=0$ 的 x.

5. 一质点以初速度 v_0 作上抛运动，其运动方程为
$$s=v_0 t-\dfrac{1}{2}gt^2\ (v_0>0\ \text{为常数}).$$

(1) 求质点在 t 时刻的瞬时速度.

(2) 何时质点的速度为零？

(3) 求质点回到出发点时的速度.

6. 求曲线 $y=x^2-x+1$ 垂直于直线 $y=x-1$ 的切线方程.

7. 求下列函数的导数：

(1) $y=\sin 4x.$ (2) $y=e^{-4x}.$

(3) $y=2\sin^2 x.$ (4) $y=(2\sin x+x)^3.$

(5) $y=\ln\sqrt{1-3x}.$ (6) $y=(\sqrt{x}-x)^2.$

(7) $y=\arcsin\sqrt{x}.$ (8) $y=2^{\tan^2 x}.$

(9) $y=(4+\log_2 x)^2.$ (10) $y=xe^{\sin x}.$

(11) $y=(x^4-1)^3.$ (12) $y=\sqrt{x+\sqrt{x}}.$

(13) $y=\ln(\ln(\ln x)).$ (14) $y=(\sin x+\cos x)^3.$

(15) $y=(\sin\sqrt{1-2x})^2$.

(16) $y=2^{\sqrt{x}}$.

(17) $y=\left(\arcsin\dfrac{1}{x}\right)^3$.

(18) $y=\arccos(\sin^2 x)$.

(19) $y=\ln(3+\sqrt{x^2-2})$.

(20) $y=\sin^2 x\cos^2 x$.

(21) $y=e^{-3x}\sin 2x$.

(22) $y=\ln\sqrt{\dfrac{1+x}{1-x}}$.

(23) $y=\ln(\arctan 5x)$.

(24) $y=4^{\sin x^2}$.

(25) $y=(\operatorname{arccot} x^3)^2$.

(26) $y=\dfrac{\sec 4x}{1+\sin 2x}$.

(27) $y=e^{-x}\cot(x^2-1)$.

(28) $y=x^2\ln 3x$.

(29) $y=e^{\csc\frac{1}{x^2}}$.

(30) $y=\left(x-\dfrac{1}{x}\right)\sec 3x$.

(31) $y=(4-\ln\sin x)^2$.

(32) $y=\cos(xe^{7x})$.

(33) $y=\sqrt[3]{10-2x}$.

(34) $y=\dfrac{\arcsin 2x}{\sqrt{1-4x^2}}$.

(35) $y=(2^x-4^x)^3$.

(36) $y=\dfrac{\cos 3x}{\sin 2x}$.

(37) $y=\arctan(4x^2-3)$.

(38) $y=\ln|x-2x^3|$.

(39) $y=5^{x-\frac{2}{x}}$.

*(40) $y=\ln|\csc x-\cot x|$.

8. 设 $f(x)$ 可导，求下列函数的导数:

(1) $y=[f(x)]^2$.

(2) $y=e^{f(x)}$.

(3) $y=f(x^2)$.

*(4) $y=\ln[1+f^2(e^x)]$.

*(5) $y=2f(\tan 3x)-f(\sqrt{x})$.

*(6) $y=(x-1)^2 f(\arcsin x)$.

9. 设 $y=y(x)$ 是由方程 $y^3+2xy-3x^2=0$ 所确定的隐函数，求 $\dfrac{dy}{dx}$.

10. 设 $y=y(x)$ 是由方程 $1+\sin(x+y)=e^{-xy}$ 所确定的隐函数，求曲线 $y=y(x)$ 在点 $(0,0)$ 处的切线方程.

11. 求椭圆 $\dfrac{x^2}{4}+\dfrac{y^2}{9}=1$ 在点 $\left(1,\dfrac{3\sqrt{3}}{2}\right)$ 处的法线方程.

12. 求下列函数的导数 $\dfrac{dy}{dx}$:

(1) $y=x^{\sin x}$ $(x>0)$.

(2) $y=x^x$ $(x>0)$.

*(3) $y=(\tan x)^{\sin x}$ $(\tan x>0)$.

*(4) $y=\dfrac{x^2}{1-x}\sqrt{\dfrac{x+1}{x^2+x+1}}$.

*(5) $y=(2x-1)^{\frac{3}{2}}\cdot\sqrt{\dfrac{x-4}{x-2}}$.

*(6) $y=(x^3+2x)^{\frac{5}{2}}\cdot\sqrt{\dfrac{x(x+1)}{x-3}}$.

13. 求下列参数方程所确定的函数的导数 $\dfrac{dy}{dx}$:

(1) $\begin{cases} x = 2t, \\ y = 4t^2. \end{cases}$　　　　　　(2) $\begin{cases} x = a\cos^3 \theta, \\ y = a\sin^3 \theta. \end{cases}$

(3) $\begin{cases} x = te^{-t}, \\ y = e^t. \end{cases}$　　　　　　(4) $\begin{cases} x = \ln(1+t^2), \\ y = t - \arctan t. \end{cases}$

(5) $\begin{cases} x = t^3 - t + 2, \\ y = t^4 + 2t. \end{cases}$　　　　　(6) $\begin{cases} x = t - \dfrac{1}{t}, \\ y = \operatorname{arccot} t. \end{cases}$

14. 求下列函数的高阶导数：

(1) 设 $y = x^3 - 2x^2 + 4x - 10$，求 y''', $y^{(4)}$.

(2) 设 $y = 3x^2 + x - \dfrac{1}{x}$，求 y''.

(3) 设 $y = (x^2 + 4x)^3$，求 y''.

(4) 设 $y = \sqrt{x}(x^2 - x)$，求 y''.

(5) 设 $y = e^{-x^2}$，求 y''.

(6) 设 $y = xe^x$，求 y''.

(7) 设 $y = x\ln x$，求 y''.

*(8) 设 $y = f(2^x)$ 且 $f(x)$ 二阶可导，求 y''.

15. 求下列参数方程所确定的函数的二阶导数 $\dfrac{d^2 y}{dx^2}$：

(1) $\begin{cases} x = t^2 + 1, \\ y = t^2 - 4t. \end{cases}$　　　　　(2) $\begin{cases} x = \cos \theta, \\ y = \sin 3\theta. \end{cases}$

(3) $\begin{cases} x = e^{-t}, \\ y = t - 2e^t. \end{cases}$　　　　　(4) $\begin{cases} x = \ln(1+t^2), \\ y = t - \arctan t. \end{cases}$

*16. 设 $f(x) = x^2 + \ln x$，求使得 $f''(x) > 0$ 的 x 的取值范围.

*17. 已知 $y = \dfrac{1}{x(1-x)}$，求 $y'''\left(\text{提示：}\dfrac{1}{x(1-x)} = \dfrac{1}{x} + \dfrac{1}{1-x}\right)$.

*18. 设 $y = y(x)$ 是由方程 $e^{\arctan \frac{y}{x}} = \sqrt{x^2 + y^2}$ 所确定的隐函数，求 $\left.\dfrac{dy}{dx}\right|_{(1,0)}$.

第三节　函数的微分

前面介绍的函数的导数 $f'(x)$，是函数增量与自变量增量比值的极限，它反映了函数 $y = f(x)$ 在点 x 处相对于自变量的变化率.在实际问题中，经常需要我们计算函数 $y = f(x)$ 当自变量在某一点 x_0 处有一个微小增量 Δx 时，相应函数值的增量 Δy 的大小，但有时计算 Δy 非常困难，为此我们要找到一种既简单又精确度较高的近似计算 Δy 的方法.为了解决 Δy 的近似计算问题，我们引入函数微分的概念.

一、微分的概念

根据函数极限与无穷小的关系,当 $f(x)$ 在 x_0 处可导时,有

$$\frac{\Delta y}{\Delta x}=f'(x_0)+\alpha,$$

其中 $\alpha \to 0(\Delta x \to 0)$,从而在 x_0 处函数的增量 Δy 有表达式

$$\Delta y = f'(x_0)\Delta x + o(\Delta x)(\Delta x \to 0). \tag{1}$$

因此,对增量 Δy 来说,只要 $|\Delta x|$ 很小时,起主要作用的是前面 Δx 的线性部分 $f'(x_0)\Delta x$,它称为增量 Δy 的线性主部或主要部分.

例如,测量边长为 x_0 的正方形面积时,如图 2.4 所示,由于测量时对其真实值 x_0 总有误差 Δx,这时边长为 $x_0+\Delta x$,由此算出的面积与其真实面积的误差(用 Δy 表示)为

$$\Delta y = (x_0+\Delta x)^2 - x_0^2 = 2x_0\Delta x + (\Delta x)^2.$$

当 Δx 充分小时,$(\Delta x)^2$ 可以忽略不计,因此误差的主要部分为 $2x_0\Delta x$.从类似的近似计算中我们抽象出一种数学概念——微分.

图 2.4

定义 2.3.1 若函数 $y=f(x)$ 在 x_0 处的增量 Δy 可表示为

$$\Delta y = A\Delta x + o(\Delta x)(\Delta x \to 0),$$

其中 A 与 Δx 无关,则称 $y=f(x)$ 在 x_0 处**可微**,且称 $A\Delta x$ 为 $f(x)$ 在 x_0 处的**微分**,记作 $dy|_{x=x_0}$ 或 $df|_{x=x_0}$.即

$$dy|_{x=x_0} = A\Delta x.$$

由定义 2.3.1 及(1)式可得

定理 2.3.1 函数 $y=f(x)$ 在 x_0 处可微的充要条件是 $f(x)$ 在 x_0 处可导.当 $f(x)$ 在 x_0 处可微时

$$dy|_{x=x_0} = f'(x_0)\Delta x.$$

证 充分性 当 $f(x)$ 在 x_0 处可导时,有 $\dfrac{\Delta y}{\Delta x} = f'(x_0) + \alpha$,

$$\Delta y = f'(x_0)\Delta x + o(\Delta x)(\Delta x \to 0),$$

$$dy|_{x=x_0} = f'(x_0)\Delta x.$$

必要性 设 $y=f(x)$ 在 x_0 处可微,则有

$$\Delta y = A\Delta x + o(\Delta x)(\Delta x \to 0).$$

以 $\Delta x \neq 0$ 除上式两边,并令 $\Delta x \to 0$,取极限得

$$\lim_{\Delta x \to 0}\frac{\Delta y}{\Delta x} = A.$$

所以 $y=f(x)$ 在 x_0 处可导,且 $f'(x_0)=A$.因此

$$dy|_{x=x_0} = f'(x_0)\Delta x. \tag{2}$$

> **小贴士**
> 一元函数的可导性与可微性是等价的,且函数 $y=f(x)$ 在点 x_0 处的微分可由式(2)表示.

例 1 求函数 $y=3x^2$ 在 $x=1$ 处 Δx 分别为 0.1 和 0.01 时的增量与微分.

解 $\Delta x=0.1$ 时, $\quad \Delta y=3(1+0.1)^2-3\times 1^2=0.63,$
$$\mathrm{d}y=y'|_{x=1}\Delta x=6\times 0.1=0.6.$$
$\Delta x=0.01$ 时, $\quad \Delta y=3(1+0.01)^2-3\times 1^2=0.060\,3,$
$$\mathrm{d}y=y'|_{x=1}\Delta x=6\times 0.01=0.06.$$

若函数 $y=f(x)$ 在区间 I 内每一点都可微,则称 $f(x)$ 在 I 内可微,或称 $f(x)$ 是 I 内的可微函数.函数 $f(x)$ 在 I 内的微分记作
$$\mathrm{d}y=f'(x)\Delta x,$$
它不仅依赖于 Δx,而且也依赖于 x.

特别地,对于函数 $y=x$ 来说,由于 $(x)'=1$,则
$$\mathrm{d}x=(x)'\Delta x=\Delta x.$$
这样,函数 $y=f(x)$ 的微分可以写成
$$\mathrm{d}y=f'(x)\mathrm{d}x. \tag{3}$$
从而有
$$\frac{\mathrm{d}y}{\mathrm{d}x}=f'(x).$$
即函数的微分与自变量的微分之商等于函数的导数,因此导数又有微商之称.不难看出现在用记号 $\dfrac{\mathrm{d}y}{\mathrm{d}x}$ 表示导数的方便之处,例如反函数的求导公式
$$\frac{\mathrm{d}y}{\mathrm{d}x}=\frac{1}{\dfrac{\mathrm{d}x}{\mathrm{d}y}},$$
可以看作 $\mathrm{d}y$ 与 $\mathrm{d}x$ 相除的一种代数变形.

二、微分的几何意义

设函数 $y=f(x)$ 的图像如图 2.5 所示,曲线上有点 $M_0(x_0,y_0)$,$N(x_0+\Delta x,y_0+\Delta y)$,则有向线段 $M_0Q=\Delta x$,$QN=\Delta y$.过点 M_0 作曲线的切线 M_0T 交 QN 于 P 点,则有向线段
$$QP=M_0Q\cdot\tan\alpha=\Delta x f'(x_0)=\mathrm{d}y.$$
由此可见,函数 $y=f(x)$ 在 x_0 处的微分在几何上表示曲线 $y=f(x)$ 在点 $(x_0,f(x_0))$ 处切线纵坐标的增量.

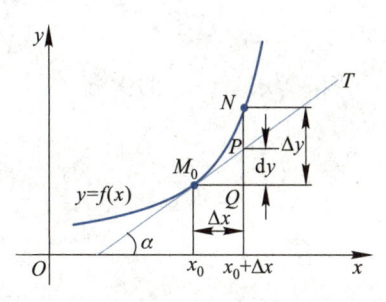

图 2.5

三、微分的基本公式及运算法则

(一) 微分基本公式

由导数与微分的关系式(3),只要知道函数的导数,就能立刻写出微分基本公式.

(1) $d(C) = 0$.

(2) $d(x^\mu) = \mu x^{\mu-1} dx$ (μ 为任意实数).

(3) $d(a^x) = a^x \ln a\, dx$, $\qquad d(e^x) = e^x dx$.

(4) $d(\log_a x) = \dfrac{1}{x \ln a} dx$, $\qquad d(\ln x) = \dfrac{1}{x} dx$.

(5) $d(\sin x) = \cos x\, dx$, $\qquad d(\cos x) = -\sin x\, dx$.

$\quad\ \ d(\tan x) = \sec^2 x\, dx$, $\qquad d(\cot x) = -\csc^2 x\, dx$.

$\quad\ \ d(\sec x) = \sec x \tan x\, dx$; $\qquad d(\csc x) = -\csc x \cot x\, dx$.

(6) $d(\arcsin x) = \dfrac{1}{\sqrt{1-x^2}} dx$, $\qquad d(\arccos x) = -\dfrac{1}{\sqrt{1-x^2}} dx$,

$\quad\ \ d(\arctan x) = \dfrac{1}{1+x^2} dx$, $\qquad d(\operatorname{arccot} x) = -\dfrac{1}{1+x^2} dx$.

(二) 微分的运算法则

1. 微分的四则运算法则

我们不难从导数的运算法则得到微分的四则运算法则:设函数 $u = u(x)$, $v = v(x)$ 均可微,则

(1) $d[Cu(x)] = C du(x)$ (C 为常数).

(2) $d[u(x) \pm v(x)] = du(x) \pm dv(x)$.

(3) $d[u(x)v(x)] = v(x) du(x) + u(x) dv(x)$.

(4) $d\left[\dfrac{u(x)}{v(x)}\right] = \dfrac{v(x) du(x) - u(x) dv(x)}{v^2(x)}$.

例 2 求 $y = x^2 \arctan x$ 的微分.

解
$$dy = d(x^2 \arctan x) = \arctan x\, d(x^2) + x^2 d(\arctan x)$$
$$= 2x \arctan x\, dx + \dfrac{x^2}{1+x^2} dx.$$

例 3 求 $y = \dfrac{\ln x}{x}$ 的微分.

解
$$dy = d\left(\dfrac{\ln x}{x}\right) = \dfrac{x d(\ln x) - \ln x\, dx}{x^2}$$
$$= \dfrac{x \cdot \dfrac{1}{x} dx - \ln x\, dx}{x^2} = \dfrac{(1 - \ln x) dx}{x^2}.$$

2. 复合函数的微分法则

设 $y=f[\varphi(x)]$ 由可微函数 $y=f(u)$ 和 $u=\varphi(x)$ 复合而成,则 $y=f[\varphi(x)]$ 对 x 可微,且有

$$df[\varphi(x)]=f'[\varphi(x)]\varphi'(x)dx. \tag{4}$$

由复合函数的微分法则,又可得到微分的一个重要性质.

由于 $du=\varphi'(x)dx$,故式(4)可写作

$$dy=f'(u)du.$$

这与式(3)在形式上完全相同,即无论 u 是自变量还是中间变量,其微分形式是不变的.这一性质称为**一阶微分形式的不变性**.

例 4 求 $y=\sin^2 3x$ 的微分.

解法一 把 $\sin 3x$ 看成中间变量,由一阶微分形式不变性,

$$dy=d(\sin^2 3x)=2\sin 3x d(\sin 3x),$$

再把 $3x$ 看成中间变量,由一阶微分形式不变性,有

$$dy=2\sin 3x\cos 3x d(3x)=3\sin 6x dx.$$

解法二 由于 $\sin^2 3x=\dfrac{1}{2}(1-\cos 6x)$,所以

$$\begin{aligned}dy&=d\left(\dfrac{1}{2}(1-\cos 6x)\right)=\dfrac{1}{2}d(1-\cos 6x)=\dfrac{1}{2}d(-\cos 6x)\\&=\dfrac{1}{2}\sin 6x d(6x)=3\sin 6x dx.\end{aligned}$$

例 5 求 $y=e^{\cos\frac{1}{x}}$ 的微分.

解

$$\begin{aligned}dy&=d(e^{\cos\frac{1}{x}})=e^{\cos\frac{1}{x}}d\left(\cos\dfrac{1}{x}\right)=e^{\cos\frac{1}{x}}\left(-\sin\dfrac{1}{x}\right)d\left(\dfrac{1}{x}\right)\\&=e^{\cos\frac{1}{x}}\left(-\sin\dfrac{1}{x}\right)\left(-\dfrac{1}{x^2}\right)dx=\dfrac{\sin\dfrac{1}{x}e^{\cos\frac{1}{x}}}{x^2}dx.\end{aligned}$$

例 6 求 $y=4x-\sqrt{1+x^3}-5$ 的微分.

解

$$\begin{aligned}dy&=d(4x-\sqrt{1+x^3}-5)=d(4x)-d(\sqrt{1+x^3})-d(5)\\&=4dx-\dfrac{1}{2\sqrt{1+x^3}}d(1+x^3)=4dx-\dfrac{1}{2\sqrt{1+x^3}}d(x^3)\\&=4dx-\dfrac{3x^2}{2\sqrt{1+x^3}}dx=\left(4-\dfrac{3x^2}{2\sqrt{1+x^3}}\right)dx.\end{aligned}$$

利用一阶微分形式的不变性可以导出由参数方程所确定的函数的导数.

例 7(参数方程求导法则) 设参数方程

$$\begin{cases}x=x(t),\\y=y(t)\end{cases} t\in(\alpha,\beta)$$

中 $x(t), y(t)$ 对 t 可导,且 $x'(t) \neq 0$,求 $\dfrac{\mathrm{d}y}{\mathrm{d}x}$.

解 由于 $\mathrm{d}x = x'(t)\mathrm{d}t, \mathrm{d}y = y'(t)\mathrm{d}t, x'(t) \neq 0$,故有 $\mathrm{d}y = y'(t)\mathrm{d}t = \dfrac{y'(t)}{x'(t)}\mathrm{d}x$,

$$\frac{\mathrm{d}y}{\mathrm{d}x} = \frac{y'(t)}{x'(t)}, \quad t \in (\alpha, \beta).$$

例 8 已知方程 $y\csc x - \tan(x-y) = 0$,求 $\mathrm{d}y$.

解 利用一阶微分形式不变性,有

$$\mathrm{d}(y\csc x - \tan(x-y)) = \mathrm{d}(0),$$
$$\csc x\,\mathrm{d}y + y\,\mathrm{d}(\csc x) - \mathrm{d}(\tan(x-y)) = 0,$$
$$\csc x\,\mathrm{d}y + y(-\csc x\cot x)\mathrm{d}x - \sec^2(x-y)(\mathrm{d}x - \mathrm{d}y) = 0,$$
$$\mathrm{d}y = \frac{y\csc x\cot x + \sec^2(x-y)}{\csc x + \sec^2(x-y)}\mathrm{d}x.$$

四、微分在近似计算中的应用

计算函数的增量是科学技术和工程中经常遇到的问题,有时由于函数比较复杂,计算增量往往感到困难,对于可微函数,有

$$\Delta y = f'(x_0)\Delta x + o(\Delta x),$$

当 $|\Delta x|$ 很小时,我们可以用微分近似替代,即

$$\Delta y \approx \mathrm{d}y = f'(x_0)\Delta x,$$

或

$$f(x_0 + \Delta x) \approx f(x_0) + f'(x_0)\Delta x, \tag{5}$$

或

$$f(x) \approx f(x_0) + f'(x_0)(x - x_0).$$

> **小贴士**
>
> 在利用微分进行有关的近似计算时:
> 一是要有确定的函数 $y = f(x)$ 及 x_0 和 Δx 的值;
> 二是 $|\Delta x|$ 相对于 x_0 来说比较小,且 $\left|\dfrac{\Delta x}{x_0}\right|$ 越小,精确度越高.

例 9 求 $\sin 30°30'$ 的近似值.

解 令 $f(x) = \sin x$,则 $f'(x) = \cos x$,取 $x_0 = 30° = \dfrac{\pi}{6}$,$\Delta x = 30' = \dfrac{\pi}{360}$,代入公式 (5) 得

$$\sin 30°30' = \sin\left(\frac{\pi}{6} + \frac{\pi}{360}\right) \approx \sin\frac{\pi}{6} + \cos\frac{\pi}{6} \times \frac{\pi}{360}$$

$$= \frac{1}{2} + \frac{\sqrt{3}}{2} \times \frac{\pi}{360} \approx 0.507\ 6.$$

在应用近似公式(5)时,经常遇到的情形是取 $x_0 = 0$,这时式(5)为
$$f(\Delta x) \approx f(0) + f'(0)\Delta x,$$
也就是当 $|x|$ 很小时,有近似公式
$$f(x) \approx f(0) + f'(0)x. \tag{6}$$
当 $|x|$ 很小时,利用式(6),可得出下列一些常用的近似公式:

(1) $\sin x \approx x.$ (2) $\tan x \approx x.$
(3) $e^x \approx 1 + x.$ (4) $\ln(1+x) \approx x.$
(5) $(1+x)^\alpha \approx 1 + \alpha x.$

例 10 求 $\sqrt[3]{65}$ 的近似值.

解 由于 $\sqrt[3]{65} = \sqrt[3]{64+1} = 4 \times \sqrt[3]{1+\frac{1}{64}}$,在公式 $(1+x)^\alpha \approx 1+\alpha x$ 中,取 $x = \frac{1}{64}, \alpha = \frac{1}{3}$,得
$$\sqrt[3]{65} \approx 4\left(1 + \frac{1}{3} \times \frac{1}{64}\right) \approx 4.020\ 8.$$

习题 2.3

1. 已知 $y = x^2 - x$,计算在 $x = 1$ 处当 Δx 分别等于 $0.1, 0.01$ 时的 Δy 及 dy.

2. 求下列函数的微分:

(1) $y = x + \frac{1}{x}.$ (2) $y = x\ln x - x.$

(3) $y = \frac{3}{\sqrt{x^2+1}}.$ (4) $y = e^{-x}\cos(3-x).$

(5) $y = \arcsin\sqrt{1-x^2}.$ (6) $y = \tan^2(1+2x^2).$

(7) $y = \frac{x + \ln x}{x}.$ (8) $y = (\ln 2x + 1)^2.$

(9) $y = 3x^2 + 4x - 2\sqrt{x} + 1.$ (10) $y = e^{-\cot 5x}.$

(11) $y = \arctan\frac{x+1}{x}.$ (12) $y = 2^{\sin\frac{1}{x}}.$

3. 已知参数方程 $\begin{cases} x = t^2 - 3t, \\ y = \ln(1+t^2), \end{cases}$ 利用微分运算法则求 $\frac{dy}{dx}$.

*4. 已知方程 $2y^2 - \sin(3x - y) = 0$,利用微分运算法则求 dy.

*5. 计算下列各式的近似值:

(1) $\sqrt[3]{996}.$ (2) $\cos 29°.$

(3) $\ln 1.01.$ (4) $\tan 46°.$

第四节 数学思想方法选讲——反例证明法

一、反例证明法的实质及应用

反例证明法简称反例法,数学中通常是指推翻某个命题成立的例子.比如要证明或判断一个命题是假命题,那么只要举出一个符合题设而不符合结论的例子就可以了.举反例是数学的重要思维方式,反例和证明同样重要,它们是一个问题的两个侧面.美国数学家B.R.盖尔鲍姆说:"数学由两大类——证明和反例组成,而数学也是朝着这两个目标——提出证明和构造反例而发展."在数学史上,对于一个猜想的提出,要判断其正确需要严格证明,而要指出其错误只要举出一个特殊的例子(即反例)来证明其结论不真即可.反例对猜想的反驳在数学的发展中起了重大作用,特别是典型反例的提出具有划时代的意义.

反例根据数学命题的构成可分为不同类型,主要有如下几种.

(一) 简单命题的反例

例 1 "形如 $2^{2^n}+1$(n 为非负整数)的数都是素数."

这是法国数学家费马在 1640 年提出的猜想.费马所研究的 $2^{2^n}+1$ 这种具有美妙形式的数,后人称之为费马数.费马当时的猜想相当于说:所有费马数都一定是素数.费马是正确的吗? 1732 年,年仅 25 岁的欧拉在费马死后 67 年举出反例:当 $n=5$ 时,$2^{2^5}+1=4\ 294\ 967\ 297=641\times 6\ 700\ 417$ 是合数.因此费马的猜想是错的.

例 2 "质因子个数为奇数的情况不会少于 50%."

下面是大于 1 的正整数分解质因子后的结果:

$$2=2,3=3,4=2\times 2,5=5,6=2\times 3,$$
$$7=7,8=2\times 2\times 2,9=3\times 3,10=2\times 5,$$
$$\cdots\cdots$$

其中,4,6,9,10 包含偶数个质因子,其余的数都包含奇数个质因子.你会发现,在上面的列表中一行一行地看下来,不管看到什么位置,包含奇数个质因子的数都要多一些.1919 年,匈牙利数学家波利亚猜想,质因子个数为奇数的情况不会少于 50%.也就是说,对于任意一个大于 1 的自然数 n,从 2 到 n 的数中有奇数个质因子的数不少于有偶数个质因子的数,这便是著名的波利亚猜想.

波利亚猜想看上去非常合理——每个有偶数个质因子的数,必然都已经提前经历过了"有奇数个质因子"这一步.不过,这个猜想却一直未能得到一个严格的数学证明.到了 1958 年,英国数学家哈赛格庐乌发现,波利亚猜想竟然是错误的.他证明了波利亚猜想存在反例,从而推翻了这个猜想.不过,哈赛格庐乌仅仅是证明了反例的存在性,并没有算出这个反例的具体值.1960年,谢尔曼·莱曼给出了一个确凿的反例:$n = 906\ 180\ 359$.而波利亚猜想的最小反例则是到了1980年才发现的:$n = 906\ 150\ 257$.

例3 "周期函数必有最小正周期."

该命题是错误的.反例:

$$f(x) = \begin{cases} 1, & x \text{ 为有理数}, \\ -1, & x \text{ 为无理数}. \end{cases}$$

这是以任何有理数 T 作为周期的函数,因为 x 为有理数时,$x+T$ 也为有理数,x 为无理数时,$x+T$ 也为无理数,从而

$$f(x+T) = \begin{cases} 1, & x \text{ 为有理数}, \\ -1, & x \text{ 为无理数}, \end{cases}$$

但因为不存在最小正有理数,所以 $f(x)$ 为周期函数但无最小正周期.

(二) 充分条件、必要条件的反例

例4 "函数在一点可微是其在该点连续的必要条件."

该命题是错误的.反例:$y = \sqrt[3]{x}$ 在 $x=0$ 处连续但不可微.函数在一点可微是其在该点连续的充分非必要条件.

例5 "曲线 $y=f(x)$ 在点 $(x_0, f(x_0))$ 处存在切线是函数 $y=f(x)$ 在 $x=x_0$ 处可导的充分条件."

该命题是错误的.反例:函数 $y = \arcsin x$ 在 $x=1$ 的点的切线存在,且该切线平行于 y 轴;但函数 $y = \arcsin x$ 在 $x=1$ 处的切线的斜率不存在,所以曲线在该点的导数不存在.切线存在是导数存在的必要非充分条件.

(三) 条件变化的反例

例6(罗尔中值定理) 若 $f(x)$ 满足条件:(1) 在闭区间 $[a,b]$ 上连续;(2) 在开区间 (a,b) 内可导;(3) 在区间端点处的函数值相等,即 $f(a)=f(b)$,则在 (a,b) 内至少存在一点 $\xi(a<\xi<b)$,使得 $f'(\xi)=0$.

该定理中三个条件是缺一不可的.

1° 若条件(1)不满足

反例:$f(x) = \begin{cases} \dfrac{1}{x}, & x \neq 0, \\ 1, & x = 0, \end{cases}$ $f(x)$ 在 $(0,1)$ 内可导,$f(0) = f(1) = 1$,但在 $[0,1]$ 上不连续,显然在 $(0,1)$ 内不存在一点 ξ,使得 $f'(\xi) = 0$.

2° 若条件(2)不满足

反例:$f(x) = |x|$,$f(x)$ 在 $[-1,1]$ 上连续,$f(-1) = f(1) = 1$,但在 $(-1,1)$ 内不可导,显然在 $(-1,1)$ 内不存在一点 ξ,使得 $f'(\xi) = 0$.

3° 若条件(3)不满足

反例:$f(x)=x$,$f(x)$在$[-1,1]$上连续,在$(-1,1)$内可导,但$f(-1)\neq f(1)$,显然在$(-1,1)$内不存在一点ξ,使得$f'(\xi)=0$.

二、反例的构造方法

(一) 寻找反例成立的范围

例 7 "设一个三角形的三个角和两边与另一个三角形的三个角和两边分别相等,则这两个三角形全等."

为构造反例,设一三角形的三边为$a<b<c$,另一个三角形的三边为$b<c<d$,由条件两个三角形相似,设

$$\frac{b}{a}=\frac{c}{b}=\frac{d}{c}=k \quad (k>1),$$

因为

$$a+b>c,$$

所以

$$a+ak>ak^2,$$

即

$$k^2-k-1<0,$$

求得

$$1<k<\frac{1+\sqrt{5}}{2}.$$

取$k=\frac{n+1}{n}$,$(n>2)$,$a=n^3$,便得反例:

$$a=n^3, \quad b=n^2(n+1), \quad c=n(n+1)^2,$$
$$b=n^2(n+1), \quad c=n(n+1)^2, \quad d=(n+1)^3,$$

这两个三角形的三个角和两边分别相等,但这两个三角形不全等.本例说明三角形全等判定中,"对应"两字不可忽视.

(二) 考察问题的极端情况

具有一定性态的数学对象,常在某些极端情况发生质变,故在构造反例的时候可以考虑题设所断言的对象在边界点、奇异点、极限点等特殊情况下性态的变化.例如,$y=|x|$处处连续,但在$x=0$处不可微.这一反例的构造正是着眼于函数$y=|x|$在$x=0$这一奇异点上的性态变化.

(三) 借助直观

若要构造的反例所涉及的内容有比较明显的几何特征时,可借助直观来构造反例.

第五节 数学实验(二) —— 使用 MATLAB 计算导数和微分

MATLAB 中计算导数的函数为 diff, 主要格式如表 2.1.

表 2.1

输入格式	对应计算
diff(f) 或 diff(f, x)	计算一阶导数 $\dfrac{\mathrm{d}f(x)}{\mathrm{d}x}$
diff(f, 2) 或 diff(f, x, 2)	计算二阶导数 $\dfrac{\mathrm{d}^2 f(x)}{\mathrm{d}x^2}$
diff(f, n) 或 diff(f, x, n)	计算 n 阶导数 $\dfrac{\mathrm{d}^n f(x)}{\mathrm{d}x^n}$
diff(S, x)	求表达式 S 关于 x 的导数
diff(S, x, n)	求表达式 S 关于 x 的 n 阶导数

注意:这里函数 f 或 S 须用 syms 定义为符号对象,可以用 help diff 查阅有关这个命令的详细信息.

例 1 函数 $y = \dfrac{2-3x}{2+x}$,求 $y', y'(2)$.

解 在 MATLAB 中输入:

```
>> syms x
>> y=(2-3*x)/(2+x);
>> dydx=diff(y,x)
```

结果显示:dydx = (3*x - 2)/(x + 2)^2 - 3/(x + 2), 也就是 $\dfrac{3x-2}{(x+2)^2} - \dfrac{3}{x+2}$,为求 $y'(2)$,继续输入:

```
>>subs(dydx,x,2)      %函数 subs 用于将表达式 dydx 中的 x 用 2 来代入
```

得到结果:ans = -0.500 0.

例 2 函数 $y = \ln x$,求 $y^{(9)}$.

解 在 MATLAB 中输入:

```
>> syms x
>> y=log(x);
>> diff(y,x,9)
```

结果显示:ans = 40320/x^9,也就是 $\dfrac{8!}{x^9}$.

例3 已知 $f=ax^2+bx+c$,求函数 f 的导数.

解 当函数 f 的自变量是 x 时,在 MATLAB 中输入:

```
>> syms a b c x;
>> f = a*x^2+b*x+c;
>> diff( f )
```

结果显示:ans = b+2*a*x.

继续求二阶导数,输入:

```
>> diff(f,x,2)
```

结果显示:ans = 2*a.

如果函数 f 的自变量是 a,输入:

```
>>diff( f, a )
```

结果显示:ans = x^2.

例4 设 $\cos(x+\sin y)=\sin y$,求 $\dfrac{\mathrm{d}y}{\mathrm{d}x}$.

本例实现隐函数求导.

解 (1) 对方程(即隐函数)求导

在 MATLAB 中输入:

```
>> syms x y(x);    % y 是 x 的函数
>> g=cos(x+sin(y(x)))==sin(y(x));    % 建立隐函数符号方程
>> dgdx = diff(g, x)
```

结果显示:

```
dgdx =
-sin(x + sin(y(x))) * (cos(y(x)) * diff(y(x), x) + 1) ==
cos(y(x)) * diff(y(x), x)
```

(2) 用符号规则的新变量名 dydx 替代 dgdx 中的 diff(y(x),x)

上述步骤只是完成了等式两边同时对 x 求导,其中 diff(y(x), x) 表示 $\dfrac{\mathrm{d}y}{\mathrm{d}x}$.为了得到 $\dfrac{\mathrm{d}y}{\mathrm{d}x}$ 的具体形式,先用符合规则的变量名 dydx 替代 dgdx 中的 diff(y(x), x),继续在 MATLAB 中输入:

```
>> syms dydx
>> dgdx1 = subs( dgdx, diff( y(x),x ), dydx )
```

得到结果:

```
dgdx1 = -sin(x + sin(y(x))) * (dydx * cos(y(x)) + 1)==dydx * cos(y(x))
```

(3) 解出 dydx，使 $\dfrac{\mathrm{d}y}{\mathrm{d}x}$ 通过 x，y 表示出来

对变量 dgdx1 代表的符号方程求关于 dydx 的解，输入：

>> dydx = solve(dgdx1, dydx)　　% 函数 solve 用于从 dgdx1 中解出 dydx

得到结果：

dydx = -sin(x + sin(y(x)))/(cos(y(x)) + cos(y(x)) * sin(x + sin(y(x))))

例 5　运用定义求函数 $\tan x$ 的导数.

解　导数是通过极限定义的，因此用定义用 $\tan x$ 的导数，就是求极限 $\lim\limits_{h\to 0}\dfrac{\tan(x+h)-\tan x}{h}$. 运用实验（一）中所学内容，在 MATLAB 中输入：

>> syms x h;

>>limit((tan(x+h)-tan(x))/h,h,0)

结果显示：ans = tan(x)^2 + 1，也就是 $\sec^2 x$.

知 识 拓 展

（一）分段函数的导数

分段函数在非分段点的导数，可按前面的求导法则与公式直接求导；在分段点处应按如下步骤做：

（1）函数是否连续？若间断则导数不存在；若连续，则执行（2）.

（2）判断左、右导数是否存在，若其中之一不存在，则导数不存在；若都存在，则执行（3）.

（3）左、右导数是否相等？若不相等，则导数不存在；若相等，则执行（4）.

（4）导数存在且等于共同值.

其中的难点是第（2）步，因为在分段点处的左、右导数通常要用定义求得.

例 1　设 $f(x)=\begin{cases}x, & x<1,\\ \mathrm{e}^{x-1}, & x\geq 1,\end{cases}$ 求 $f'(x)$.

解　$f'(x)=\begin{cases}(x)', & x<1,\\ (\mathrm{e}^{x-1})', & x>1,\end{cases}=\begin{cases}1, & x<1,\\ \mathrm{e}^{x-1}, & x>1,\end{cases}$

$f(1)=\mathrm{e}^{1-1}=1,\lim\limits_{x\to 1^-}f(x)=\lim\limits_{x\to 1^-}x=1,\lim\limits_{x\to 1^+}f(x)=\lim\limits_{x\to 1^+}\mathrm{e}^{x-1}=1,$

所以 $f(x)$ 在分段点 $x=1$ 连续，又

$$f'_-(1)=\lim_{x\to 1^-}\frac{f(x)-f(1)}{x-1}=\lim_{x\to 1^-}\frac{x-1}{x-1}=1,$$

$$f'_+(1)=\lim_{x\to 1^+}\frac{f(x)-f(1)}{x-1}=\lim_{x\to 1^+}\frac{\mathrm{e}^{x-1}-1}{x-1}=\lim_{x\to 1^+}\frac{x-1}{x-1}=1,$$

$f(x)$ 在 $x=1$ 处的左、右导数存在且相等，所以 $f'(1)$ 存在，且 $f'(1)=1$.

例 2 设函数 $f(x)=\begin{cases} ae^{2x}, & x<0, \\ 2-bx, & x\geq 0 \end{cases}$ 在 $x=0$ 处可导,求常数 a,b,并求 $f'(0)$.

解 因为 $f(x)$ 在 $x=0$ 处可导,所以在 $x=0$ 处连续,所以
$$\lim_{x\to 0^-}f(x)=\lim_{x\to 0^+}f(x)=f(0),$$
$$\lim_{x\to 0^-}f(x)=\lim_{x\to 0^-}ae^{2x}=a, \quad \lim_{x\to 0^+}f(x)=\lim_{x\to 0^+}(2-bx)=2,$$
所以 $a=2$.

因为 $f(x)$ 在 $x=0$ 处可导,所以在 $x=0$ 处的左、右导数相等,
$$f'_-(0)=\lim_{x\to 0^-}\frac{f(x)-f(0)}{x}=\lim_{x\to 0^-}\frac{2e^{2x}-2}{x}=2\lim_{x\to 0^-}\frac{2x}{x}=4,$$
$$f'_+(0)=\lim_{x\to 0^+}\frac{f(x)-f(0)}{x}=\lim_{x\to 0^+}\frac{(2-bx)-2}{x}=-b,$$
所以 $b=-4, f'(0)=4$.

例 3 分别讨论当 $m=0,1,2$ 时函数
$$f_m(x)=\begin{cases} x^m\sin\dfrac{1}{x}, & x\neq 0, \\ 0, & x=0 \end{cases}$$
在 $x=0$ 处的连续性与可导性.

解 当 $m=0$ 时,由于 $\lim\limits_{x\to 0}f_0(x)=\lim\limits_{x\to 0}\sin\dfrac{1}{x}$ 不存在,故 $x=0$ 是 $f_0(x)$ 的第二类间断点,所以 $f_0(x)$ 在 $x=0$ 不连续,当然也不可导.

当 $m=1$ 时,有 $\lim\limits_{x\to 0}f_1(x)=\lim\limits_{x\to 0}x\sin\dfrac{1}{x}=0=f_1(0)$,即 $f_1(x)$ 在 $x=0$ 连续,但由于

$$\lim_{x\to 0}\frac{f_1(x)-f_1(0)}{x-0}=\lim_{x\to 0}\frac{x\sin\dfrac{1}{x}-0}{x}=\lim_{x\to 0}\sin\dfrac{1}{x}$$ 不存在,故 $f_1(x)$ 在 $x=0$ 不可导.

当 $m=2$ 时,$\lim\limits_{x\to 0}\dfrac{f_2(x)-f_2(0)}{x-0}=\lim\limits_{x\to 0}\dfrac{x^2\sin\dfrac{1}{x}-0}{x}=\lim\limits_{x\to 0}x\sin\dfrac{1}{x}=0$,所以 $f_2(x)$ 在 $x=0$ 可导,且 $f'_2(0)=0$,从而也必在 $x=0$ 连续.

(二) 连续但不可导点举例

(1) 函数 $y=f(x)$ 连续,若 $f'_-(x_0)\neq f'_+(x_0)$,则称点 x_0 为函数 $y=f(x)$ 的角点,角点处不可导.

例如 $f(x)=\begin{cases} x^2, & x\leq 0, \\ x, & x>0 \end{cases}$ 在 $x=0$ 处不可导,且 $x=0$ 为 $y=f(x)$ 的角点.

(2) 函数 $y=f(x)$ 在点 x_0 处连续,但 $f'(x_0)=\infty$,则函数 $y=f(x)$ 在点 x_0 处不可导.

例如 $f(x)=\sqrt[3]{x-1}$ 在 $x=1$ 处不可导.

(3) 函数 $y=f(x)$ 在点 x_0 处连续,但在 x_0 处左、右导数都不存在(无限振荡),则

在 x_0 处不可导.

例如 $f(x)=\begin{cases} x\sin\dfrac{1}{x}, & x\neq 0, \\ 0, & x=0 \end{cases}$，在 $x=0$ 处不可导.

(4) 若 $f'(x_0)=\infty$，且在点 x_0 处的左、右导数符号相反，则称点 x_0 为函数 $y=f(x)$ 的尖点，尖点处不可导.

例如 $f(x)=|\sqrt[3]{x-1}|$ 在 $x=1$ 处不可导，且 $x=1$ 为 $y=f(x)$ 的尖点.

(三) 导数的物理意义

在物理领域中，大量运用导数来表示一个物理量相对于另一个物理量的变化率，而且这种变化率本身常常是一个物理概念.由于具体物理量含义不同，导数的含义也不同，所得的物理概念也就各异.常见的是速度——位移关于时间的变化率，加速度——速度关于时间的变化率；密度——质量关于容积的变化率；功率——功关于时间的变化率；电流——电荷量关于时间的变化率.

(四) 相关变化率

在物理或实际问题中有一类问题，变量 x 及变量 y 都是变量 t 的未知函数，而 x 和 y 之间存在一定的函数关系.已知 x（或 y）关于 t 的变化率 $\dfrac{dx}{dt}$（或 $\dfrac{dy}{dt}$），求 y（或 x）关于 t 的变化率 $\dfrac{dy}{dt}$（或 $\dfrac{dx}{dt}$）.这类问题称为求相关变化率问题.解决这类问题的步骤是：首先根据题意，借助物理、几何等知识建立 x 与 y 间的函数关系式，然后在该式的两端分别对 t 求导，即可得到 $\dfrac{dx}{dt}$ 和 $\dfrac{dy}{dt}$ 之间的关系，进而由已知其一而求另外一个.

例 4 以 $4\ m^3/s$ 的速度向一个深为 $8\ m$、上顶直径为 $8\ m$ 的正圆锥形容器中注水，求当水深为 $5\ m$ 时水表面上升的速度.

分析 据所给正圆锥的几何尺寸，可得水深为 h 时，水面半径 $r=\dfrac{h}{2}$，再根据正圆锥体积公式，可得水所占的体积 V 与水深 h 之间的函数关系. V,h 都是时间 t 的函数，$\dfrac{dV}{dt}$ 已知为 $4\ m^3/s$，只要在体积公式两边对 t 求导，即可解出 $\dfrac{dh}{dt}$.

解 设水深为 h 时水表面半径为 r，则 $r=\dfrac{h}{2}$，水体积

$$V=\frac{1}{3}\pi r^2 h=\frac{1}{3}\pi\left(\frac{h}{2}\right)^2 h=\frac{1}{12}\pi h^3,$$

两边对 t 求导，得

$$\frac{dV}{dt}=\frac{\pi}{4}h^2\frac{dh}{dt},$$

即

$$\frac{dh}{dt}=\frac{dV}{dt}\cdot\frac{4}{\pi h^2}.$$

以 $h=5$, $\dfrac{\mathrm{d}V}{\mathrm{d}t}=4$ 代入,得

$$\dfrac{\mathrm{d}h}{\mathrm{d}t}\bigg|_{h=5}=\dfrac{16}{25\pi}\approx 0.204\ (\mathrm{m/s}).$$

》本章小结《

一、知识小结

(一) 基本概念

1. 导数的概念

设函数 $y=f(x)$ 在点 x_0 的某个邻域 $U(x_0,\delta)$ 内有定义,当自变量在 x_0 处有增量 Δx 时,相应地函数有增量 $\Delta y=f(x_0+\Delta x)-f(x_0)$,若 $\Delta x\to 0$ 时,增量比 $\dfrac{\Delta y}{\Delta x}$ 的极限存在,则称此极限值为函数 $y=f(x)$ 在点 x_0 处的导数,记作 $f'(x_0)$,即

$$f'(x_0)=\lim_{\Delta x\to 0}\dfrac{\Delta y}{\Delta x}=\lim_{\Delta x\to 0}\dfrac{f(x_0+\Delta x)-f(x_0)}{\Delta x}.$$

2. 导数的几何意义

$f'(x_0)$ 在几何上表示函数图像在点 $(x_0,f(x_0))$ 处的切线的斜率.

3. 微分的概念

若函数 $y=f(x)$ 在 x_0 处的增量 Δy 可表示为 $\Delta y=A\Delta x+o(\Delta x)(\Delta x\to 0)$,其中 A 与 Δx 无关,则称 $A\Delta x$ 为 $f(x)$ 在 x_0 的**微分**,记作 $\mathrm{d}y\big|_{x=x_0}$,可证得

$$\mathrm{d}y\big|_{x=x_0}=A\Delta x=f'(x_0)\Delta x=f'(x_0)\mathrm{d}x.$$

4. 微分的几何意义

函数 $y=f(x)$ 在 x_0 处的微分在几何上表示曲线 $y=f(x)$ 在点 $(x_0,f(x_0))$ 处切线纵坐标的增量.

5. 可导、可微与连续的关系(图 2.6)

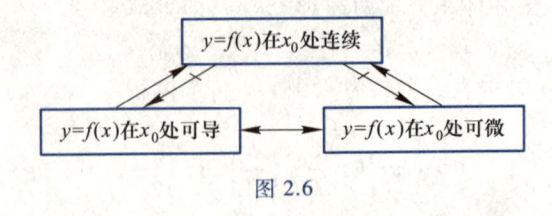

图 2.6

6. 高阶导数

函数 $y=f(x)$ 的一阶导数的导数称为函数 $y=f(x)$ 的二阶导数,记作 y'',即 $y''=(y')'$. 二阶导数的导数叫作三阶导数,三阶导数的导数叫作四阶导数,……,$n-1$ 阶导数的导数叫作 n 阶导数,分别记作 y''',$y^{(4)}$,…,$y^{(n)}$ 等.

二阶及二阶以上的导数统称为高阶导数.

（二）求导数的基本方法

（1）用定义求导数.

（2）用导数的基本公式和四则运算法则求导数.

（3）用链式求导法则求复合函数的导数.

（4）用隐函数求导法求隐函数的导数.

（5）用对数求导法求幂指函数的导数或求由多个"因子"积、商、乘方、开方构成的函数的导数.

（6）用参数式函数求导法求参数式函数的导数.

（三）求微分的基本方法

（1）利用公式 $dy=f'(x)dx$ 先求导数，再求微分.

（2）利用微分基本公式及微分运算法则求函数微分.

二、典型例题

例 1 设 $f'(x_0)=A$，试用 A 表示下列极限：

（1）$\lim\limits_{h\to 0}\dfrac{f(x_0+2h)-f(x_0)}{h}$. 　　（2）$\lim\limits_{h\to 0}\dfrac{f(x_0+h)-f(x_0+3h)}{h}$.

解（1）$\lim\limits_{h\to 0}\dfrac{f(x_0+2h)-f(x_0)}{h}=\lim\limits_{h\to 0}\dfrac{f(x_0+2h)-f(x_0)}{2h}\cdot 2=2f'(x_0)=2A$.

（2）$\lim\limits_{h\to 0}\dfrac{f(x_0+h)-f(x_0+3h)}{h}=\lim\limits_{h\to 0}\dfrac{f(x_0+h)-f(x_0)}{h}-\lim\limits_{h\to 0}\dfrac{f(x_0+3h)-f(x_0)}{3h}\cdot 3$

$\qquad\qquad =f'(x_0)-3f'(x_0)=-2A$.

例 2 求下列函数的导数 y' 或微分 dy：

（1）设 $y=\sqrt[3]{x^2\sqrt{x\sqrt{x}}}$，求 dy.

（2）设 $y=\ln\dfrac{\sqrt{1+x^2}-x}{\sqrt{1+x^2}+x}$，求 y'.

（3）设 $y=\dfrac{\cos 2x}{\cos x+\sin x}$，求 y'.

分析 先化简，后求导.

解（1）$y=\sqrt[3]{x^2\sqrt{x\sqrt{x}}}=x^{\frac{11}{12}}$，　$y'=\dfrac{11}{12}x^{-\frac{1}{12}}$，　$dy=\dfrac{11}{12}x^{-\frac{1}{12}}dx$.

（2）$y=\ln\dfrac{\sqrt{1+x^2}-x}{\sqrt{1+x^2}+x}=\ln\dfrac{(\sqrt{1+x^2}-x)^2}{1}=2\ln(\sqrt{1+x^2}-x)$，

$y'=\dfrac{2}{\sqrt{1+x^2}-x}\cdot(\sqrt{1+x^2}-x)'=\dfrac{2}{\sqrt{1+x^2}-x}\cdot\left(\dfrac{(x^2+1)'}{2\sqrt{1+x^2}}-1\right)$

$\quad =\dfrac{2}{\sqrt{1+x^2}-x}\cdot\left(\dfrac{2x}{2\sqrt{1+x^2}}-1\right)=\dfrac{2}{\sqrt{1+x^2}-x}\cdot\dfrac{x-\sqrt{1+x^2}}{\sqrt{1+x^2}}=-\dfrac{2}{\sqrt{1+x^2}}$.

(3) $y = \dfrac{\cos 2x}{\cos x + \sin x} = \dfrac{\cos^2 x - \sin^2 x}{\cos x + \sin x} = \cos x - \sin x$,

$y' = (\cos x - \sin x)' = -\sin x - \cos x$.

例 3 设 $y = f\left(\dfrac{3x-2}{5x+2}\right)$, $f'(x) = \arctan x^2$, 求 $y'|_{x=0}$.

分析 在使用复合函数的链式法则求导时,要注意下面两点:

(1) 由外向内求导,中间不能有遗漏.

(2) 逐层求导时要一求到底,直到对自变量求导.

解 记 $u = \dfrac{3x-2}{5x+2}$, 则

$$y' = f'_u \cdot \left(\dfrac{3x-2}{5x+2}\right)' = \arctan u^2 \cdot \dfrac{16}{(5x+2)^2} = \dfrac{16}{(5x+2)^2} \cdot \arctan\left(\dfrac{3x-2}{5x+2}\right)^2,$$

$$y'|_{x=0} = \dfrac{16}{4} \cdot \arctan(-1)^2 = \dfrac{16}{4} \cdot \arctan 1 = \dfrac{16}{4} \cdot \dfrac{\pi}{4} = \pi.$$

例 4 求下列函数的导数:

(1) $y = (1+x^2)^{\sin x}$.   (2) $y = \dfrac{\sqrt{x+2}\,(3-x)^4}{x^3(x+1)^5}$.

解 (1) 两边取对数,有 $\ln y = \sin x \cdot \ln(1+x^2)$, 两边对 x 求导,得

$$\dfrac{1}{y} \cdot y' = \cos x \cdot \ln(1+x^2) + \sin x \cdot \dfrac{2x}{1+x^2},$$

$$y' = (1+x^2)^{\sin x}\left[\cos x \cdot \ln(1+x^2) + \dfrac{2x \sin x}{1+x^2}\right].$$

(2) 两边取对数,有 $\ln|y| = \dfrac{1}{2}\ln|x+2| + 4\ln|3-x| - 3\ln|x| - 5\ln|x+1|$, 两边对 x 求导,得

$$\dfrac{1}{y} \cdot y' = \dfrac{1}{2} \cdot \dfrac{1}{x+2} + 4 \cdot \dfrac{-1}{3-x} - 3 \cdot \dfrac{1}{x} - 5 \cdot \dfrac{1}{x+1},$$

$$y' = \dfrac{\sqrt{x+2}\,(3-x)^4}{x^3(x+1)^5}\left[\dfrac{1}{2(x+2)} - \dfrac{4}{3-x} - \dfrac{3}{x} - \dfrac{5}{x+1}\right].$$

例 5 设 $y = y(x)$ 由方程 $\sin y = x^2 y$ 确定,求 $y'|_{(0,0)}$ 及 y''.

解 两边对 x 求导,得

$$\cos y \cdot y' = 2xy + x^2 y', \qquad (1)$$

解出 y',得

$$y' = \dfrac{2xy}{\cos y - x^2},$$

所以

$$y'|_{(0,0)} = \dfrac{2 \times 0 \times 0}{\cos 0 - 0^2} = 0.$$

要求 y'',我们不妨在式(1)两端再关于 x 求导,得

$$-\sin y \cdot (y')^2 + \cos y \cdot y'' = 2(y+xy') + 2xy' + x^2 y'',$$

解出 y''，得

$$y'' = \frac{2(y+xy') + 2xy' + \sin y \cdot (y')^2}{\cos y - x^2}.$$

最后将 y' 代入，得

$$y'' = \frac{2y(\cos y - x^2)^2 + 8x^2 y(\cos y - x^2) + 4x^2 y^2 \sin y}{(\cos y - x^2)^3}.$$

例 6 设 $a>0$，已知曲线 $y=ax^2$ 与曲线 $y=\ln x$ 在点 M 相切，试求常数 a 与点 M 的坐标。

分析 可设切点为 $M(x_0, y_0)$。因为两曲线在点 M 处相切，所以在点 M 处具有相同的切线。

解 设切点 M 的坐标为 (x_0, y_0)，两曲线所对应的函数分别求导，得

$$y' = (ax^2)' = 2ax, \quad y' = (\ln x)' = \frac{1}{x}.$$

因为两曲线在点 M 处相切，所以两曲线在点 M 处的切线斜率相等，故

$$2ax_0 = \frac{1}{x_0}, \tag{2}$$

又切点 M 分别在两曲线上，$y_0 = ax_0^2$，$y_0 = \ln x_0$ 所以

$$ax_0^2 = \ln x_0, \tag{3}$$

联立方程 (2)、(3)，解得 $a = \frac{1}{2e}$，$x_0 = \sqrt{e}$，$y_0 = \frac{1}{2}$。

故所求的常数 $a = \frac{1}{2e}$，点 M 的坐标为 $\left(\sqrt{e}, \frac{1}{2}\right)$。

例 7 已知参数方程 $\begin{cases} \sin x = tx, \\ y = t^2 - 1 \end{cases}$ 确定函数 $y = y(x)$，求 $\dfrac{dy}{dx}$。

分析 这是一个参数为 t 的参数方程，该参数方程确定了函数 $y = y(x)$，利用参数式函数求导法 $\dfrac{dy}{dx} = \dfrac{y'(t)}{x'(t)}$ 可求出导数 $\dfrac{dy}{dx}$。其中 $x = x(t)$ 是隐函数，要用隐函数求导法求出 $x'(t)$ 代入。

解 方程 $\sin x = tx$ 两边关于 t 求导，得

$$\cos x \cdot x' = x + tx',$$

$$x'(t) = \frac{x}{\cos x - t},$$

则

$$\frac{dy}{dx} = \frac{y'(t)}{x'(t)} = \frac{2t}{\dfrac{x}{\cos x - t}} = \frac{2t(\cos x - t)}{x}.$$

例 8 求下列函数的二阶导数：

(1) $y = 4x^2 + 2x - \dfrac{1}{x} + 3$.

(2) $\begin{cases} x = t + \ln(2t), \\ y = 3t^2 + 1. \end{cases}$

解 (1) $y' = 8x + 2 + \dfrac{1}{x^2}$, $y'' = 8 - \dfrac{2}{x^3}$.

(2) $\dfrac{dy}{dx} = \dfrac{\dfrac{dy}{dt}}{\dfrac{dx}{dt}} = \dfrac{6t}{1 + \dfrac{2}{2t}} = \dfrac{6t^2}{t+1}$,

$\dfrac{d^2y}{dx^2} = \dfrac{\dfrac{d}{dt}\left(\dfrac{dy}{dx}\right)}{\dfrac{dx}{dt}} = \dfrac{\left(\dfrac{6t^2}{t+1}\right)'}{(t+\ln(2t))'} = \dfrac{\dfrac{12t(t+1)-6t^2}{(t+1)^2}}{1+\dfrac{1}{t}} = \dfrac{6t^3+12t^2}{(t+1)^3}$.

复 习 题 二

一、填空题

1. 设物体上升的高度函数为 $h(t) = 10t - \dfrac{1}{2}gt^2$，当 $t = \dfrac{a}{2}$ 时，物体的速度为 _____，加速度为 _____.

2. 若极限 $\lim\limits_{x \to a} \dfrac{f(x) - f(a)}{2x - 2a} = A$，则 $f'(a) =$ _____.

*3. 若 $f(x) = \dfrac{1 - \sin x}{1 + \sin x}$，则 $f'\left(\dfrac{\pi}{2}\right) =$ _____.

4. $d\left(\phantom{\dfrac{dx}{\sqrt{x}}}\right) = \dfrac{dx}{\sqrt{x}}$.

$d(e^{\cos x^2}) = e^{\cos x^2} d\left(\right) = \left(\right) d(x^2) = \left(\right) dx$.

5. 曲线 $y = x \ln x$ 在 $x = e$ 处的切线斜率为 _____，切线方程为 _____，法线方程为 _____.

*6. 若 $y = f(x)$ 在点 x_0 处有二阶导数，则 $\lim\limits_{\Delta x \to 0} \dfrac{f'(x_0 + \Delta x) - f'(x_0)}{\Delta x} =$ _____.

二、单项选择题

1. 函数 $f(x)$ 在点 x_0 处的导数 $f'(x_0) = (\quad)$.

A. $\lim\limits_{\Delta x \to 0} \dfrac{f(x_0 + 2\Delta x) - f(x_0)}{\Delta x}$ 　　　 B. $\lim\limits_{\Delta x \to 0} \dfrac{f(x_0) - f(x_0 - 2\Delta x)}{2\Delta x}$

C. $\lim\limits_{\Delta x \to 0} \dfrac{f(x_0 + 2\Delta x) - f(x_0 - \Delta x)}{\Delta x}$ 　　　 D. $\lim\limits_{\Delta x \to 0} \dfrac{f(x_0 - 2\Delta x) - f(x_0)}{\Delta x}$

2. 若函数 $f(x)$ 在点 x_0 处不可导,那么曲线 $f(x)$ 在点 x_0 处( ).
   A. 一定没有切线　　　　　　　　B. 一定有切线
   C. 一定有垂直于 x 轴的切线　　　D. 不一定有切线

3. 函数 $f(x)$ 在点 x_0 处连续是它在该点可导的( ).
   A. 充分但非必要条件
   B. 必要但非充分条件
   C. 充分必要条件
   D. 既不充分也不必要条件

4. 下列答案正确的是( ).
   A. $f'(1) = f(1)' = 0$
   B. $(\ln\sqrt{1-x^2})' = \dfrac{1}{\sqrt{1-x^2}}(\sqrt{1-x^2})' = \dfrac{1}{2(1-x^2)}$
   C. $(\cos(1-x))' = \sin(1-x)$
   D. $(\arctan(1-x))' = \dfrac{(1-x)'}{1+x^2} = -\dfrac{1}{1+x^2}$

5. $\dfrac{\mathrm{d}}{\mathrm{d}x}f\left(\dfrac{1}{x^2}\right) = \dfrac{1}{x}$,则 $f'\left(\dfrac{1}{2}\right) = ($).
   A. $-\dfrac{1}{\sqrt{2}}$　　B. -1　　C. 2　　D. -4

6. 设 $y = (\sin x)^{\tan x}, (\sin x > 0)$,那么 $y' = ($).
   A. $(\sin x)^{\tan x}(1 - \csc^2 x \ln \sin x)$　　B. $(\sin x)^{\tan x}(1 + \csc^2 x \ln \sin x)$
   C. $(\sin x)^{\tan x}(\sec^2 x \ln \sin x + 1)$　　D. $(\sin x)^{\tan x}(\sec^2 x \ln \sin x - 1)$

7. 函数 y 由方程 $x + \varphi(y) = y$ 确定,若 $\varphi(y)$ 可导,则 $\dfrac{\mathrm{d}y}{\mathrm{d}x} = ($).
   A. $1 + \varphi'(y)$
   B. $\dfrac{1}{1-\varphi'(y)}$
   C. $\dfrac{1}{1+\varphi'(y)}$
   D. 不存在

8. 下列等式成立的是( ).
   A. $\mathrm{d}(\sqrt{x}) = \dfrac{\mathrm{d}x}{\sqrt{x}}$
   B. $\mathrm{d}(e^{\sin x}) = e^{\sin x}\mathrm{d}(\sin x)$
   C. $\mathrm{d}(\ln(x^2+1)) = \dfrac{\mathrm{d}x}{x^2+1}$
   D. $\mathrm{d}(\tan 3x) = \sec^2 3x \mathrm{d}x$

三、计算题

1. 已知 $y = e^{2x}(\sin x + \cos x) + e^{-2}$,求 $y'|_{x=0}$.

2. 已知 $y = x \cdot \arctan x - \ln\sqrt{1+x^2}$,求 $\mathrm{d}y$.

3. 已知 $x\cos y = \sin(x+y)$，求 y'.

4. 已知 $y = \cot^2 x$，求 y''.

5. 求与曲线 $y = \dfrac{1}{x}$ 相切于点 $(1,1)$ 的直线方程.

6. 求参数方程 $\begin{cases} x = \ln(6-t), \\ y = 3t^2 + 3 \end{cases}$ 所确定的函数 $y = y(x)$ 的一阶导数及二阶导数.

*7. 设函数 $f(x) = \begin{cases} e^{\tan x} + \ln a, & x < 0, \\ bx, & x \geqslant 0 \end{cases}$ 在 $x = 0$ 处可导，求常数 a, b，并求 $f'(0)$.

*8. 设 $f(x) = \begin{cases} x^2, & x \leqslant 1, \\ ax+b, & x > 1, \end{cases}$ 试确定 a, b 的值，使 $f(x)$ 在 $x = 1$ 可导.

*9. 设 $f(x) = \begin{cases} \sin 2x, & x < 0, \\ 2\tan x^2, & x \geqslant 0, \end{cases}$ 求 $f'(x)$.

》第三章

导数的应用

学习目标

- 了解微分中值定理的内容
- 掌握利用导数分析函数单调性与凹凸性的方法
- 会用洛必达法则计算函数极限
- 用 MATLAB 计算函数的极值与最值
- 理解特殊化与一般化的辩证关系，学习辩证思维方法，提高辩证思维能力

在第二章中，我们介绍了微分学的两个基本概念——导数与微分，并且讨论了相关的计算方法．本章将以微分学的基本定理——微分中值定理为基础，以导数为工具，进一步研究函数及曲线的某些性质，并利用这些知识解决一些实际问题，最后还要讨论利用导数求极限的方法——洛必达法则．

最值应用题的案例 设工厂 A 到铁路的垂直距离为 20 km，垂足为 B，铁路线上距离 B 处 100 km 有一原料供应站 C（图 3.1），现在要从铁路 BC 中间某处 D 修建一个车站，再由车站 D 向工厂 A 修一条公路，问应选何处，才能使得从原料供应站 C 运货到工厂 A 所需运费最省？已知 1 km 的铁路运费与公路运费之比为 3∶5．

图 3.1

如图，设 $BD=x$，则 $AD=\sqrt{x^2+20^2}$，$CD=100-x$．又设公路运费为 a 元/km，则铁路运费为 $\dfrac{3}{5}a$ 元/km．于是从原料供应站 C 经中转站 D 到工厂 A 所需总费用为 $y=a\sqrt{x^2+(20)^2}+\dfrac{3}{5}a(100-x)$ $(0\leqslant x\leqslant 100)$．

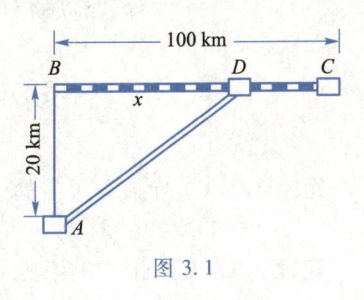

如需进一步求解该问题，就需要求出使上述函数取最小值的点，而如何求出函数的最值，我们将在本章的最值应用部分进一步学习．

第一节　微分中值定理

中值定理把函数在某区间上的整体性质与它在该区间上某一点的导数联系起来,是用微分学知识解决实际问题的理论基础,又是解决微分学自身发展的一种理论性的数学模型,因而又把它称为微分学基本定理.

我们先介绍罗尔(Rolle)中值定理,然后由它推导出拉格朗日(Lagrange)中值定理和柯西(Cauchy)中值定理.

一、罗尔中值定理

(一)费马引理

费马(Fermat)引理　设函数 $f(x)$ 在点 x_0 的某邻域 $U(x_0,\delta)$ 内有定义,并且在 x_0 处可导,若对任意的 $x \in U(x_0,\delta)$,有 $f(x) \geq f(x_0)$ (或 $f(x) \leq f(x_0)$),那么 $f'(x_0) = 0$.

证　不妨假设 $x \in U(x_0,\delta)$ 时,$f(x) \geq f(x_0)$($f(x) \leq f(x_0)$的情形可类似进行证明). 于是对于 $x_0 + \Delta x \in U(x_0,\delta)$,有 $f(x_0 + \Delta x) \geq f(x_0)$,从而

当 $\Delta x > 0$ 时,$\dfrac{f(x_0+\Delta x)-f(x_0)}{\Delta x} \geq 0.$

当 $\Delta x < 0$ 时,$\dfrac{f(x_0+\Delta x)-f(x_0)}{\Delta x} \leq 0.$

因为函数 $f(x)$ 在 x_0 处可导,由极限的保号性得

$$f'(x_0) = f'_+(x_0) = \lim_{\Delta x \to 0^+} \frac{f(x_0+\Delta x)-f(x_0)}{\Delta x} \geq 0,$$

$$f'(x_0) = f'_-(x_0) = \lim_{\Delta x \to 0^-} \frac{f(x_0+\Delta x)-f(x_0)}{\Delta x} \leq 0,$$

所以 $f'(x_0) = 0$.

定义 3.1.1　导数等于零的点称为函数的驻点.

(二)罗尔中值定理

定理 3.1.1(罗尔中值定理)　若函数 $y = f(x)$ 满足:
(1) 在闭区间 $[a,b]$ 上连续,
(2) 在开区间 (a,b) 内可导,
(3) 在区间端点处的函数值相等(即 $f(a) = f(b)$),

则在区间 (a,b) 内至少存在一点 ξ($a < \xi < b$),使得函数 $f(x)$ 在该点处的导数为 0,即 $f'(\xi) = 0$.

证　因为 $f(x)$ 在闭区间 $[a,b]$ 上连续,所以必有最大值 M 和最小值 m.
于是分两种情况讨论:

(1) 当 $M = m$ 时,由题意可知,$f(x)$ 在 $[a,b]$ 上必取相同的数值,即 $f(x) = m$,而 m 为常数,由此得 $f'(x) = 0$.此时,任取 $\xi \in (a,b)$,均有 $f'(\xi) = 0$.

(2) 当 $M>m$ 时,因为 $f(x)$ 在区间端点处的函数值相等($f(a)=f(b)$).所以 M 和 m 至少有一个与 $f(x)$ 在区间端点处的函数值不等,不妨假设 $m\neq f(a)$(若 $M\neq f(a)$,可类似证明),则在 (a,b) 内必存在一点 ξ,使 $f(\xi)=m$.因此任取 $x\in[a,b]$,有 $f(x)\geq f(\xi)$,由费马引理,有 $f'(\xi)=0$.

小贴士

(1) 定理的三个条件必须同时满足,否则定理不一定成立.

(2) 定理中的 ξ 可以只有一个,也可以不止一个.

几何意义:罗尔中值定理的条件(1),(2)说明函数 $f(x)$ 的图像是一条连续曲线,并且除端点外,处处具有不垂直于 x 轴的切线,条件(3)表明函数在端点处的函数值相等(图 3.2).

定理的结论表示:在曲线弧 AB 上至少存在一点 C,该点处曲线的切线是水平的.

例 1 验证罗尔中值定理对函数 $f(x)=x^3+4x^2-7x-10$ 在区间 $[-1,2]$ 上的正确性,并求出 ξ.

解 显然函数 $f(x)=x^3+4x^2-7x-10$ 在区间 $[-1,2]$ 上连续,在 $(-1,2)$ 内可导,且 $f(-1)=f(2)=0$,所以 $f(x)$ 满足罗尔中值定理的条件.

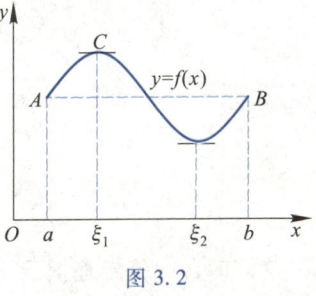

图 3.2

令 $f'(x)=3x^2+8x-7=0$,解得 $x=\dfrac{-4\pm\sqrt{37}}{3}$,其中 $\xi=\dfrac{\sqrt{37}-4}{3}\in(-1,2)$ 就是要找的点.

例 2 证明:方程 $x^5-5x+1=0$ 有且仅有一个小于 1 的正实根.

证 令 $f(x)=x^5-5x+1$,所以 $f'(x)=5x^4-5$.

存在性 显然,函数 $f(x)=x^5-5x+1$ 在 $[0,1]$ 上连续,又 $f(0)=1>0$,$f(1)=-3<0$,$f(0)\cdot f(1)<0$,由根的存在定理,在 0 与 1 之间至少有一点 ξ,使 $f(\xi)=0$,即方程 $x^5-5x+1=0$ 在 0 与 1 之间至少有一根.

唯一性 设另有 $x_1\in(0,1)$,$x_1\neq x_0$,使 $f(x_1)=0$.因为 $f(x)$ 在 x_0,x_1 之间满足罗尔中值定理的条件,所以至少存在一点 ξ(在 x_0,x_1 之间)使得 $f'(\xi)=0$.但 $f'(x)=5(x^4-1)<0$($x\in(0,1)$),矛盾.所以 x_0 为方程的唯一实根.这说明方程 $5x^4-4x+1=0$ 在 0 与 1 之间只有一个实根.

综上所述,方程 $x^5-5x+1=0$ 有且仅有一个小于 1 的正实根.

二、拉格朗日中值定理

由于罗尔中值定理的条件(3)在实际应用中不容易满足,因此它的应用受到一定的限制.若保持定理的前两个条件不变,将条件(3)去掉,就得到了微分学中的又一个重要定理——拉格朗日中值定理.

定理 3.1.2(拉格朗日中值定理) 若函数 $y=f(x)$ 满足：
(1) 在闭区间 $[a,b]$ 上连续，
(2) 在开区间 (a,b) 内可导，
那么在 (a,b) 内至少存在一点 $\xi(a<\xi<b)$，使
$$f(b)-f(a)=f'(\xi)(b-a).$$

证 构造辅助函数
$$\varphi(x)=f(x)-\frac{f(b)-f(a)}{b-a}x,$$

可验证函数 $\varphi(x)$ 在区间 $[a,b]$ 上满足罗尔中值定理的条件(1)和(2)，又
$$\varphi(a)=\varphi(b)=\frac{bf(a)-af(b)}{b-a},$$

所以，由罗尔中值定理，在 (a,b) 内至少存在一点 ξ，使
$$\varphi'(\xi)=f'(\xi)-\frac{f(b)-f(a)}{b-a}=0.$$

即
$$f(b)-f(a)=f'(\xi)(b-a).$$

拉格朗日中值定理揭示了函数在一个区间上的增量与函数在该区间内某点处的导数之间的关系.

小贴士

(1) 拉格朗日中值定理的两个条件是使结论成立的充分不必要条件.
(2) 当 $f(a)=f(b)$ 时，拉格朗日中值定理即为罗尔中值定理.
(3) 拉格朗日中值定理的增量形式
$$f(x+\Delta x)-f(x)=f'(\xi)\Delta x \quad (\xi \text{ 在 } x,x+\Delta x \text{ 之间}).$$
与用微分近似替代增量的式子 $\Delta y \approx f'(x)\Delta x$ 相比，微分是近似式并要求 $f'(x)\neq 0$，$|\Delta x|$ 很小，而上式中的增量 Δy 是一个精确值.

几何意义：定理结论可进一步变形为 $f'(\xi)=\dfrac{f(b)-f(a)}{b-a}$，等式右端为弦 AB 的斜率，从定理条件可知，函数 $f(x)$ 的图像是一条在区间 $[a,b]$ 上连续的曲线，且其上每一点(除端点外)都有不垂直于 x 轴的切线(图 3.3).

定理的结论表示：在曲线弧 AB 上至少存在一点 C，使曲线在 C 点处的切线平行于弦 AB.

推论 1 若函数 $f(x)$ 在闭区间 $[a,b]$ 上连续，在开区间 (a,b) 内 $f'(x)\equiv 0$，则 $f(x)\equiv C$ (C 为常数)，$x\in[a,b]$.

图 3.3

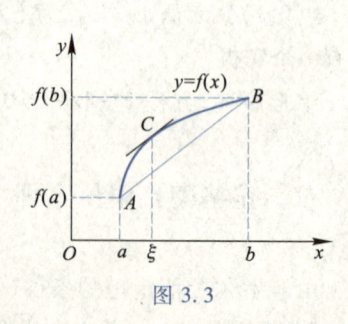

证 设 x_1,x_2 是区间 (a,b) 内任意两点，且 $x_1<x_2$. 显然 $f(x)$ 在区间 $[x_1,x_2]$ 上满足拉

格朗日中值定理条件,因此有 $f(x_2)-f(x_1)=f'(\xi)(x_2-x_1), \xi \in (x_1,x_2)$. 已知 $f'(\xi)=0$,从而 $f(x_2)=f(x_1)$,即函数 $f(x)$ 在 (a,b) 内是一个常数.

推论 2 若函数 $f(x)$ 与 $g(x)$ 在区间 (a,b) 内的导数处处相等,即 $f'(x)=g'(x)$,则这两个函数在 (a,b) 内只相差一个常数,即 $f(x)-g(x)=C$.

证 设 $F(x)=f(x)-g(x)$. 因为 $F'(x)=f'(x)-g'(x)=0, x \in (a,b)$,所以由推论 1 可得 $F(x)=C$(C 为常数),即 $f(x)-g(x)=C$.

例 3 证明:$\arcsin x + \arccos x = \dfrac{\pi}{2}$ $(-1 \leq x \leq 1)$.

证 设 $f(x)=\arcsin x+\arccos x$,则 $f(x)$ 在 $[-1,1]$ 上连续,又

$$f'(x)=\frac{1}{\sqrt{1-x^2}}+\frac{-1}{\sqrt{1-x^2}}=0.$$

由推论 1 知 $f(x)=C$. 又因为

$$f(0)=\arcsin 0+\arccos 0=0+\frac{\pi}{2}=\frac{\pi}{2},$$

所以 $C=\dfrac{\pi}{2}$. 即

$$\arcsin x+\arccos x=\frac{\pi}{2}(-1\leq x\leq 1).$$

例 4 证明:当 $x>0$ 时,$\dfrac{x}{1+x}<\ln(1+x)<x$.

证 设 $f(u)=\ln(1+u)$,显然 $f(u)$ 在 $[0,x]$ 上满足拉格朗日中值定理的条件,即
$$f(x)-f(0)=f'(\xi)(x-0) \quad (0<\xi<x).$$
由于 $f(0)=0, f'(u)=\dfrac{1}{1+u}$,所以上式变为 $\ln(1+x)=\dfrac{x}{1+\xi}$,因为 $0<\xi<x$,所以

$$\frac{x}{1+x}<\frac{x}{1+\xi}<x,$$

即 $\dfrac{x}{1+x}<\ln(1+x)<x$.

三、柯西中值定理

定理 3.1.3(柯西中值定理) 若函数 $f(x), g(x)$ 满足:
(1) 在闭区间 $[a,b]$ 上连续,
(2) 在开区间 (a,b) 内可导,
(3) 对任一 $x \in (a,b), g'(x) \neq 0$,
则在 (a,b) 内至少存在一点 $\xi(a<\xi<b)$,使

$$\frac{f(b)-f(a)}{g(b)-g(a)}=\frac{f'(\xi)}{g'(\xi)}.$$

证 由假设 $g'(x) \neq 0$,可知 $g(b)-g(a) \neq 0$. (若 $g(b)-g(a)=0$,则 $g(x)$ 在区间

$[a,b]$ 上满足罗尔中值定理的条件,因而至少存在一点 $\xi \in (a,b)$,使 $g'(\xi)=0$,这与 $g'(x) \neq 0$ 矛盾).

引入辅助函数: $\varphi(x)=[f(b)-f(a)]g(x)-[g(b)-g(a)]f(x)$.

显然 $\varphi(x)$ 在闭区间 $[a,b]$ 上连续,在开区间 (a,b) 内可导,且

$$\varphi(a)=\varphi(b)=f(b)g(a)-f(a)g(b).$$

由罗尔中值定理知,至少存在一点 $\xi \in (a,b)$,使 $\varphi'(\xi)=0$,即

$$[f(b)-f(a)]g'(\xi)=[g(b)-g(a)]f'(\xi),$$

整理得

$$\frac{f(b)-f(a)}{g(b)-g(a)}=\frac{f'(\xi)}{g'(\xi)}.$$

小贴士

(1) 柯西中值定理中 $f'(\xi),g'(\xi)$ 是同一点 ξ 处 $f(x),g(x)$ 的导数值.

(2) 若 $g(x) \equiv x$,则 $g(b)-g(a)=b-a,g'(\xi)=1$,柯西中值定理便转化为拉格朗日中值定理,可见拉格朗日中值定理是柯西中值定理的特例,柯西中值定理则是拉格朗日中值定理的推广.

习题 3.1

1. 验证函数 $y=\ln \sin x$ 在区间 $\left[\dfrac{\pi}{6},\dfrac{5\pi}{6}\right]$ 上是否满足罗尔中值定理的条件,如果满足,求出定理中的 ξ.

2. 应用拉格朗日中值定理证明下列不等式:

(1) $e^x > 1+x(x>0)$.

(2) $\dfrac{x}{1+x^2} < \arctan x < x(x>0)$.

(3) 若 $x>1$,则 $2\sqrt{x} > 3-\dfrac{1}{x}$.

*(4) $|\sin x - \sin y| \leqslant |x-y|, x,y \in (-\infty,+\infty)$.

第二节 函数的性质

一、函数的单调性

单调性是函数的一个重要性质.从图像上看,单调性表现为曲线的上升或下降,如图 3.4 所示.高中时,我们已经介绍过函数在区间上单调的概念,但直接利用定义来证

明函数在某区间内是单调增加还是单调减少,对于稍微复杂的函数来说是很困难的,本节利用导数来对函数的单调性进行研究.

定理 3.2.1(函数单调性的判定法)
设函数 $y=f(x)$ 在 $[a,b]$ 上连续,在开区间 (a,b) 内可导,

(1) 若在 (a,b) 内 $f'(x)>0$,则函数 $y=f(x)$ 在 $[a,b]$ 上单调增加.

(2) 若在 (a,b) 内 $f'(x)<0$,则函数 $y=f(x)$ 在 $[a,b]$ 上单调减少.

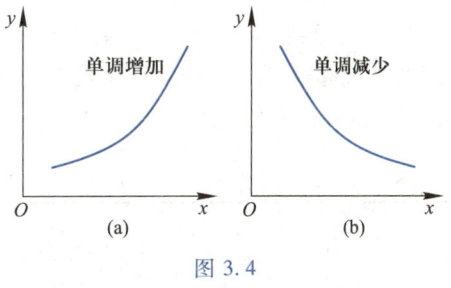

图 3.4

证 假设 x_1,x_2 是 $[a,b]$ 上任意两点,不妨设 $x_1<x_2$,由拉格朗日中值定理,有
$$f(x_2)-f(x_1)=f'(\xi)(x_2-x_1) \quad (x_1<\xi<x_2),$$
若 $f'(x)>0$,必有 $f'(\xi)>0$,又 $x_2-x_1>0$,所以 $f(x_2)-f(x_1)>0$,即 $f(x_2)>f(x_1)$.
由于 x_1,x_2 是 $[a,b]$ 上任意两点,所以函数 $y=f(x)$ 在 $[a,b]$ 上单调增加.
同理可证,若 $f'(x)<0$,则函数 $y=f(x)$ 在 $[a,b]$ 上单调减少.

> **小贴士**
>
> (1) 定理 3.2.1 的条件只是判定函数在区间 $[a,b]$ 上单调性的充分条件,而非必要条件,例如函数 $f(x)=x^3$ 在 $(-\infty,+\infty)$ 上是单调增加的,但是在 $(-\infty,+\infty)$ 上,并不总有 $f'(x)>0$,其中 $f'(0)=0$.
>
> (2) 如果函数的导数仅在有限个点处为零,而在其余点均保持符号相同,上述结论仍然成立.
>
> (3) 把闭区间 $[a,b]$ 换成其他各种区间(包括无穷区间),结论依然成立.

若函数在其定义域的某个区间内是单调的,则称该区间为函数的**单调区间**.找出了函数所有的驻点和不可导点,就可以顺利地划分出函数的单调区间.

一般来说,函数单调区间的分界点有两类,一类是驻点,即使函数 $f(x)$ 导数为零的点,驻点并不改变函数的单调性,但驻点两侧导数的符号可能相异,因此驻点往往成为函数单调区间的分界点;还有一类是不可导点,比如绝对值函数 $y=|x|$ 在 $x=0$ 处不可导,而 $x=0$ 又是函数单调区间的分界点.

> **小贴士**
>
> 确定函数 $f(x)$ 单调区间的方法如下:
>
> (1) 求出函数 $f(x)$ 在考察范围内的全部驻点和不可导点(除指定范围外,考察范围一般是指函数定义域).
>
> (2) 用这些驻点和不可导点将考察范围划分成若干个子区间.
>
> (3) 在每个子区间上用定理 3.2.1 判断函数 $f(x)$ 的单调性,从而确定函数 $f(x)$ 的单调区间.

例 1 求函数 $f(x)=x^3-3x^2-9x+1$ 的单调区间.

解 (1) 该函数的定义域是 $(-\infty,+\infty)$.

(2) $f'(x) = 3x^2 - 6x - 9 = 3(x+1)(x-3)$，无不可导点，令 $f'(x) = 0$，得 $x_1 = -1, x_2 = 3$.
它们将定义域划分为三个子区间：$(-\infty, -1), (-1, 3), (3, +\infty)$.

(3) 因为当 $x \in (-\infty, -1)$ 及 $x \in (3, +\infty)$ 时，$f'(x) > 0$，当 $x \in (-1, 3)$ 时，$f'(x) < 0$，为简便直观起见，通常列表讨论（表 3.1）.所以，$(-\infty, -1]$ 和 $[3, +\infty)$ 是 $f(x)$ 的单调增加区间，$[-1, 3]$ 是 $f(x)$ 的单调减少区间.

表 3.1

x	$(-\infty, -1)$	-1	$(-1, 3)$	3	$(3, +\infty)$
$f'(x)$	+	0	-	0	+
$f(x)$	↗		↘		↗

例 2 求函数 $f(x) = (x-2) \cdot x^{\frac{2}{3}}$ 的单调区间.

解 (1) 该函数的定义域是 $(-\infty, +\infty)$.

(2) $f'(x) = \dfrac{5x-4}{3\sqrt[3]{x}}$，不可导点为 $x_1 = 0$.令 $f'(x) = 0$，得驻点为 $x_2 = \dfrac{4}{5}$.

列表 3.2.所以函数 $f(x)$ 在区间 $(-\infty, 0]$ 和 $\left[\dfrac{4}{5}, +\infty\right)$ 上单调增加，在区间 $\left[0, \dfrac{4}{5}\right]$ 上单调减少.

表 3.2

x	$(-\infty, 0)$	0	$\left(0, \dfrac{4}{5}\right)$	$\dfrac{4}{5}$	$\left(\dfrac{4}{5}, +\infty\right)$
$f'(x)$	+	不存在	-	0	+
$f(x)$	↗		↘		↗

例 3 证明：当 $x > 0$ 时，$e^x > 1 + x$.

证 令 $f(x) = e^x - 1 - x$，则 $f(x)$ 在 $[0, +\infty)$ 上连续，在 $(0, +\infty)$ 内可导，且 $f'(x) = e^x - 1$，在 $(0, +\infty)$ 内，$f'(x) > 0$，因此 $f(x)$ 在 $[0, +\infty)$ 上单调增加，从而当 $x > 0$ 时，$f(x) > f(0) = 0$，即 $e^x - 1 - x > 0$.

于是证得，当 $x > 0$ 时，$e^x > 1 + x$.

二、函数的极值

定义 3.2.1 设函数 $f(x)$ 在 x_0 的某邻域 $U(x_0, \delta)$ 内有定义，对于任一 $x \in \overset{\circ}{U}(x_0, \delta)$，都有

(1) $f(x) < f(x_0)$，则称 $f(x_0)$ 为函数 $f(x)$ 的极大值.

(2) $f(x) > f(x_0)$，则称 $f(x_0)$ 为函数 $f(x)$ 的极小值.

函数的极大值与极小值统称为函数的极值，使函数取得极值的点称为极值点.

小贴士

函数的极值概念是局部性概念,如图 3.5 中,$f(x_1)<f(x_4)$,但 $f(x_1)$ 是极大值, $f(x_4)$ 是极小值.

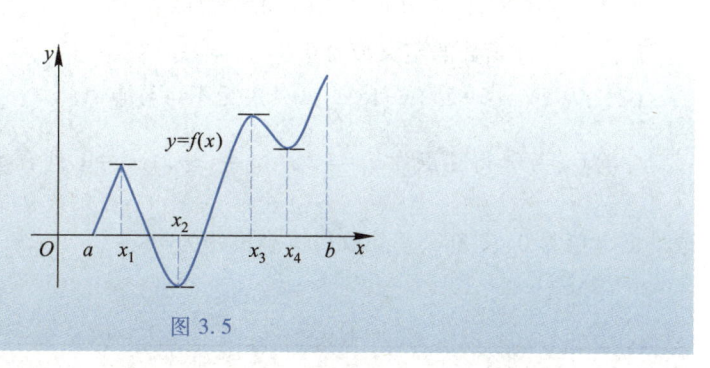

图 3.5

定理 3.2.2(极值的必要条件) 设函数 $f(x)$ 在点 x_0 处可导,且在点 x_0 处取得极值,那么函数 $f(x)$ 在点 x_0 处的导数为零,即 $f'(x_0)=0$.

小贴士

(1) 可导函数的极值点必定是它的驻点.但函数的驻点却不一定是极值点.
(2) 函数在其不可导点处也可能取得极值.
(3) 函数的极值点只能在驻点和不可导点中取得.

定理 3.2.3(极值的第一充分条件) 设函数 $f(x)$ 在点 x_0 处连续,且在 x_0 的某去心邻域 $\mathring{U}(x_0,\delta)$ 内可导,x 为该邻域内任意一点,
(1) 当 $x<x_0$ 时 $f'(x)>0$,当 $x>x_0$ 时 $f'(x)<0$,则函数 $f(x)$ 在 x_0 处取得极大值.
(2) 当 $x<x_0$ 时 $f'(x)<0$,当 $x>x_0$ 时 $f'(x)>0$,则函数 $f(x)$ 在 x_0 处取得极小值.
(3) 当 $x<x_0$ 与 $x>x_0$ 时 $f'(x)$ 的符号相同,则函数 $f(x)$ 在 x_0 处没有极值.

定理 3.2.4(极值的第二充分条件) 设函数 $y=f(x)$ 在点 x_0 处二阶可导,且 $f'(x_0)=0,f''(x_0)\neq 0$,则
(1) 当 $f''(x_0)<0$ 时,函数 $f(x)$ 在点 x_0 处取得极大值.
(2) 当 $f''(x_0)>0$ 时,函数 $f(x)$ 在点 x_0 处取得极小值.

小贴士

定理 3.2.3 适用于驻点和不可导点,而定理 3.2.4 只能对驻点判定,而且当 $f''(x_0)=0$ 时,定理 3.2.4 无法判定 $f(x)$ 在点 x_0 处是否有极值.

确定函数 $f(x)$ 极值的方法如下:
(1) 确定函数 $f(x)$ 的考察范围(除指定范围外,一般是指函数定义域).
(2) 求出 $f'(x)$,确定驻点(令 $f'(x)=0$)和不可导点(初等函数导数无定义的点或分段函数的分段点)得到 $f(x)$ 所有可能的极值点.

(3) 若存在不可导点,则用这些驻点和不可导点将考察范围划分成若干个子区间,在每个子区间上用定理 3.2.3 判断函数 $f(x)$ 的极值;若不存在不可导点,则可继续求 $f''(x)$,用定理 3.2.4 判断函数 $f(x)$ 的极值.

例 4 求函数 $f(x)=(x+2)^2(x-1)^3$ 的极值.

解 (1) 该函数的定义域是 $(-\infty,+\infty)$.

(2) $f'(x)=(x+2)(x-1)^2(5x+4)$,无不可导点.

令 $f'(x)=0$,得驻点为 $x_1=-2$, $x_2=-\dfrac{4}{5}$, $x_3=1$.列表 3.3,所以 $f(x)$ 在 $x=-2$ 处取得极大值为 0,在 $x=-\dfrac{4}{5}$ 处取得极小值约为 -8.4.

表 3.3

x	$(-\infty,-2)$	-2	$\left(-2,-\dfrac{4}{5}\right)$	$-\dfrac{4}{5}$	$\left(-\dfrac{4}{5},1\right)$	1	$(1,+\infty)$
$f'(x)$	+	0	−	0	+	0	+
$f(x)$	↗	极大值 0	↘	极小值 -8.4	↗	无极值	↗

例 5 求函数 $f(x)=2x^3-6x^2-18x+7$ 的极值.

解 (1) 该函数的定义域是 $(-\infty,+\infty)$.

(2) $f'(x)=6(x-3)(x+1)$,无不可导点.令 $f'(x)=0$,得驻点为 $x_1=-1,x_2=3$.

(3) $f''(x)=12(x-1)$,因为 $f''(-1)=-24<0,f''(3)=24>0$.所以 $f(x)$ 在 $x=-1$ 处取得极大值为 17,在 $x=3$ 处取得极小值为 -47.

三、函数的最值

在实际生活中,常常遇到诸如"用料最省""成本最低""路程最短"的问题,这类问题往往归结为求某一函数的最值问题,下面给出函数最值的定义.

定义 3.2.2 设函数 $f(x)$ 在区间 I 上有定义,$x_1,x_2\in I$.

(1) 若 $\forall x\in I$,都有 $f(x)\leqslant f(x_1)$ 成立,则称 $f(x_1)$ 为函数 $f(x)$ 的最大值,x_1 为函数 $f(x)$ 在区间 I 上的最大值点.

(2) 若 $\forall x\in I$,都有 $f(x)\geqslant f(x_2)$ 成立,则称 $f(x_2)$ 为函数 $f(x)$ 的最小值,x_2 为函数 $f(x)$ 在区间 I 上的最小值点.

函数的最大值与最小值统称为函数的**最值**,使函数取得最值的点称为**最值点**.

> **小贴士**
>
> 极值是一个局部性概念,是一个邻域内的最大值与最小值;最值是一个全局概念,整个区间上最大或最小的.最值若取在区间的内部,则最值必为极值.

设 $f(x)$ 在闭区间 $[a,b]$ 上连续,则由连续函数性质,$f(x)$ 在 $[a,b]$ 上必存在最大值和最小值.显然最大值或最小值可能在闭区间的内部取得,也可能在区间的端点取得.当在区间内部取得时,那么这最大(小)值同时也是极大(小)值;而极值点在驻点或导数不存在的

> **请思考**
>
> 函数极值不能在区间端点取得,为什么?

点取得,因此,我们求连续函数 $f(x)$ 在闭区间 $[a,b]$ 上的最值常采取以下步骤:

(1) 求出 $f(x)$ 在 $[a,b]$ 上的所有驻点和导数不存在的点.

(2) 求出驻点、导数不存在的点及端点所对应的函数值.

(3) 对上述函数值进行比较,其最大者即为最大值,最小者即为最小值.

例 6 求函数 $f(x)=2x^3-3x^2-12x+25$ 在区间 $[0,4]$ 上的最值.

解 (1) 该函数的考察范围为 $[0,4]$.

(2) $f'(x)=6x^2-6x-12$,无不可导点.令 $f'(x)=0$,得驻点为 $x=2$.

(3) 计算得 $f(2)=5$,又 $f(0)=25,f(4)=57$,所以函数在区间 $[0,4]$ 上的最大值是 $f(4)=57$,最小值是 $f(2)=5$.

小贴士

在实际问题中,往往根据问题的性质,就可断定可导函数 $f(x)$ 确有最大值或最小值,而且一定在区间内部取得.这时如果 $f(x)$ 在该区间内部只有一个驻点,则可断定此点即为函数的最大值点(或最小值点),而不必讨论是否是极值点.

设函数 $f(x)$ 在闭区间 $[a,b]$ 上连续,若 $f(x)$ 在 (a,b) 内仅有一个极大值而没有极小值,则此极大值即 $f(x)$ 在 $[a,b]$ 上的最大值;若 $f(x)$ 在 (a,b) 内仅有一个极小值而没有极大值,则此极小值即 $f(x)$ 在 $[a,b]$ 上的最小值.

例 7 要做一个容积为 V 的有盖圆柱形水桶,问半径 r 与桶高 h 如何确定,可使所用材料最省?

解 要使所用材料最省,就要使水桶表面积最小.

假设水桶表面积为 S,则 $S=2\pi r^2+2\pi rh(0<r<+\infty)$,容积

$$V=\pi r^2 h, \quad h=\frac{V}{\pi r^2},$$

$$S=2\pi r^2+\frac{2V}{r}, \quad S'=4\pi r-\frac{2V}{r^2},$$

令 $S'(r)=0$,得唯一的驻点 $r_0=\sqrt[3]{\dfrac{V}{2\pi}}$.

因为 $S''(r)=4\pi+\dfrac{4V}{r^3}$,$S''(r_0)>0$,所以 $S(r_0)$ 为函数的极小值,此极小值即为函数的最小值,此时 $h=2r_0$,所以,当半径 r 为 $\sqrt[3]{\dfrac{V}{2\pi}}$,桶高 h 为 $2\sqrt[3]{\dfrac{V}{2\pi}}$ 时,可使所用材料最省.

例 8 证明:$\forall x\in \mathbf{R}$,有 $x^4+(1-x)^4\geqslant \dfrac{1}{8}$.

证 设 $f(x) = x^4 + (1-x)^4 - \dfrac{1}{8}$, $\forall x \in \mathbf{R}$, 有 $f'(x) = 4(2x-1)(x^2-x+1)$, 令 $f'(x) = 0$, 有唯一驻点 $x = \dfrac{1}{2}$, 又 $f''(x) = 12x^2 + 12(1-x)^2$, $f''\left(\dfrac{1}{2}\right) = 6 > 0$, 所以函数 $f(x)$ 在 $x = \dfrac{1}{2}$ 处取得极小值, 即最小值 $f\left(\dfrac{1}{2}\right) = 0$.

因而对 $\forall x \in \mathbf{R}$, 有 $f(x) \geqslant 0$, 即 $x^4 + (1-x)^4 \geqslant \dfrac{1}{8}$.

下面我们来看一下本章开始时提到的最值应用题案例:

设工厂 A 到铁路的垂直距离为 20 km, 垂足为 B, 铁路线上距离 B 处 100 km 有一原料供应站 C(图 3.1), 现在要从铁路 BC 中间某处 D 修建一个车站, 再由车站 D 向工厂 A 修一条公路, 问应选何处, 才能使得从原料供应站 C 运货到工厂 A 所需运费最省? 已知 1 km 的铁路运费与公路运费之比为 3:5.

解 设 $BD = x$, 则 $AD = \sqrt{x^2 + 20^2}$, $CD = 100 - x$. 又设公路运费为 a 元/km, 则铁路运费为 $\dfrac{3}{5}a$ 元/km. 由本章开始案例分析, 可知从原料供应站 C 经中转站 D 到工厂 A 所需总费用为

$$y = a\sqrt{x^2 + (20)^2} + \dfrac{3}{5}a(100-x) \quad (0 \leqslant x \leqslant 100),$$

$$y' = \dfrac{ax}{\sqrt{x^2 + (20)^2}} - \dfrac{3}{5}a, \quad y'' = \dfrac{a \cdot 400}{(x^2 + 400)^{\frac{3}{2}}}.$$

令 $y' = 0$, 得 $x = \pm 15$ ($x = -15$ 不合题意, 舍去), $y''(15) > 0$, 所以得到唯一驻点 $x = 15$. 因此, 当车站 D 建于 B, C 之间且与 B 相距 15 km 时运费最省.

四、曲线的凹凸性

要想准确完整地描述函数的性态, 仅仅知道函数的单调性、极值还是不够的, 如函数 $y = x^3$ 在区间 $(-\infty, 0)$ 与 $(0, +\infty)$ 内的图形都是单调增加的, 但曲线的弯曲方向不同. 从几何上看, 在有的曲线弧上, 如果任取两点, 则连接这两点间的弦总位于这两点弧段的上方, 而有的曲线弧则正好相反(图 3.6), 曲线的这种性质就是曲线的凹凸性.

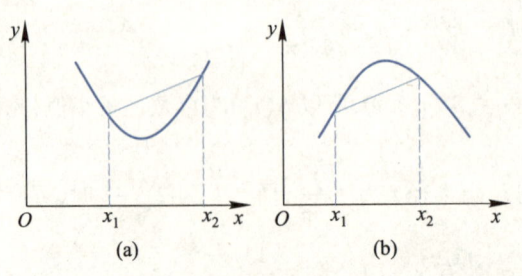

图 3.6

因此我们可利用连接曲线弧上任意两点的弦的中点与曲线弧上相应点(即具有相同横坐标的点)的位置关系来描述.下面给出曲线凹凸性的定义.

定义 3.2.3 设 $f(x)$ 在区间 $[a,b]$ 上连续, $\forall x_1, x_2 \in (a,b)$, 如果始终有

$$f\left(\frac{x_1+x_2}{2}\right) < \frac{f(x_1)+f(x_2)}{2},$$

那么称 $f(x)$ 在 $[a,b]$ 上的图形是凹的(记为"∪").如果始终有

$$f\left(\frac{x_1+x_2}{2}\right) > \frac{f(x_1)+f(x_2)}{2},$$

那么称 $f(x)$ 在 $[a,b]$ 上的图形是凸的(记为"∩").连续曲线上,凹弧与凸弧的分界点称为曲线的**拐点**.

> **小贴士**
>
> 由定义知,如果曲线在 $[a,b]$ 上是凹的,则曲线位于其任一点切线的上方,且切线斜率单调递增;如果曲线在 $[a,b]$ 上是凸的,则曲线位于其任一点切线的下方,且切线斜率单调递减.曲线是凹曲线,等价于一阶导数单调递增,从而二阶导数大于零;曲线是凸曲线,等价于一阶导数单调递减,从而二阶导数小于零.所以,曲线凹凸性的讨论,实质化归为一阶导数的单调性判断.拐点是曲线上的点,应写全它的坐标.

定理 3.2.5(曲线凹凸性判定定理) 设 $f(x)$ 在 $[a,b]$ 上连续,在 (a,b) 内二阶可导,则

(1) 若在 (a,b) 内, $f''(x) > 0$, 则 $f(x)$ 在 $[a,b]$ 上的图形是凹的.

(2) 若在 (a,b) 内, $f''(x) < 0$, 则 $f(x)$ 在 $[a,b]$ 上的图形是凸的.

> **小贴士**
>
> 函数在点 x_0 处的二阶导数不存在,但在 x_0 左右两侧 $f''(x)$ 的符号相反,点 $M(x_0, f(x_0))$ 也是曲线的拐点.

求曲线 $y = f(x)$ 的凹凸区间和拐点的一般步骤:

(1) 确定函数的考察范围(除指定范围外,一般是指函数定义域).

(2) 在考察范围内求 $f''(x) = 0$ 的点和 $f''(x)$ 不存在的点.

(3) 用上述点划分考察范围,并列表判别曲线的凹凸性.

例 9 讨论曲线 $y = 2 + (x-4)^{\frac{1}{3}}$ 的凹凸区间与拐点.

解
$$y' = \frac{1}{3}(x-4)^{-\frac{2}{3}}, \quad y'' = -\frac{2}{9}(x-4)^{-\frac{5}{3}}.$$

$f''(x)$ 没有为零的点,但是 $x = 4$ 时, $f''(x)$ 不存在,当 $x \in (-\infty, 4)$ 时, $y'' > 0$; 当 $x \in (4, +\infty)$ 时, $y'' < 0$, 即 y'' 在 $x = 4$ 两侧异号,故曲线在区间 $(-\infty, 4]$ 上为凹,在区间 $[4, +\infty)$ 上为凸, 点 $(4, 2)$ 是曲线的拐点.

五、函数的分析作图法

(一) 曲线的渐近线

定义 3.2.4 若曲线 L 上的动点 P 沿着曲线无限地远离原点时,点 P 与一条定直线 C 的距离趋于零,则称直线 C 为曲线 L 的渐近线.当 C 垂直于 x 轴时,称 C 为曲线 L 的垂直渐近线;当 C 垂直于 y 轴时,称 C 为曲线 L 的水平渐近线.

> **小贴士**
>
> 由渐近线的定义可知:
>
> (1) 直线 $x=x_0$ 是曲线 $y=f(x)$ 的垂直渐近线的充要条件是
>
> $$\lim_{x\to x_0^+}f(x)=\infty \text{ 或 } \lim_{x\to x_0^-}f(x)=\infty.$$
>
> (2) 直线 $y=y_0$ 是曲线 $y=f(x)$ 的水平渐近线的充要条件是
>
> $$\lim_{x\to +\infty}f(x)=y_0 \text{ 或 } \lim_{x\to -\infty}f(x)=y_0.$$

例 10 求曲线 $y=\dfrac{1}{2x-4}$ 的垂直渐近线.

解 因为 $x=2$ 是曲线 $y=\dfrac{1}{2x-4}$ 的间断点,又因为 $\lim\limits_{x\to 2^+}\dfrac{1}{2x-4}=+\infty$,$\lim\limits_{x\to 2^-}\dfrac{1}{2x-4}=-\infty$,所以 $x=2$ 是曲线 $y=\dfrac{1}{2x-4}$ 的垂直渐近线.

例 11 求曲线 $y=\arctan x$ 的水平渐近线.

解 因为 $\lim\limits_{x\to +\infty}\arctan x=\dfrac{\pi}{2}$,$\lim\limits_{x\to -\infty}\arctan x=-\dfrac{\pi}{2}$,所以 $y=\dfrac{\pi}{2}$ 和 $y=-\dfrac{\pi}{2}$ 是曲线 $y=\arctan x$ 的水平渐近线.

(二) 函数的分析作图法

> **小贴士**
>
> 作函数 $y=f(x)$ 图像的一般步骤为:
> (1) 确定函数 $y=f(x)$ 的定义域,判断函数的奇偶性、周期性.
> (2) 求函数的一、二阶导数,并求出一、二阶导数为零及导数不存在的点.
> (3) 列表求函数的单调区间、极值,确定函数图像的凹凸区间和拐点.
> (4) 求曲线的渐近线.
> (5) 求曲线上一些特殊点,根据函数的性质,描点作图.

例 12 作函数 $y=\dfrac{1}{\sqrt{2\pi}}e^{-\frac{x^2}{2}}$ 的图像.

解 (1) 定义域 $x\in \mathbf{R}$,函数为偶函数.

(2) $y' = \dfrac{-x}{\sqrt{2\pi}} e^{-\frac{x^2}{2}}$，$x_1 = 0$ 时，$y' = 0$，

$$y'' = \left(\dfrac{-1}{\sqrt{2\pi}} + \dfrac{x^2}{\sqrt{2\pi}}\right) e^{-\frac{x^2}{2}},$$

$x_2 = -1$ 时，$y'' = 0$，$x_3 = 1$ 时，$y'' = 0$.

(3) 列表 3.4 分析

表 3.4

x	$(-\infty, -1)$	-1	$(-1, 0)$	0	$(0, 1)$	1	$(1, +\infty)$
y'	+	+	+	0	−	−	−
y''	+	0	−	−	−	0	+
$y = f(x)$	↗	拐点 $\left(-1, \dfrac{1}{\sqrt{2\pi}} e^{-\frac{1}{2}}\right)$	↘	极大值 $\dfrac{1}{\sqrt{2\pi}}$	↘	拐点 $\left(1, \dfrac{1}{\sqrt{2\pi}} e^{-\frac{1}{2}}\right)$	↘

(4) 曲线有水平渐近线 $y = 0$，无垂直渐近线.

(5) 作图（图 3.7）.

例 13 作函数 $y = \dfrac{x}{x^2 + 1}$ 的图像.

解 (1) 定义域 $(-\infty, +\infty)$，是奇函数，只需先作出 $[0, +\infty)$ 上的图像，再利用对称性补齐.

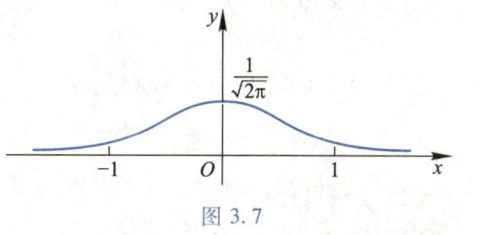

图 3.7

(2) 令 $y' = \dfrac{1 - x^2}{(x^2 + 1)^2} = 0$，可得 $x = 1$，令 $y'' = \dfrac{2x(x^2 - 3)}{(x^2 + 1)^3} = 0$，可得 $x = 0, \sqrt{3}$.

(3) 列表 3.5 分析

(4) $\lim\limits_{x \to +\infty} \dfrac{x}{1 + x^2} = 0$，所以图像向右无限延伸时，以 $y = 0$ 为水平渐近线.

(5) 描点作图（图 3.8）.

表 3.5

x	0	$(0, 1)$	1	$(1, \sqrt{3})$	$\sqrt{3}$	$(\sqrt{3}, +\infty)$
y'	+	+	0	−	−	−
y''	0	−	−	−	0	+
$y = f(x)$	拐点 $(0, 0)$	↗	极大值 $\dfrac{1}{2}$	↘	拐点 $\left(\sqrt{3}, \dfrac{\sqrt{3}}{4}\right)$	↘

图 3.8

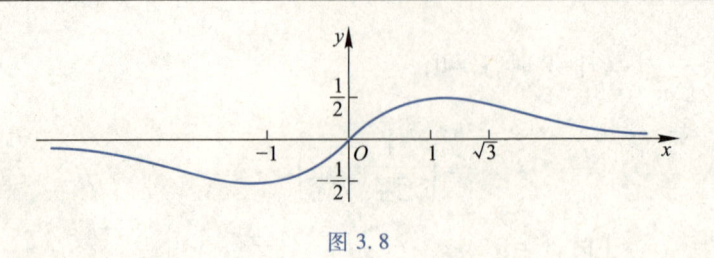

习题 3.2

1. 确定下列函数的单调区间：
(1) $y = x - \sin x$.
(2) $y = e^x + e^{-x}$.
(3) $y = \dfrac{2x^2 + 8}{x} \ (x > 0)$.
(4) $y = 2x^3 - 3x^2 - 36x + 16$.
(5) $y = x^3 - 6x$.
(6) $y = \dfrac{\ln x}{x}$.

2. 利用单调性证明下列不等式：
(1) 当 $x > 0$ 时，$1 + \dfrac{1}{2}x > \sqrt{1+x}$.
(2) 当 $0 < x < \dfrac{\pi}{2}$ 时，$\tan x > x + \dfrac{1}{3}x^3$.

3. 求下列函数的极值：
(1) $y = x^{\frac{1}{x}} \ (x > 0)$.
(2) $y = 2x^3 - 3x^2$.
(3) $y = 2\arctan x - x$.
(4) $y = x \ln x$.
(5) $y = 3 - 2(x+1)^{\frac{1}{3}}$.
(6) $y = \dfrac{3x^2 + 4x + 4}{x^2 + x + 1}$.

4. 求下列函数的最值：
(1) $y = x^4 - 8x^2 + 2 \ (-1 \leqslant x \leqslant 4)$.
(2) $y = \sqrt{5 - 4x} \ (-1 \leqslant x \leqslant 1)$.
(3) $y = e^{-x} + x$.
(4) $y = \dfrac{x}{1 + x^2} \ (0 \leqslant x \leqslant 2)$.

5. 求下列曲线的凹凸区间与拐点：
(1) $y = xe^{-x}$.
(2) $y = (x+1)^4 + e^x$.
(3) $y = e^{\arctan x}$.
(4) $y = \ln(x^2 + 1)$.

6. 确定 a 值，使 $f(x) = a\sin x + \dfrac{1}{3}\sin 3x$ 在 $x = \dfrac{\pi}{3}$ 处取极值，指出它是极大值还是极小值？并求此极值.

7. 某车间靠墙壁要盖一间长方形小屋，现有存砖只够砌 20 m 长的墙壁，问应围成怎样的长方形才能使小屋的面积最大？

*8. 证明：若函数 $f(x)$ 在点 x_0 处有 $f'_+(x_0)<0, f'_-(x_0)>0$，则 x_0 为 $f(x)$ 的极大值点.

*9. 证明：方程 $x^5+x+1=0$ 在区间 $(-1,0)$ 内有且只有一个实根.

*10. 描绘下列函数的图形：

(1) $y=x^2+\dfrac{1}{x}$.　　　　　　(2) $y=x^3-3x^2$.

第三节　洛必达法则

在学习极限运算法则的时候，我们常常会遇到这样的极限：

(1) $\lim\limits_{x\to 3}\dfrac{x^2-9}{x^2-4x+3}$.　　　　(2) $\lim\limits_{x\to +\infty}\dfrac{x}{\sqrt{1+x^2}}$.

即在自变量的同一变化过程中，分子、分母同时趋于 0 或同时趋于无穷大的情形，在数学上，我们把它们统称为**未定式**(不定式).未定式的极限，可能存在，也可能不存在，因此不可以直接使用极限四则运算法则.这一节我们要介绍一种较为便捷的方法——洛必达法则，用它可以比较方便地解决此类极限.

一、"$\dfrac{0}{0}$"型或"$\dfrac{\infty}{\infty}$"型未定式的极限

定理 3.3.1(洛必达法则)　设函数 $f(x), g(x)$ 满足：

(1) $\lim\limits_{x\to x_0}f(x)=0$，$\lim\limits_{x\to x_0}g(x)=0$；

(2) 在 x_0 的某去心邻域 $\mathring{U}(x_0,\delta)$ 内，$f'(x)$ 及 $g'(x)$ 都存在，且 $g'(x)\neq 0$；

(3) $\lim\limits_{x\to x_0}\dfrac{f'(x)}{g'(x)}$ 存在(或为无穷大)，

则　$\lim\limits_{x\to x_0}\dfrac{f(x)}{g(x)}=\lim\limits_{x\to x_0}\dfrac{f'(x)}{g'(x)}$.

小贴士

(1) 将第一个条件中的"$\lim\limits_{x\to x_0}f(x)=0, \lim\limits_{x\to x_0}g(x)=0$"换成"$\lim\limits_{x\to x_0}f(x)=\infty, \lim\limits_{x\to x_0}g(x)=\infty$"，定理结论依然成立，即上述定理对"$\dfrac{0}{0}$"型或"$\dfrac{\infty}{\infty}$"型的极限均成立.

(2) 将自变量的变化过程 $x\to x_0$ 换成 $x\to x_0^+, x\to x_0^-, x\to\infty, x\to+\infty, x\to-\infty$ 时，定理仍然成立.

(3) 在使用洛必达法则时，若 $\lim\limits_{x\to x_0}\dfrac{f'(x)}{g'(x)}$ 还是"$\dfrac{0}{0}$"型未定式，且函数 $f'(x)$ 与 $g'(x)$ 仍满足洛必达法则的条件，可继续使用洛必达法则.

例1 求 $\lim\limits_{x\to 0}\dfrac{\sin 2x}{3x}$.

解 当 $x\to 0$ 时,这是"$\dfrac{0}{0}$"型未定式.由洛必达法则得

$$\lim_{x\to 0}\frac{\sin 2x}{3x}=\lim_{x\to 0}\frac{(\sin 2x)'}{(3x)'}=\lim_{x\to 0}\frac{2\cos 2x}{3}=\frac{2}{3}.$$

例2 求 $\lim\limits_{x\to 2}\dfrac{x^4-16}{x-2}$.

解 当 $x\to 2$ 时,这是"$\dfrac{0}{0}$"型未定式.由洛必达法则得

$$\lim_{x\to 2}\frac{x^4-16}{x-2}=\lim_{x\to 2}\frac{4x^3}{1}=32.$$

例3 求 $\lim\limits_{x\to \pi}\dfrac{\sin 5x}{\sin 2x}$.

解 $\lim\limits_{x\to \pi}\dfrac{\sin 5x}{\sin 2x}=\lim\limits_{x\to \pi}\dfrac{(\sin 5x)'}{(\sin 2x)'}=\lim\limits_{x\to \pi}\dfrac{5\cos 5x}{2\cos 2x}=-\dfrac{5}{2}$.

例4 求 $\lim\limits_{x\to +\infty}\dfrac{\dfrac{\pi}{2}-\arctan x}{\dfrac{1}{x}}$.

解 $\lim\limits_{x\to +\infty}\dfrac{\dfrac{\pi}{2}-\arctan x}{\dfrac{1}{x}}=\lim\limits_{x\to +\infty}\dfrac{-\dfrac{1}{1+x^2}}{-\dfrac{1}{x^2}}=\lim\limits_{x\to +\infty}\dfrac{x^2}{1+x^2}=\lim\limits_{x\to +\infty}\dfrac{2x}{2x}=1$.

例5 求 $\lim\limits_{x\to 0^+}\dfrac{\ln\tan 3x}{\ln\tan 2x}$.

解 当 $x\to 0^+$ 时,这是"$\dfrac{\infty}{\infty}$"型未定式.由洛必达法则得

$$\lim_{x\to 0^+}\frac{\ln\tan 3x}{\ln\tan 2x}=\lim_{x\to 0^+}\frac{\tan 2x\cdot 3\sec^2 3x}{\tan 3x\cdot 2\sec^2 2x}=\frac{3}{2}\lim_{x\to 0^+}\frac{\tan 2x}{\tan 3x}=\frac{3}{2}\lim_{x\to 0^+}\frac{2x}{3x}=1.$$

> **小贴士**
>
> "$\dfrac{0}{0}$"型与"$\dfrac{\infty}{\infty}$"型互换,有时是必要的,我们在解决实际问题的时候,应灵活掌握这一点.

例6 求 $\lim\limits_{x\to +\infty}\dfrac{x^n}{e^{\lambda x}}(\lambda>0,n\in \mathbf{N}^*)$.

解 $\lim\limits_{x\to +\infty}\dfrac{x^n}{e^{\lambda x}}=\lim\limits_{x\to +\infty}\dfrac{nx^{n-1}}{\lambda e^{\lambda x}}=\lim\limits_{x\to +\infty}\dfrac{n(n-1)x^{n-2}}{\lambda^2 e^{\lambda x}}=\cdots=\lim\limits_{x\to +\infty}\dfrac{n!}{\lambda^n e^{\lambda x}}=0.$

例 7 求 $\lim\limits_{x\to+\infty}\dfrac{\ln x}{x^{\alpha}}$ （$\alpha>0$）．

解 $\lim\limits_{x\to+\infty}\dfrac{\ln x}{x^{\alpha}}=\lim\limits_{x\to+\infty}\dfrac{\dfrac{1}{x}}{\alpha x^{\alpha-1}}=\lim\limits_{x\to+\infty}\dfrac{1}{\alpha x^{\alpha}}=0.$

例 8 求 $\lim\limits_{x\to 0}\dfrac{x-\sin x}{(1-\cos x)(\mathrm{e}^{2x}-1)}$．

解 此题虽是"$\dfrac{0}{0}$"型，但求导相当复杂，可以先用等价无穷小代换进行化简，然后再用洛必达法则进行处理，解法如下：

$$\lim\limits_{x\to 0}\dfrac{x-\sin x}{(1-\cos x)(\mathrm{e}^{2x}-1)}=\lim\limits_{x\to 0}\dfrac{x-\sin x}{\dfrac{1}{2}x^2\cdot 2x}=\lim\limits_{x\to 0}\dfrac{x-\sin x}{x^3}$$

$$=\lim\limits_{x\to 0}\dfrac{1-\cos x}{3x^2}=\lim\limits_{x\to 0}\dfrac{\sin x}{6x}=\dfrac{1}{6}.$$

> **小贴士**
>
> 对"$\dfrac{0}{0}$"型未定式极限，首先考虑用等价无穷小代换，然后再用洛必达法则，有时候求解会更快．

有时洛必达法则并不能计算出极限．

例 9 求 $\lim\limits_{x\to+\infty}\dfrac{\sqrt{1+x^2}}{x}$．

解 如果我们用洛必达法则，那么有

$$\lim\limits_{x\to+\infty}\dfrac{\sqrt{1+x^2}}{x}=\lim\limits_{x\to+\infty}\dfrac{(\sqrt{1+x^2})'}{(x)'}=\lim\limits_{x\to+\infty}\dfrac{x}{\sqrt{1+x^2}}$$

$$=\lim\limits_{x\to+\infty}\dfrac{(x)'}{(\sqrt{1+x^2})'}=\lim\limits_{x\to+\infty}\dfrac{\sqrt{1+x^2}}{x}=\cdots.$$

无法求出结果．

本题正确解法：$\lim\limits_{x\to+\infty}\dfrac{\sqrt{1+x^2}}{x}=\lim\limits_{x\to+\infty}\sqrt{\dfrac{1}{x^2}+1}=1.$

> **小贴士**
>
> 洛必达法则虽然是解决未定式极限一种较好的方法，但不是所有未定式的极限都可以通过洛必达法则得到解决．

例 10 求 $\lim\limits_{x\to\infty}\dfrac{x+\sin x}{x-\sin x}$．

解 若采用洛必达法则，$\lim\limits_{x\to\infty}\dfrac{x+\sin x}{x-\sin x}=\lim\limits_{x\to\infty}\dfrac{1+\cos x}{1-\cos x}$，$x\to\infty$ 时，该极限已经不存在了，

所以,不符合使用洛必达法则的条件.

事实上,此题的正确解法为 $\lim\limits_{x\to\infty}\dfrac{x+\sin x}{x-\sin x}=\lim\limits_{x\to\infty}\dfrac{1+\dfrac{\sin x}{x}}{1-\dfrac{\sin x}{x}}=1.$

二、其他类型未定式的极限

洛必达法则除了可以用来求"$\dfrac{0}{0}$"型和"$\dfrac{\infty}{\infty}$"型未定式的极限外,还可用来求"$0\cdot\infty$""$\infty-\infty$""0^{0}""∞^{0}""1^{∞}"型未定式的极限.

⭐ 小点睛

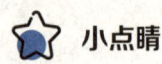

求这些未定式极限的基本方法就是:通过适当的变形,把它们化归为"$\dfrac{0}{0}$"型或"$\dfrac{\infty}{\infty}$"型后,再用洛必达法则来计算.化归是解决问题的基本方法.

例 11 求 $\lim\limits_{x\to 0^+}x\ln x.$

解 此题是"$0\cdot\infty$"型,将它转化为"$\dfrac{\infty}{\infty}$"型来计算.

$$\lim\limits_{x\to 0^+}x\ln x=\lim\limits_{x\to 0^+}\dfrac{\ln x}{\dfrac{1}{x}}=\lim\limits_{x\to 0^+}\dfrac{\dfrac{1}{x}}{-\dfrac{1}{x^2}}=\lim\limits_{x\to 0^+}(-x)=0.$$

例 12 求 $\lim\limits_{x\to 1}\left(\dfrac{x}{x-1}-\dfrac{1}{\ln x}\right).$

解 此题是"$\infty-\infty$"型,可以先通分,然后再使用洛必达法则.

$$\lim\limits_{x\to 1}\left(\dfrac{x}{x-1}-\dfrac{1}{\ln x}\right)=\lim\limits_{x\to 1}\dfrac{x\ln x-x+1}{(x-1)\ln x}=\lim\limits_{x\to 1}\dfrac{(x\ln x-x+1)'}{[(x-1)\ln x]'}$$

$$=\lim\limits_{x\to 1}\dfrac{\ln x+1-1}{\ln x+\dfrac{x-1}{x}}=\lim\limits_{x\to 1}\dfrac{(x\ln x)'}{(x\ln x+x-1)'}$$

$$=\lim\limits_{x\to 1}\dfrac{\ln x+1}{\ln x+2}=\dfrac{1}{2}.$$

例 13 求 $\lim\limits_{x\to 0^+}x^x.$

解 此题是"0^0"型,因为 $\lim\limits_{x\to 0^+}x^x=\lim\limits_{x\to 0^+}e^{x\ln x}=e^{\lim\limits_{x\to 0^+}x\ln x}$,而

$$\lim\limits_{x\to 0^+}x\ln x=\lim\limits_{x\to 0^+}\dfrac{\ln x}{\dfrac{1}{x}}=\lim\limits_{x\to 0^+}\dfrac{\dfrac{1}{x}}{-\dfrac{1}{x^2}}=\lim\limits_{x\to 0^+}(-x)=0,$$

所以 $\lim\limits_{x\to 0^+} x^x = e^0 = 1$.

例 14 求 $\lim\limits_{x\to +\infty} x^{\frac{1}{x}}$.

解 此题是"∞^0"型，解法与上题类似，
$$\lim_{x\to +\infty} x^{\frac{1}{x}} = \lim_{x\to +\infty} e^{\frac{1}{x}\ln x} = e^{\lim\limits_{x\to +\infty}\frac{1}{x}\ln x}.$$

而 $\lim\limits_{x\to +\infty}\frac{1}{x}\ln x = \lim\limits_{x\to +\infty}\frac{\ln x}{x} = \lim\limits_{x\to +\infty}\frac{1}{x} = 0$，所以
$$\lim_{x\to +\infty} x^{\frac{1}{x}} = e^0 = 1.$$

例 15 求 $\lim\limits_{x\to 1} x^{\frac{1}{1-x}}$.

解 此题是"1^∞"型，解法与上题类似，但这三种题型也可以这样进行处理，令 $y = x^{\frac{1}{1-x}}$，则
$$\lim_{x\to 1}\ln y = \lim_{x\to 1}\frac{1}{1-x}\ln x = \lim_{x\to 1}\frac{\ln x}{1-x} = \lim_{x\to 1}\frac{-1}{x} = -1,$$

所以 $\lim\limits_{x\to 1} x^{\frac{1}{1-x}} = e^{\lim\limits_{x\to 1}\ln y} = e^{-1}$.

习题 3.3

用洛必达法则求下列极限：

(1) $\lim\limits_{x\to 1}\dfrac{\ln x}{x-1}$.

(2) $\lim\limits_{x\to 0}\dfrac{\sin 3x}{\tan 5x}$.

(3) $\lim\limits_{x\to 1}\dfrac{x^3-3x^2+2}{x^3-x^2-x+1}$.

(4) $\lim\limits_{x\to 0}\dfrac{e^x-e^{-x}-2x}{x-\sin x}$.

(5) $\lim\limits_{x\to \frac{\pi}{2}}\dfrac{2x^2+\pi x-\pi^2}{\cos 3x}$.

(6) $\lim\limits_{x\to +\infty}\dfrac{\dfrac{\pi}{2}-\arctan x}{\sin\dfrac{1}{x}}$.

(7) $\lim\limits_{x\to 0}\dfrac{1-\cos x^2}{x^3\sin x}$.

(8) $\lim\limits_{x\to 0}\dfrac{\tan x-x}{x-\sin x}$.

(9) $\lim\limits_{x\to 0}\dfrac{\ln\cos 2x}{\ln\cos 3x}$.

(10) $\lim\limits_{x\to \pi}(\pi-x)\tan\dfrac{x}{2}$.

(11) $\lim\limits_{x\to 0}\left(\dfrac{1}{\sin x}-\dfrac{1}{x}\right)$.

(12) $\lim\limits_{x\to \frac{\pi}{2}}(\sec x-\tan x)$.

(13) $\lim\limits_{x\to 0}\left(\dfrac{1}{x}-\dfrac{1}{e^x-1}\right)$.

(14) $\lim\limits_{x\to 1}\left(\dfrac{1}{\ln x}-\dfrac{1}{x-1}\right)$.

*(15) $\lim\limits_{x\to 0^+} x^{\sin x}$.

第四节　数学思想方法选讲——特殊化与一般化

一、特殊化与一般化的概念

在本章中,我们学习了微分中值定理的相关内容.微分中值定理揭示了函数在某区间的整体性质与该区间内部某一点的导数之间的关系,它是从导数到应用的桥梁,它既是用微分学知识解决应用问题的理论基础,又是解决微分学自身发展的一种理论性模型.

人们对微分中值定理的研究,大约经历了二百多年的时间.从费马引理开始,经历了从特殊到一般,从直观到抽象,从强条件到弱条件的发展阶段.人们正是在这一发展过程中,逐渐认识到微分中值定理的普遍性.本书在对中值定理的讨论中,也根据这一顺序先后讨论了罗尔中值定理、拉格朗日中值定理以及柯西中值定理,在对后两者进行证明时,都是通过构造辅助函数,利用罗尔定理进行证明.这两个定理的证明体现了数学中"特殊化与一般化"的思想方法,先证明一个相对简单的特殊情况——罗尔定理(特殊化),然后构造辅助函数,使用罗尔定理证明拉格朗日中值定理、柯西中值定理(一般化).这种方法是数学中常用的思维方法,下面我们对此思想方法进行进一步探讨.

1. 特殊化思想

对于某个一般性的数学问题,如果一时难以解决,那么可以先解决它的特殊情况,即从研究对象的全体转变为研究属于这个全体中的一个对象或部分对象,然后再把解决特殊情况的方法或结论应用或者推广到一般问题上,从而获得一般性问题的解答,这种用来指导解决问题的思想称为**特殊化思想**.

著名数学家波利亚在其名著《数学与猜想》中曾经说过:"特殊化是从考虑一组给定的对象集合过渡到该集合的一个较小的子集,或仅仅一个对象."特殊化常表现为范围的收缩或限制,即从较大范围的问题向较小范围的问题过渡,或从某类问题向其某子类问题的过渡.较为理想的特殊化问题是其自身容易解决,且从其解决过程中又易发现或得到一般性问题的解法.

特殊化方法不论在科学研究,还是在数学教学中,都有着非常重要的作用.特殊化方法的关键是能否找到一个最佳的特殊化问题.

比如,我们看看"摆硬币"这个古老而著名的难题.题目大意是:两人相继往一张长方形桌子上平放一枚同样大小的硬币(两人拥有同样多的硬币,且两人的硬币合起来足够摆满桌子),谁放下最后一枚而使对方没有位置再放,谁就获胜,试问是先放者获胜还是后放者获胜?怎样才能稳操胜券?

分析:如果桌子大小只能容纳一枚硬币,那么先放的人当然能够取胜.然后设想桌面变大,注意到长方形有一个对称中心,先放者将第一枚硬币放在桌子的中心,继而把硬币放在后放者所放位置的对称位置上,这样进行下去,必然轮到先放者放最后一枚硬币.

以上问题的解法,从一般性问题一下子找到一个极易求解的特殊情形,并能将该特殊情形下的解法推向一般,从而轻而易举地解决了上述难题.

需要特别指出的是,将一个一般性的问题特殊化,通常并不难,而且经特殊化处理后会得到若干个不同的特殊问题,我们应该注意从中选择出其解法对一般解法有启迪的,或一般情况易于化归为该特殊情况来求解的.

从上面问题的解决我们可以看到:在解决数学问题时,对于一些较复杂、较一般的问题,如果一时找不到解题的思路而难以入手,不妨先考虑某些简单的、特殊的情形,通过它们摸索出一些经验,或对答案做出一些估计,然后再设法解决问题本身.

特殊化方法是探求解题思路时常用的方法,许多数学问题常常可以从研究它的特殊情况出发,通过观察、类比、归纳、推广等方法,获得关于所研究对象的性质或关系的认识,找到解决问题的方向、途径或方法.

但是有些数学问题,由于特殊的数量关系或位置关系,反而妨碍对隐含的一般性质的探究和研究.构造一般原型,通过对一般原型的分析,然后经特殊化而获得给定问题的解的方法,也是数学中常用的方法.

2. 一般化思想

当我们遇到某些特殊问题很难解决时,不妨适当放宽条件,把待处理的特殊问题放在一个更为广泛、更为一般的问题中加以研究,先解决一般情形,再把解决一般情形的方法或结果应用到特殊问题上,最后获得特殊问题的解决,这种用来指导解决问题的思想称为**一般化思想**.

波利亚在其名著《怎样解题》中是这样阐述一般化思想的:"一般化就是从考虑一个对象,过渡到考虑包含该对象的一个集合,或者从考虑一个较小的集合过渡到考虑一个包含该较小集合的更大集合."运用一般化方法的基本思想是:为了解决问题 P,我们先解比 P 更一般的问题 Q,然后,将之特殊化,便得到 P 的解.一般化思想解题的思维过程如图 3.9 所示.

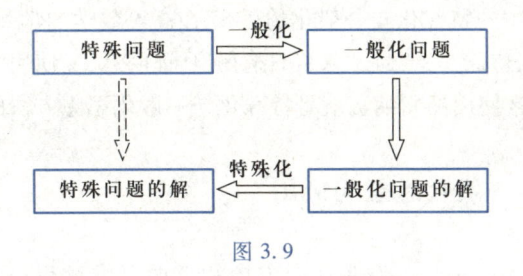

图 3.9

例如,在拉格朗日中值定理中,我们将罗尔中值定理的第三个条件"在区间端点处的函数值相等,即 $f(a)=f(b)$"删去,并且将结论改为了"在 (a,b) 内至少存在一点 $\xi(a<\xi<b)$,使得 $f(b)-f(a)=f'(\xi)(b-a)$",虽然结论形式上发生了变化,但是当 $f(a)=f(b)$"时仍然可以得到 $f'(\xi)=0$",即罗尔中值定理的结论,这就说明拉格朗日中值定理的条件比罗尔中值定理更一般,且当罗尔中值定理成立时,由拉格朗日中值定理也可以得到罗尔中值定理的结论,这就是一个实质的一般化推广.

随后,柯西中值定理的条件和结论从形式上都比前两个定理复杂,但是若"$g(x)\equiv x$"成立时,就可以由 $g(b)-g(a)=b-a$ 推出 $g'(\xi)=1$,自此,柯西中值定理便转化为拉格朗日中值定理,可见柯西中值定理包含了拉格朗日中值定理,是拉格朗日中值定理的一般化.

运用一般化方法解决问题的关键是仔细观察,分析问题的特征,从中找出能使命题一般化的因素,以便把特殊命题拓广为包含这一特殊情况的一般问题,而且要注意比较一般化后的各种命题,以选择最佳的一般命题,它的解决应包含着特殊问题的解决.

一般化方法除了在解决数学问题时的作用外,还在数学研究中常常用到.一般化方法是数学概念形成与深化的重要手段,也是推广数学命题的重要方法.

3. 特殊化与一般化的关系

关于一般化与特殊化,德国数学家大卫·希尔伯特有两段精彩的论述:

在解决一个数学问题时,如果我们没有获得成功,原因常常在于我们没有认识到更一般的观点,即眼下要解决的问题不过是一连串有关问题中的一个环节.我们采取这样的观点以后,不仅研究的问题会容易地得到解决,同时还会获得一种能应用于有关问题的普遍方法.

在讨论数学问题时,我们相信特殊化比一般化起着更为重要的作用.可能在大多数场合,我们寻求一个问题的答案而未能成功的原因是,有一些比手头的问题更简单、更容易的问题还没有完全解决或完全没有解决.这时,一切都有赖于找出这些比较容易的问题,并使用尽可能完善的方法和能够推广的概念来解决它们.

人们对一类新事物的认识往往都是从这类事物中的个体开始的.通过对某些个体的认识与研究,逐渐积累对这类事物的了解,进而慢慢形成对这类事物总体的认识,这种认识事物的过程是由特殊到一般的认识过程.但这并不是目的,还需要用理论指导实践,用所得到的特点和规律解决这类事物中的新问题,这种认识事物的过程是由一般到特殊的认识过程.这种由特殊到一般再由一般到特殊反复认识的过程,就是人们认识世界的基本过程之一.

数学研究也不例外,这种由特殊到一般、由一般到特殊的研究数学问题的基本认识过程,就是数学研究中的特殊化与一般化的思想.在高等数学的学习中,对公式、定理、法则的学习往往都是从特殊开始,通过总结归纳得出,证明后,又使用它们来解决相关的数学问题,在数学中经常使用的归纳法就是特殊化与一般化思想方法的集中体现.

二、特殊化与一般化思想的应用

由特殊到一般、由一般到特殊是两个方向相反的思维过程,但这两者在解决数学问题时往往又是相辅相成、互相依赖的.

例1 计算 $\sqrt{2\,006\times 2\,005\times 2\,004\times 2\,003+1}$ 的值.

解 本题如直接用计算器计算,也可以很快得到结果,但计算量较大,因此,将问题进行一般化:

$$\sqrt{(x+1)\cdot x\cdot(x-1)\cdot(x-2)+1} = \sqrt{(x^2-x)^2-2(x^2-x)+1}$$
$$= \sqrt{(x^2-x-1)^2}$$
$$= x^2-x-1 \quad (x\geqslant 2),$$

代入 $x = 2\,005$ 可得
$$\sqrt{2\,006 \times 2\,005 \times 2\,004 \times 2\,003 + 1} = 4\,018\,019.$$

本题的解题过程是：特殊问题采用一般化方法探究出其一般的结论，再运用其解决特殊问题．二者的结合起到了化繁为简、化难为易的目的，其效果是立竿见影的．

例 2 已知 p 和 q 是两个不相等的正整数，且 $q \geqslant 2$，求 $\lim\limits_{n \to \infty} \dfrac{\left(1+\dfrac{1}{n}\right)^p - 1}{\left(1+\dfrac{1}{n}\right)^q - 1}$．

解 取 $p = 1, q = 2$，得

$$\lim_{n\to\infty}\frac{\left(1+\frac{1}{n}\right)^p-1}{\left(1+\frac{1}{n}\right)^q-1}=\lim_{n\to\infty}\frac{\left(1+\frac{1}{n}\right)-1}{\left(1+\frac{1}{n}\right)^2-1}=\lim_{n\to\infty}\frac{\frac{1}{n}}{\frac{2}{n}+\frac{1}{n^2}}=\lim_{n\to\infty}\frac{1}{2+\frac{1}{n}}=\frac{1}{2}.$$

因此我们可以猜想原式 $=\dfrac{p}{q}$．

事实上，原式 $=\lim\limits_{n\to\infty}\dfrac{\dfrac{p}{n}+o\left(\dfrac{1}{n}\right)}{\dfrac{q}{n}+o\left(\dfrac{1}{n}\right)}=\lim\limits_{n\to\infty}\dfrac{p+o(1)}{q+o(1)}=\dfrac{p}{q}.$

例 3 是否在平面上存在这样的 40 条直线，它们共有 365 个交点？

分析与求解 先考虑一种特殊的图形：围棋盘．它有 38 条直线、361 个交点．我们就从这种特殊的图形出发，然后进行局部的调整．

先加上 2 条对角线，这样就有 40 条直线了，但交点仍然是 361 个．再将最右边的 1 条直线向右平移 1 段，正好增加了 4 个交点（图 3.10）．于是，我们就得到了有 365 个交点的 40 条直线．

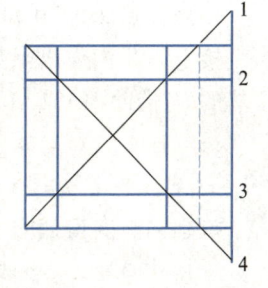

图 3.10

例 4 在数列 $\{a_n\}$ 中，$a_1 = 1, a_2 = 2$，且 $a_{n+2} - a_n = 1 + (-1)^n$ ($n \in \mathbf{N}^*$)，求 S_{100}．

分析 可以考虑先求 S_n 或 S_{2n}，再求 S_{100}，这里采用先求 S_{2n} 的方法．

解 由 $a_{n+2} - a_n = 1 + (-1)^n$，得 $a_{n+1} - a_{n-1} = 1 + (-1)^{n-1}$ ($n \geqslant 2$)，两式相加得
$$(a_{n+1} + a_{n+2}) - (a_{n-1} + a_n) = 2 \ (n \geqslant 2),$$
而 $a_1 = 1, a_2 = 2$，得
$$S_{2n} = (a_1 + a_2) + (a_3 + a_4) + \cdots + (a_{2n-1} + a_{2n})$$
$$= 3 + 5 + \cdots + (2n+1) = \frac{n[3+(2n+1)]}{2} = n(n+2),$$

所以，$S_{100} = 50 \times 52 = 2\,600$．

评析 本题的解法采用的是一般化的思想，即把待求的 S_{100} 这一特殊值放在一般的 S_{2n} 中加以研究，正是因为一般性中蕴涵着特殊性，能使我们从该数列的本质特征入

手,"先进后退"地解决了问题.

实际上,特殊化与一般化是数学研究中最通用的思想方法之一,它不仅是论证的基本方法,也是发现和应用过程中最通用的思想方法之一,在高等数学的学习中,我们还需不断对此方法进行研究,加深对它的认识.

第五节 数学实验(三)——用 MATLAB 计算函数极值和最值

例 1 讨论函数 $y=\dfrac{3x^2+4x+4}{x^2+x+1}$ 的极值.

分析 我们先求出函数的驻点,然后作出函数的图像,观察驻点处左右两边函数的单调性,进而求出函数的极值.

解 首先建立函数关系,求出函数的导数,得到驻点,在 MATLAB 中输入:

```
>> syms  x
>> y=(3*x^2+4*x+4)/(x^2+x+1);
```

然后求函数的驻点:

```
>> dy=diff(y);      % 求 y 对 x 的一阶导数
>> xz=solve(dy)     % 计算 dy=0,也就是一阶导数等于零的根
```

得到驻点 xz = 0 和 -2.

接下来我们作出函数图像,那么函数在驻点处的极值情况和许多其他特性是一目了然的.而借助 MATLAB 的作图功能,我们很容易做到这一点.继续输入:

```
>> fplot(y,[-4,4]);
>> title('y=(3*x^2+4*x+4)/(x^2+x+1)');   % 给图像添加标题
```

得到函数图像如图 3.11 所示.

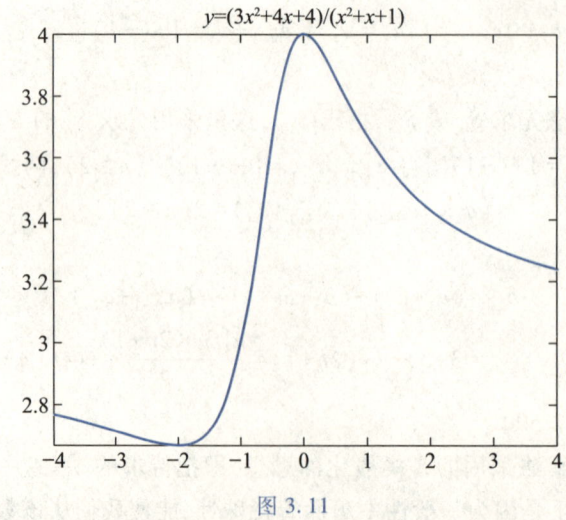

图 3.11

这样很容易知道,$x=-2$ 是极小值点,$x=0$ 是极大值点.将 -2 和 0 代入函数中,便得到极值:

```
>> m = subs(y, x, -2)
>> M = subs(y, x, 0)
```

算得极小值 $y(-2)=2.6667$,极大值 $y(0)=4$.

例 2 讨论函数 $y=\dfrac{x}{1+x^2}$ 的极值.

分析 这里运用函数极值的第二充分条件,先求出函数一阶和二阶导数,并求出函数的驻点,再将驻点代入二阶导数,判断极值.

解 首先建立函数关系,求出函数一阶和二阶导数,在 MATLAB 中输入:

```
>> syms x;
>> y=x/(1+x^2);
>> dy=diff(y,x,1)
>> d2y=diff(y,x,2)
```

求得函数的一阶和二阶导数分别为

```
dy = 1/(x^2 + 1) - (2*x^2)/(x^2 + 1)^2
d2y = (8*x^3)/(x^2 + 1)^3 - (6*x)/(x^2 + 1)^2
```

然后我们求出驻点,在 MATLAB 中输入:

```
>> dy_zero = solve( dy )
```

求出驻点 dy_zero = 1 和 -1,分别把 1 和 -1 代入二阶导数中:

```
>> subs( d2y,x, 1 )
>> subs( d2y, x, -1 )
```

得到驻点 1 和 -1 处二阶导数的值分别为 -0.5 和 0.5,所以 1 为极大值点,-1 是极小值点.再将 1 和 -1 代入函数 y 中求出极值:

```
>> subs(y,x,1)
>> subs(y,x,-1)
```

求得极大值 $y(1)=0.5$,极小值 $y(-1)=-0.5$.

例 3 求函数 $y=\dfrac{x^3+x^2-1}{e^x+e^{-x}}$ 在区间 $[-5,5]$ 内的最小值和最大值.

分析 MATLAB 中求函数在给定区间上最小值的命令是 fminbnd,常用调用格式为

$$[x, faval] = fminbnd(y, x1, x2)$$

其中 x1,x2 是自变量 x 变化范围的下界和上界,y 是函数的符号表达式,x 和 faval 分别是求出的最小值点和最小值.命令 fminbnd 仅用于求函数的最小值,若要求函数的最大值,可先将函数变号,求得最小值,再次改变符号,则得到所求函数的最大值.

解 在 MATLAB 中输入:

```
>> syms x y1
>> y1 ='(x^3+x^2-1)/(exp(x)+exp(-x))';
>> [x_min, y1_min] = fminbnd(y1, -5, 5)
```

求得最小值点和最小值结果:x_min = -3.3112,f_min = -0.9594.继续

求函数的最大值,先改变函数的符号,再求最值,输入以下命令:

```
>> syms y2
>> y2 ='-(x^3+x^2-1)/(exp(x)+exp(-x))';
>> [x_max,y2_min] = fminbnd(y2, -5, 5)
>> y1_max =-y2_min
```

得到结果:x_max = 2.849 8,y2_min = -1.745 2,y1_max = 1.745 2.所以最大值为 1.745 2.

我们可以画出函数图像,输入命令:

```
>> syms y(x)
>> y(x)= (x^3+x^2-1)/(exp(x)+exp(-x));
>> fplot(y,[-5, 5]);
>> title('y = (x^3+x^2-1)/(exp(x)+exp(-x))');
```

图像如图 3.12 所示.

我们上述计算的结果和图像是符合的.

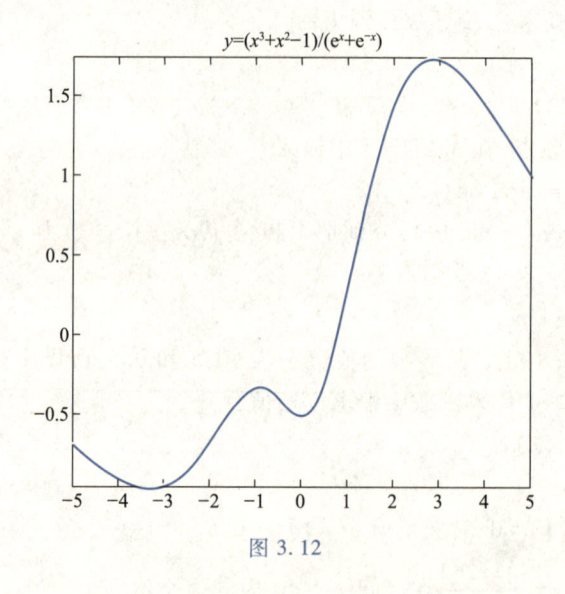

图 3.12

知 识 拓 展

在经济学中,导数的应用非常广泛,下面简单介绍下经济学中的常用函数、边际分析、弹性分析以及导数在经济学中的应用.

(一)边际函数

定义 1 设函数 $y=f(x)$ 在 x 处可导,则称导函数 $f'(x)$ 为 $f(x)$ 的**边际函数**. $\dfrac{\Delta y}{\Delta x} = \dfrac{f(x_0+\Delta x)-f(x_0)}{\Delta x}$ 称为 $f(x)$ 在 $(x_0, x_0+\Delta x)$ 内的**平均变化率**.

$f(x)$ 在点 $x=x_0$ 处的导数 $f'(x_0)$ 为**边际函数值**,简称为**边际**.它表示在 $x=x_0$ 处,当

x 改变一个单位时,y 近似改变 $f'(x_0)$ 个单位.但是在应用问题中解释边际函数值的具体意义时我们略去"近似"二字.

例如,对于函数 $y=x^2$,在点 $x=1$ 处的边际函数值 $y'|_{x=1}=2x|_{x=1}=2$,这表示当 $x=1$ 时,x 改变一个单位,y(近似)改变 2 个单位.

1. 成本

定义 2 生产一定数量的产品所需的全部经济资源投入的价格或费用总额称为某产品的**总成本**,它由**固定成本**和**可变成本**两部分组成.

生产一定数量产品时,平均每单位产品的成本称为**平均成本**.

总成本的变化率称为**边际成本**.

设 C 为总成本,C_0 为固定成本,C_1 为可变成本,$\bar{C}$ 为平均成本,C' 为边际成本,q 为产量,则有

总成本函数 $\quad C=C(q)=C_0+C_1(q)$.

平均成本函数 $\quad \bar{C}=\bar{C}(q)=\dfrac{C(q)}{q}=\dfrac{C_0}{q}+\dfrac{C_1(q)}{q}$.

边际成本函数 $\quad C'=C'(q)$.

例 1 已知某商品的总成本函数为 $C(q)=20+0.1q^2$,求

(1) 当 $q=10$ 时的总成本、平均成本.

(2) 当 $q=10$ 时的边际成本,并解释其经济意义.

解 (1) 当 $q=10$ 时的总成本为 $C(10)=(20+0.1q^2)|_{q=10}=30$,

$$\bar{C}=\bar{C}(10)=\dfrac{C(10)}{10}=3.$$

(2) 边际成本函数 $C'(q)=0.2q$,当 $q=10$ 时的边际成本 $C'(10)=(0.2q)|_{q=10}=2$.这表示生产第 11 个单位产品所花费的成本为 2 个单位.

2. 收益

定义 3 出售一定数量的产品所得到的全部收入称为**总收益**.

生产者出售一定数量产品,平均每单位产品所得到的收入称为**平均收益**.一般来说,平均收益即为单位商品的售价.

总收益的变化率称为**边际收益**.

设 R 为总收益,$\bar{R}$ 为平均收益,R' 为边际收益,p 为商品价格,q 为销售量,则有

总收益函数 $\quad R=R(q)$.

平均收益函数 $\quad \bar{R}=\bar{R}(q)=\dfrac{R(q)}{q}$.

边际收益函数 $\quad R'=R'(q)$.

收益与商品价格的关系 $\quad R=p\cdot q$.

3. 利润

定义 4 总收益与总成本之差称为**总利润**.设 L 表示产量为 x 个单位时的总利润,$R(q)$ 表示销售量为 q 时的总收益函数,$C(x)$ 为总成本函数,则 $L=R(q)-C(x)$.

下面讨论下**最大利润原则**.

假设产量 x 等于销售量 q，则总利润就是变量 q 的函数，即 $L=R(q)-C(q)$，那么边际利润 $L'(q)=R'(q)-C'(q)$.

$L(q)$ 取得最大值的必要条件为 $L'(q)=0$，即 $R'(q)=C'(q)$. 即总利润函数取得最大值的必要条件是：边际成本等于边际收益.

$L(q)$ 取得最大值的充分条件为 $L''(q)<0$，即 $R''(q)<C''(q)$. 即总利润函数取得最大值的充分条件是：边际成本变化率大于边际收益变化率.

例 2 某工厂生产某产品，月产量为 q（单位：台），其中固定成本为 20 000 元，每生产 1 台，成本增加 100 元，总收益 R 是 q 的函数：

$$R=R(q)=\begin{cases}400q-\dfrac{1}{2}q^2, & 0\leqslant q\leqslant 400,\\ 80\,000, & q>400,\end{cases}$$

问每月生产多少台，能使利润 L 最大.

解 总成本函数 $C(q)=20\,000+100q$，则总利润函数为

$$L=R(q)-C(q)=\begin{cases}300q-\dfrac{1}{2}q^2-20\,000, & 0\leqslant q\leqslant 400,\\ 60\,000-100q, & q>400.\end{cases}$$

求导得

$$L'(q)=\begin{cases}300-q, & 0\leqslant q\leqslant 400,\\ -100, & q>400.\end{cases}$$

令 $L'(q)=0$ 得 $q=300$，因 $L''(300)<0$，所以 $L(300)=25\,000$ 为极大值也就是最大值.

所以每月生产 300 台时总利润最大，此时最大利润为 25 000 元.

（二）弹性

1. 函数的弹性

定义 5 设函数 $y=f(x)$ 在点 $x=x_0$ 处可导，函数的相对增量 $\dfrac{\Delta y}{y_0}=\dfrac{f(x_0+\Delta x)-f(x_0)}{f(x_0)}$ 与自变量的相对增量 $\dfrac{\Delta x}{x_0}$ 之比 $\dfrac{\Delta y/y_0}{\Delta x/x_0}$，称为函数 $f(x)$ 从 x_0 到 $x_0+\Delta x$ 两点间的**相对变化率**，或称为两点间的**弹性**.

当 $\Delta x\to 0$ 时，如果 $\dfrac{\Delta y/y_0}{\Delta x/x_0}$ 的极限存在，则此极限为函数 $f(x)$ 在点 $x=x_0$ 处的**相对变化率**，或称**点弹性**，记作 $\left.\dfrac{Ey}{Ex}\right|_{x=x_0}$ 或 $\dfrac{E}{Ex}f(x_0)$，即

$$\left.\dfrac{Ey}{Ex}\right|_{x=x_0}=\lim_{\Delta x\to 0}\dfrac{\Delta y/y_0}{\Delta x/x_0}=\lim_{\Delta x\to 0}\dfrac{\Delta y}{\Delta x}\cdot\dfrac{x_0}{y_0}=f'(x_0)\dfrac{x_0}{f(x_0)}.$$

对一般的 x，若 $f(x)$ 可导，则

$$\dfrac{Ey}{Ex}=\lim_{\Delta x\to 0}\dfrac{\Delta y/y}{\Delta x/x}=\lim_{\Delta x\to 0}\dfrac{\Delta y}{\Delta x}\cdot\dfrac{x}{y}=y'\dfrac{x}{y}$$

是 x 的函数,称 $\dfrac{Ey}{Ex}$ 为函数 $y=f(x)$ 的**弹性函数**.

函数 $y=f(x)$ 在点 x 处的弹性 $\dfrac{E}{Ex}f(x)$ 反映随着自变量 x 的变化,函数 $f(x)$ 变化幅度的大小,也就是 $f(x)$ 对 x 变化反应的强烈程度或灵敏度. $\dfrac{E}{Ex}f(x_0)$ 表示在点 $x=x_0$ 处,当 x 产生 1% 的改变时,函数 $y=f(x)$ 近似地改变 $\left[\dfrac{E}{Ex}f(x_0)\right]\%$,在应用问题中解释弹性的具体意义时,常常也略去"近似"二字.

另外,弹性数值前的符号,表示自变量与函数变化的方向是否一致,例如市场需求量对收益水平的弹性是正的,表示市场需求量与收益水平变化方向一致;而市场需求量对价格的弹性是负的,表示市场需求量与价格变化方向相反.

例 3 求函数 $y=3x+5$ 在 $x=2$ 处的弹性.

解 由 $y'=3$,得

$$\dfrac{Ey}{Ex}=y'\dfrac{x}{y}=\dfrac{3x}{3x+5}, \qquad \left.\dfrac{Ey}{Ex}\right|_{x=2}=\dfrac{6}{11}.$$

例 4 求函数 $y=80e^{3x}$ 的弹性函数 $\dfrac{Ey}{Ex}$ 及 $\left.\dfrac{Ey}{Ex}\right|_{x=3}$.

解 由 $y'=240e^{3x}$,得

$$\dfrac{Ey}{Ex}=y'\dfrac{x}{y}=240e^{3x}\cdot\dfrac{x}{80e^{3x}}=3x, \qquad \left.\dfrac{Ey}{Ex}\right|_{x=3}=3\times 3=9.$$

2. 需求弹性

"需求量"指在一定的条件下,消费者有支付能力并愿意购买的商品量.

定义 6 设某商品的**需求函数** $Q=f(p)$ 在 p 处可导,将 $-\dfrac{EQ}{Ep}=-f'(p)\dfrac{p}{Q}$ 称为商品在价格为 p 时的**需求价格弹性**,简称**需求弹性**,记作 $\eta(p)$,即

$$\eta(p)=-\dfrac{EQ}{Ep}=-f'(p)\dfrac{p}{Q}.$$

需求弹性 $\eta(p)$ 可衡量当商品价格变动时需求变动的强弱.

例 5 已知某商品的需求函数 $Q=e^{-\frac{p}{20}}$.

(1) 求需求弹性函数.

(2) 求 $p=10, p=20, p=30$ 时的需求弹性,并说明其意义.

解 (1) $Q'=f'(p)=-\dfrac{1}{20}e^{-\frac{p}{20}}$,需求弹性函数为

$$\eta(p)=-f'(p)\dfrac{p}{Q}=\dfrac{1}{20}e^{-\frac{p}{20}}\dfrac{p}{e^{-\frac{p}{20}}}=\dfrac{p}{20}.$$

(2) $\eta(10)=0.5<1$,说明当 $p=10$ 时,需求的变动幅度小于价格的变动幅度,即 $p=10$ 时,价格上涨 1%,需求只减少 0.5%.

$\eta(20)=1$,说明当 $p=20$ 时,价格与需求的变动幅度相同.

$\eta(30)=1.5>1$,说明当 $p=30$ 时,需求的变动幅度大于价格的变动幅度.

即 $p=30$ 时,价格上涨 1%,需求减少 1.5%.

由以上例子可以看出:

当 $\eta(p)<1$ 时,说明需求的变动幅度小于价格的变动幅度.

当 $\eta(p)=1$ 时,说明需求的变动幅度与价格的变动幅度相同.

当 $\eta(p)>1$ 时,说明需求的变动幅度大于价格的变动幅度.

3. 供给弹性

"供应量"指在一定条件下,生产者愿意出售并且可供出售的商品量也是由多种因素决定的.把某商品的供应量 Q 看成商品价格 p 的函数,即供给函数 $Q=\varphi(p)$.由于供给函数是增加的,因此 Δp 与 ΔQ 同号,所以有以下定义:

定义 7 设某商品的供给函数 $Q=\varphi(p)$ 在 p 处可导,将 $\dfrac{EQ}{Ep}=\varphi'(p)\dfrac{p}{Q}$ 称为商品在价格为 p 时的**供给弹性**,记作 $\varepsilon(p)$,即 $\varepsilon(p)=\dfrac{EQ}{Ep}=\varphi'(p)\dfrac{p}{Q}$.

(三) 边际收益与需求弹性的关系

总收益 R 是商品价格 p 与销售量 Q 的乘积(这里销售量等于需求量),即
$$R=pQ=pf(p),$$
$$R'=f(p)+pf'(p)=f(p)\left(1+f'(p)\dfrac{p}{f(p)}\right)=f(p)(1-\eta(p)).$$

由此式可以看到:

$\eta(p)<1$,此时 $R'>0$,R 递增.即价格上涨,总收益增加;价格下跌,总收益减少.

$\eta(p)=1$,此时 $R'=0$,R 取得最大值.

$\eta(p)>1$,此时 $R'<0$,R 递减.即价格上涨,总收益减少;价格下跌,总收益增加.

综上所述,总收益的变化受需求弹性的制约,随商品需求弹性的变化而变化。在经济学中,将 $\eta(p)<1$ 的商品称为**缺乏弹性商品**,$\eta(p)=1$ 的商品称为**单位弹性商品**,$\eta(p)>1$ 的商品称为**富有弹性商品**.

例 6 设某商品的需求函数为 $Q=f(p)=5-\dfrac{p}{3}$.

(1) 求 $p=5$ 的需求弹性,并说明其经济意义.

(2) 当 $p=5$ 时,价格上涨 1%,总收益变化百分之几? 是增加还是减少?

解 $Q'=f'(p)=-\dfrac{1}{3}$, $\eta(p)=-\dfrac{EQ}{Ep}=-f'(p)\dfrac{p}{Q}=\dfrac{1}{3}\cdot\dfrac{p}{5-\dfrac{p}{3}}=\dfrac{p}{15-p}$.

(1) $\eta(5)=\dfrac{5}{10}=0.5<1$,说明当 $p=5$ 时,价格上涨 1%,需求只减少 0.5%.

(2) $\dfrac{ER}{Ep}\bigg|_{p=5}=R'\dfrac{p}{pf(p)}\bigg|_{p=5}=1-\eta(5)=0.5$,当 $p=5$ 时,价格上涨 1%,总收益增加 0.5%.

» 本章小结 «

一、知识小结

（一）微分中值定理

1. 罗尔中值定理
2. 拉格朗日中值定理
3. 柯西中值定理
4. 微分中值定理的应用

（二）函数的性质

1. 函数单调性的判定定理，单调区间的判断，用单调性证明不等式
2. 函数极值的判定定理，函数极值的求法
3. 函数最值的定义，最值的应用问题
4. 曲线凹凸性的判定定理，曲线的凹凸区间和拐点的求法
5. 曲线渐近线的求法，函数的分析作图法

（三）未定式与洛必达法则

1. 洛必达法则的内容及使用方法
2. "$\dfrac{0}{0}$"型或"$\dfrac{\infty}{\infty}$"型未定式极限的求法
3. "$0 \cdot \infty$" "$\infty - \infty$" "0^0" "∞^0" "1^∞"型未定式极限的求法

二、典型例题

例1 已知 $f(x)=(x-2)(x-3)(x-5)$，不求导数，试判定方程 $f'(x)=0$ 有几个实根？各在什么范围内？

解 因为 $f'(x)=0$ 是二次方程，方程至多有两个实根．又因为 $f(x)$ 在 $(-\infty,+\infty)$ 连续且可导，对 $f(x)$ 分别在 $[2,3]$ 和 $[3,5]$ 上使用罗尔定理，得存在 $\xi_1 \in (2,3)$，$\xi_2 \in (3,5)$ 使 $f'(\xi_1)=0, f'(\xi_2)=0$；所以 $f'(x)=0$ 有两个实根，分别在 $(2,3)$ 和 $(3,5)$ 内．

例2 求下列极限：

(1) $\lim\limits_{x \to 0} \dfrac{x-\arctan x}{(e^x-1) \cdot \sin x^2}$.

(2) $\lim\limits_{x \to 0} \dfrac{e^x-e^{-x}-2x}{x^2 \cdot \tan x}$.

解 (1) 原式 $= \lim\limits_{x \to 0} \dfrac{x-\arctan x}{x \cdot x^2} = \lim\limits_{x \to 0} \dfrac{x-\arctan x}{x^3}$

$= \lim\limits_{x \to 0} \dfrac{1-\dfrac{1}{1+x^2}}{3x^2} = \lim\limits_{x \to 0} \dfrac{1}{3(1+x^2)} = \dfrac{1}{3}$.

（2）原式 $=\lim\limits_{x\to 0}\dfrac{e^x-e^{-x}-2x}{x^2\cdot x}=\lim\limits_{x\to 0}\dfrac{e^x+e^{-x}-2}{3x^2}$

$=\lim\limits_{x\to 0}\dfrac{e^x-e^{-x}}{6x}=\lim\limits_{x\to 0}\dfrac{e^x+e^{-x}}{6}=\dfrac{1}{3}.$

例 3 设 $f(x)=x^3+ax^2+bx$ 在 $x=1$ 处取得极值 -2，求

（1）常数 a,b；（2）$f(x)$ 的所有极值，并判别是极大值还是极小值.

解 （1）由题意知，$f'(1)=0, f(1)=-2$，从而易得 $a=0, b=-3$.

（2）由 $f'(x)=3x^2-3=0$ 得驻点 $x=\pm 1$，又 $f''(1)>0, f''(-1)<0$，故 $f(1)=-2$ 为 $f(x)$ 的极小值，$f(-1)=2$ 为 $f(x)$ 的极大值.

复 习 题 三

一、填空题

1. 函数 $f(x)=2x^2-\ln x$ 在_____内单调增加，在_____内单调减少.

2. 曲线 $f(x)=x^3-5x^2+3x+5$ 在_____内是凸的，在_____内是凹的，拐点为_____.

3. 函数 $f(x)=-x^4+2x^2$ 在 $x=$_____处取得极小值为_____.

4. 函数 $f(x)=x^4-8x^2$ 在 $[-1,1]$ 上的最大值为_____，最小值为_____.

5. 曲线 $f(x)=\dfrac{e^x}{1+x}$ 的水平渐近线为_____，垂直渐近线为_____.

二、单项选择题

1. 函数 $f(x)=x^2-3x-4$ 在 $[-1,4]$ 上满足罗尔定理的点 ξ 是（　　）.

A. 0　　　　　B. $\dfrac{1}{2}$　　　　　C. 1　　　　　D. $\dfrac{3}{2}$

2. 函数 $f(x)=\ln x$ 在 $[1,2]$ 上满足拉格朗日中值定理条件的点 ξ 是（　　）.

A. 0　　　　　B. $\ln 2$　　　　　C. $\dfrac{1}{\ln 2}$　　　　　D. 1

3. 曲线 $f(x)=\ln x$ 上点 $x=$（　　）处的切线平行于 $A(0,1)$ 与 $B(1,2)$ 两点的连线.

A. 1　　　　　B. -1　　　　　C. $-\dfrac{1}{2}$　　　　　D. 2

4. 若点 $(1,4)$ 为函数曲线 $y=ax^3+bx^2$ 的拐点，则常数 a,b 的值是（　　）.

A. $a=-6, b=2$　　　　　　B. $a=-2, b=6$
C. $a=6, b=-2$　　　　　　D. $a=2, b=-6$

5. 函数 $f(x)=\dfrac{x}{1+x^2}$（　　）.

A. 在 $(-\infty,+\infty)$ 内单调增加

B. 在 $(-\infty, +\infty)$ 内单调减少

C. 在 $[-1,1]$ 上单调增加

D. 在 $[-1,1]$ 上单调减少

6. 曲线 $f(x) = \dfrac{\sin x}{(1-x)\ln x}$ ( ).

A. 仅有水平渐近线

B. 仅有垂直渐近线

C. 无水平渐近线

D. 有水平和垂直渐近线

三、计算题

(一) 用适当方法求下列极限

1. $\lim\limits_{x \to 3} \dfrac{x^3 - 9x}{x^3 - 4x^2 + 3x}$.

2. $\lim\limits_{x \to 0} \dfrac{\sqrt{1+\tan x} - \sqrt{1+\sin x}}{x \tan^2 x}$.

3. $\lim\limits_{x \to 0} \dfrac{\sin x - x}{e^{x^3} - 1}$.

4. $\lim\limits_{x \to +\infty} x(2^{\frac{1}{x}} - 1)$.

5. $\lim\limits_{x \to 0} \dfrac{\dfrac{1}{2}(4^x + 5^x) - 6^x}{3^x - 2^x}$.

*6. $\lim\limits_{x \to 0} \dfrac{2\tan x + x^2 \sin \dfrac{1}{x}}{(2+\cos x)\ln(1+x)}$.

*7. $\lim\limits_{x \to 1} (2-x)^{\tan \frac{\pi x}{2}}$.

*8. $\lim\limits_{x \to 0^+} \left(\dfrac{\sin x}{x} \right)^{\frac{1}{x}}$.

*9. $\lim\limits_{x \to 1} \dfrac{x^x - x}{\ln x - x + 1}$.

*10. $\lim\limits_{x \to 0} \left(\dfrac{2^x + 3^x + 4^x}{3} \right)^{\frac{1}{x}}$.

(二) 讨论下列函数的单调性

1. $y = 2x^3 - 6x^2 - 18x - 7$.

2. $y = (x-1)(x+1)^3$.

(三) 求下列函数的极值

1. $y = x - \ln(1+x)$.

2. $y = \sqrt{1-x} + x$.

(四) 求下列函数的凹凸区间及拐点

1. $y = \dfrac{x^3}{x^2 + 12}$.

2. $y = x^2 \ln x$.

四、综合题

1. 证明不等式：当 $x > 1$ 时，$e^x > ex$.

2. 设 $f(x) = a\ln x + bx^2 + x$ 在 $x_1 = 1, x_2 = 2$ 处都取得极值，试确定 a, b 的值，并问这时 $f(x)$ 在 x_1 和 x_2 是取得极大值还是极小值.

3. 已知制作一个玩具的成本为 40 元，如果每一个玩具的售出价为 x 元，售出的玩

具数由 $n = \dfrac{a}{x-40} + b(80-x)$ 给出,其中 a,b 为正常数,问当售出价格定为多少时,可以使利润最大?

*4. 设函数 $f(x)$ 在 $[0,1]$ 上可导,且 $f(1) = 0$,证明:存在 $\xi \in (0,1)$,使得 $f(\xi) + \xi f'(\xi) = 0$.

*5. 已知 $f(x)$ 在闭区间 $[a,b]$ 上连续,在开区间 (a,b) 内可导,且 $b>a>0$,证明:方程 $f(b) - f(a) = xf'(x) \ln \dfrac{b}{a}$ 在 (a,b) 内至少有一实根.

*6. 讨论 $xe^{-x} = a(a>0)$ 的实根个数.

*7. 作下列函数的图形:

(1) $y = \dfrac{1}{5}(x^4 - 6x^2 + 8x + 7)$.

(2) $y = \dfrac{1}{1+x^2}$.

》第四章

不 定 积 分

学习目标

- 了解原函数和不定积分的概念
- 熟练掌握不定积分的基本积分公式和性质
- 熟练掌握直接积分法和不定积分的第一类换元法(凑微分法)
- 掌握第二类换元积分法(根式代换)和分部积分法
- 会用第二类换元积分法(三角代换)
- 会用 MATLAB 计算不定积分
- 了解逆向思维的数学思想方法,提高问题观察、逆向思维等分析问题和解决问题的能力

  前面我们所学的导数、微分、中值定理、导数的应用统称为一元函数微分学.微分学处理的问题大都是由给定的函数求出它的导数和微分.但在许多实际问题中,往往需要解决与之相反的问题,即先知道函数的导数和微分,要求该函数,这就是下面即将学习的不定积分.

  不定积分和下一章将要学习的定积分都属于积分学的内容.积分学的起源比微分学要早得多,积分在古代数学家的工作中就有了萌芽.面对生产生活中经常需要求各种形状图形面积、体积等问题,古代中国和希腊数学家都发明了用分割求和来予以解决的方法,例如公元 263 年我国数学家刘徽提出的计算圆面积的割圆术.但是 17 世纪以前,有关积分计算的种种结果还是孤立零散的,系统完整的积分理论还未形成,直到牛顿-莱布尼茨公式建立,积分学才真正开启了发展之路.

  前面学习的导数、微分到将要学习的积分,不断拓展着我们的认知视野.同学们在新知识学习过程中,要勤于思考、善于探索、勇于克难,有意识地加强数学思想与数学方法的学习,加强自身创新意识培养和辩证思维方法训练,以不断提高自主学习能力、分析问题和解决问题的能力.下面我们先看案例.

  遇黄灯刹车的案例 作为"智能制造"和"互联网+"时代的产物,智能驾驶将引领汽车产业商业模式创新.利用传感器、人工智能和控制系统等先进技术的汽车智能驾驶系统正日益广泛应用.一辆开启智能驾驶功能的小汽车以 30 km/h 的速度正常

行驶,在距离交通路口 10 m 处突然发现黄灯亮起,小汽车立即刹车制动,如果制动后的速度为 $v=7.3-2.7t$(单位:m/s),问制动距离是多少?小汽车能否停在停止线内?

分析 由物理知识可知,令速度为零,先计算出制动所用时间,即令 $7.3-2.7t=0$,得 $t\approx 2.704(s)$.接着要计算制动距离,必须求出路程 s 与时间 t 的函数关系式 $s=s(t)$,由题意已知 $v(t)$,如何求出 $s(t)$ 呢?

第一节 不定积分的概念

一、原函数与不定积分

在运动学中,知道路程函数 $s=s(t)$,那么将路程函数对时间求导,即得速度函数
$$v=v(t)=s'(t).$$
现在,如果我们知道物体运动的速度是 $v=3t^2$,又如何求该物体运动的路程呢?

1. 原函数的概念

定义 4.1.1 设 $f(x)$ 是定义在某区间 I 内的已知函数,若存在函数 $F(x)$,使得对任意 $x\in I$,都有
$$F'(x)=f(x) \text{ 或 } dF(x)=f(x)dx,$$
则称 $F(x)$ 为 $f(x)$ 在区间 I 内的一个**原函数**.

例如:对任意 $x\in \mathbf{R}$,$(\sin x)'=\cos x$,因此 $\sin x$ 是 $\cos x$ 在 $\mathbf{R}$ 内的一个原函数,不仅如此,$\sin x+C$(C 为任意常数)也是 $\cos x$ 在 $\mathbf{R}$ 内的原函数.

关于函数的原函数,要强调说明两点:

(1)原函数的存在问题:如果 $f(x)$ 在某区间 I 内连续,那么 $f(x)$ 在区间 I 内存在原函数(参见第五章定理 5.1.1);

(2)若 $F(x)$ 是 $f(x)$ 的一个原函数,则 $F(x)+C$ 是 $f(x)$ 的全体原函数,其中 C 为任意常数.

证 由于 $F'(x)=f(x)$,又 $[F(x)+C]'=F'(x)=f(x)$,所以函数族 $F(x)+C$ 中的每一个都是 $f(x)$ 的原函数.

另一方面,设 $G(x)$ 是 $f(x)$ 在 I 内的任意一个原函数,即 $G'(x)=f(x)$,则
$$[G(x)-F(x)]'=G'(x)-F'(x)=f(x)-f(x)=0,$$
由拉格朗日定理的推论,在 I 内,$G(x)-F(x)=C$,即 $G(x)=F(x)+C$(C 为任意常数).

综上所述,$f(x)$ 的全体原函数所组成的集合,就是函数族 $\{F(x)+C\}$,其中 C 为任意常数.

2. 不定积分的概念

定义 4.1.2 设 $F(x)$ 是函数 $f(x)$ 的一个原函数,则 $f(x)$ 的全体原函数称为 $f(x)$ 的不定积分,记作 $\int f(x)dx$,即

$$\int f(x)\,dx = F(x) + C.$$

上式中的"$\int$"称为**积分号**,$f(x)$称为**被积函数**,$f(x)\,dx$称为**被积表达式**,x称为**积分变量**,C称为**积分常数**.

> **小贴士**
>
> 积分号"$\int$"是一种运算符号,它表示对已知函数求其全体原函数,所以**在不定积分的结果中必须加上任意常数** C.

例1 由导数的基本公式,求下列不定积分:

(1) $\int x^2\,dx$. (2) $\int \sin x\,dx$. (3) $\int \dfrac{1}{x}\,dx$.

解 (1) 因为 $\left(\dfrac{1}{3}x^3\right)' = x^2$,所以 $\dfrac{1}{3}x^3$ 是 x^2 的一个原函数,则 $\int x^2\,dx = \dfrac{1}{3}x^3 + C$.

(2) 因为 $(-\cos x)' = \sin x$,所以 $-\cos x$ 是 $\sin x$ 的一个原函数,则 $\int \sin x\,dx = -\cos x + C$.

(3) 因为 $(\ln|x|)' = \dfrac{1}{x}$,所以 $\ln|x|$ 是 $\dfrac{1}{x}$ 的一个原函数,则 $\int \dfrac{1}{x}\,dx = \ln|x| + C$.

例2 根据不定积分的定义验证 $\int \dfrac{2x}{1+x^2}\,dx = \ln(1+x^2) + C$.

解 由于 $[\ln(1+x^2)]' = \dfrac{2x}{1+x^2}$,所以 $\int \dfrac{2x}{1+x^2}\,dx = \ln(1+x^2) + C$.

> **小贴士**
>
> 不定积分运算的结果是否正确,可以用求导的方法来检验.

为了叙述简便,以后在不致混淆的情况下,不定积分简称积分,求不定积分的方法和运算分别简称**积分法**和**积分运算**.

由于求积分和求导数互为逆运算,所以它们有如下关系:

(1) $\left[\int f(x)\,dx\right]' = f(x)$(先积后微) 或 $d\left[\int f(x)\,dx\right] = f(x)\,dx$(先积后微).

(2) $\int F'(x)\,dx = F(x) + C$(先微后积) 或 $\int dF(x) = F(x) + C$(先微后积).

例3 写出下列各式的结果:

(1) $\left[\int e^x \cos(\ln x)\,dx\right]'$.

(2) $\int (\sqrt{x^2+a^2})'\,dx$.

(3) $d\left[\int \arctan^3 x\,dx\right]$.

> **？请思考**
>
> 先积分后微分与先微分后积分,它们的结果有何不同呢?

(4) $\int d(e^x)$.

解 (1) $\left[\int e^x \cos(\ln x) dx\right]' = e^x \cos(\ln x)$(先积后微).

(2) $\int (\sqrt{x^2+a^2})' dx = \sqrt{x^2+a^2} + C$(先微后积).

(3) $d\left[\int \arctan^2 x dx\right] = \arctan^2 x dx$(先积后微).

(4) $\int d(e^x) = e^x + C$(先微后积).

3. 不定积分的几何意义

在直角坐标系中,$f(x)$的任意一个原函数$F(x)$的图形是一条曲线$y=F(x)$,这条曲线上任意点$(x, F(x))$处的切线的斜率$F'(x)$恰为函数值$f(x)$,称这条曲线为$f(x)$的一条**积分曲线**.$f(x)$的不定积分$F(x)+C$则是一个曲线族,称为**积分曲线族**.

平行于y轴的直线与族中每一条曲线的交点处的切线斜率都等于$f(x)$(图 4.1),因此积分曲线族可以由一条积分曲线通过上下平移得到.

在实际应用中,往往需要从全体原函数中求出一个满足已给条件的确定解,即要定出常数C的具体数值,如下例所示.

图 4.1

例 4 设某物体运动速度为$v=3t^2$,且当$t=0$时,$s=2$,求物体的运动规律$s=s(t)$.

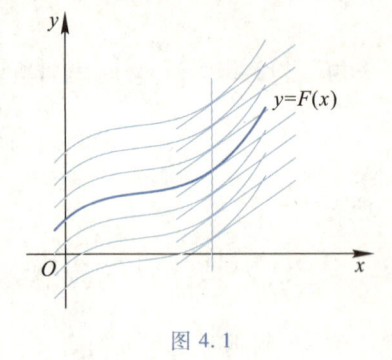

解 由题意知$s'=3t^2$,即$s(t) = \int 3t^2 dt = t^3 + C$,再将条件当$t=0$时,$s=2$代入得$C=2$,故所求运动规律为$s=t^3+2$.

至此,我们就可以解决一开始提出的刹车问题.

遇黄灯刹车问题 一辆开启智能驾驶功能的小汽车以 30 km/h 的速度正常行驶,在距离交通路口 10 m 处突然发现黄灯亮起,小汽车立即刹车制动,如果制动后的速度为$v=7.3-2.7t$(单位:m/s),问制动距离是多少?小汽车能否停在停止线内?

解 令速度为零,先计算出制动所用时间,即令$7.3-2.7t=0$,得$t\approx 2.704(s)$.
设汽车制动后路程函数为$s=s(t)$,由$s'(t)=v(t)$可知

$$s(t) = \int v(t) dt = \int (7.3-2.7t) dt = 7.3t - \frac{2.7}{2}t^2 + C.$$

根据题意,当$t=0$时,$s=0$,代入上式得$C=0$,于是得到制动路程函数为

$$s=s(t) = 7.3t - 1.35t^2.$$

将$t\approx 2.704$代入,计算出制动距离约为$7.3\times 2.704 - 1.35\times 2.704^2 \approx 9.87(m)$.智能驾驶汽车能成功停在停止线内.

二、不定积分的基本公式

由不定积分的定义,从常用函数的导数公式可以得到如下相应的积分公式:

(1) $\int k\,dx = kx + C$（k 为常数）. (2) $\int x^\mu\,dx = \dfrac{x^{\mu+1}}{\mu+1} + C$ ($\mu \neq -1$).

(3) $\int \dfrac{1}{x}\,dx = \ln|x| + C$. (4) $\int a^x\,dx = \dfrac{a^x}{\ln a} + C$，特别地 $\int e^x\,dx = e^x + C$.

(5) $\int \sin x\,dx = -\cos x + C$. (6) $\int \cos x\,dx = \sin x + C$.

(7) $\int \sec^2 x\,dx = \tan x + C$. (8) $\int \csc^2 x\,dx = -\cot x + C$.

(9) $\int \sec x \tan x\,dx = \sec x + C$. (10) $\int \csc x \cot x\,dx = -\csc x + C$.

(11) $\int \dfrac{1}{\sqrt{1-x^2}}\,dx = \arcsin x + C = -\arccos x + C$.

(12) $\int \dfrac{1}{1+x^2}\,dx = \arctan x + C = -\text{arccot}\,x + C$.

小贴士

这 12 个积分公式中的积分变量 x 如果换成另一个字母 u 也是成立的，例如 $\int \dfrac{1}{u}\,du = \ln|u| + C$，$\int \dfrac{1}{1+u^2}\,du = \arctan u + C$，此结论将在下一节的凑微分法中用到. 以上 12 个公式是进行积分运算的基础，必须熟记. 不仅要记住右端结果，还要熟悉左端被积函数的形式. 我们后面所涉及的不定积分计算，无一例外都要转化为以上基本积分公式才能求出来.

三、不定积分的性质

性质 1 $\int kf(x)\,dx = k\int f(x)\,dx$ ($k \neq 0$).

性质 2 $\int [f(x) \pm g(x)]\,dx = \int f(x)\,dx \pm \int g(x)\,dx$.

性质 2 可推广到有限个函数的和差.

利用不定积分的基本公式和性质，可以求出一些函数的不定积分.

例 5 求 $\int \left(x\sqrt{x\sqrt{x}} - \sqrt[3]{x^2} + 4\dfrac{x}{\sqrt{x}}\right)dx$.

请思考

积分式子 $\int x\sin x\,dx = \int x\,dx \cdot \int \sin x\,dx$ 对吗？

解 对被积函数恒等变形，化为基本积分公式中的情形（化为幂函数 x^μ），再利用性质逐项积分.

$$\int \left(x\sqrt{x\sqrt{x}} - \sqrt[3]{x^2} + 4\dfrac{x}{\sqrt{x}}\right)dx$$

$$= \int \left(x^{\frac{7}{4}} - x^{\frac{2}{3}} + 4x^{\frac{1}{2}}\right)dx = \int x^{\frac{7}{4}}\,dx - \int x^{\frac{2}{3}}\,dx + 4\int x^{\frac{1}{2}}\,dx$$

$$= \dfrac{4}{11}x^{\frac{11}{4}} - \dfrac{3}{5}x^{\frac{5}{3}} + 4 \times \dfrac{2}{3}x^{\frac{3}{2}} + C = \dfrac{4}{11}x^{\frac{11}{4}} - \dfrac{3}{5}x^{\frac{5}{3}} + \dfrac{8}{3}x^{\frac{3}{2}} + C.$$

例 6 求 (1) $\int \dfrac{1-x^2+\sqrt{x}}{\sqrt[3]{x}} dx$. (2) $\int \dfrac{(1-x)^3}{x^2} dx$.

解 对被积函数恒等变形(**分子的各项除以分母**),化为幂函数的代数和的形式,再利用性质逐项积分.

(1) $\int \dfrac{1-x^2+\sqrt{x}}{\sqrt[3]{x}} dx = \int \left(x^{-\frac{1}{3}} - x^{\frac{5}{3}} + x^{\frac{1}{6}} \right) dx$

$= \int x^{-\frac{1}{3}} dx - \int x^{\frac{5}{3}} dx + \int x^{\frac{1}{6}} dx = \dfrac{3}{2} x^{\frac{2}{3}} - \dfrac{3}{8} x^{\frac{8}{3}} + \dfrac{6}{7} x^{\frac{7}{6}} + C.$

(2) $\int \dfrac{(1-x)^3}{x^2} dx = \int \left(\dfrac{1}{x^2} - \dfrac{3}{x} + 3 - x \right) dx = -\dfrac{1}{x} - 3\ln|x| + 3x - \dfrac{x^2}{2} + C.$

> **小贴士**
>
> 立方公式:
> $(a-b)^3 = a^3 - 3a^2 b + 3ab^2 - b^3$, $(a+b)^3 = a^3 + 3a^2 b + 3ab^2 + b^3$,
> $a^3 - b^3 = (a-b)(a^2 + ab + b^2)$, $a^3 + b^3 = (a+b)(a^2 - ab + b^2)$.

例 7 求 $\int \dfrac{1}{x^2(1+x^2)} dx$.

解 当被积函数是分式有理函数时,常常将它拆成分母较简单、易于积分的分式之和.

$\int \dfrac{1}{x^2(1+x^2)} dx = \int \dfrac{(x^2+1)-x^2}{x^2(1+x^2)} dx = \int \dfrac{1}{x^2} dx - \int \dfrac{1}{1+x^2} dx = -\dfrac{1}{x} - \arctan x + C.$

例 8 求 $\int \dfrac{x^2}{1+x^2} dx$.

解 当被积函数是分式有理函数时,如果是假分式,先化成真分式.

$\int \dfrac{x^2}{1+x^2} dx = \int \dfrac{x^2+1-1}{1+x^2} dx = \int \left(1 - \dfrac{1}{1+x^2} \right) dx = x - \arctan x + C.$

例 9 求不定积分:

(1) $\int \left(\tan^2 x + 2\cos^2 \dfrac{x}{2} \right) dx$.

(2) $\int \dfrac{1}{\sin^2 x \cos^2 x} dx$.

> **请思考**
>
> 如果被积函数换成 $\dfrac{x^3}{1+x^2}$,又怎么恒等变形呢?

解 用三角恒等式把被积函数化为基本积分公式中的情形.

(1) $\int \left(\tan^2 x + 2\cos^2 \dfrac{x}{2} \right) dx = \int \left(\sec^2 x - 1 + 2 \cdot \dfrac{1+\cos x}{2} \right) dx$

$= \int (\sec^2 x + \cos x) dx = \tan x + \sin x + C.$

(2) $\int \dfrac{1}{\sin^2 x \cos^2 x} dx = \int \dfrac{1}{\cos^2 x} dx + \int \dfrac{1}{\sin^2 x} dx = \tan x - \cot x + C.$

小贴士

三角函数的恒等变形经常会用到以下恒等式：

$$\frac{1}{\cos x} = \sec x, \quad \frac{1}{\sin x} = \csc x,$$

$$\sin^2 x + \cos^2 x = 1, \quad 1 + \tan^2 x = \sec^2 x, \quad 1 + \cot^2 x = \csc^2 x,$$

$$\cos 2x = \cos^2 x - \sin^2 x = 1 - 2\sin^2 x = 2\cos^2 x - 1,$$

$$\sin 2x = 2\sin x \cos x.$$

从以上几个例子可以看出，求不定积分时，常常要利用代数或三角函数的知识对被积函数恒等变形并进行化简，转化为基本积分公式中的被积函数的代数和的形式，再运用基本积分公式和不定积分的性质直接求出，这种积分方法称为**直接积分法**。与求导数相比，求积分有较大的灵活性。这就需要熟记基本积分公式，通过做一定数量的练习，总结经验，才能逐渐掌握求原函数的基本技巧。

小贴士

不定积分运算时，依次用求导公式的逆向思维方法写出每项积分函数的一个原函数并加起来，记住最后一定要加上一个任意常数 C。同时也要对所求出的结果通过求导的方法检验其是否正确，即验证 $(F(x)+C)' = f(x)$。

习题 4.1

1. 验证下列等式是否成立：

(1) $\int \frac{x}{\sqrt{2+x^2}} dx = \sqrt{2+x^2} + C.$ (2) $\int x^2 e^{x^3} dx = e^{x^3} + C.$

2. 填空：

$\left(\int \tan^2 x \sin x dx \right)' = $ _____. $d\left(\int \sqrt{1+x^2} dx \right) = $ _____.

$\int [\arcsin(\cos 2x)]' dx = $ _____. $\int d\left(\frac{\sin x}{x} \right) = $ _____.

3. 计算下列不定积分：

(1) $\int \left(\frac{2}{x} + \frac{x}{3} \right)^2 dx.$

(2) $\int \left(3^x + \frac{1}{x^2 \sqrt{x}} - \sqrt{x\sqrt{x}} \right) dx.$

(3) $\int \frac{x - x^3 e^x + x^2}{x^3} dx.$

(4) $\int \frac{2x^2 - 5x + 1}{x} dx.$

(5) $\int \frac{x^2}{1+x^2} dx.$

(6) $\int \frac{x^4}{1+x^2} dx.$

(7) $\int \frac{1+2x^2}{x^2(1+x^2)} dx.$

(8) $\int \frac{3x^4 + 3x^2 + 1}{x^2 + 1} dx.$

(9) $\int \dfrac{e^{2x} - 1}{e^x + 1} dx.$ (10) $\int \dfrac{\sqrt{1 + x^2}}{\sqrt{1 - x^4}} dx.$

(11) $\int \sec x (\sec x - \tan x) dx.$ (12) $\int \csc x (\cot x - \csc x) dx.$

(13) $\int \left(2\sin x + \dfrac{1}{\cos^2 x} - \cot^2 x \right) dx.$ (14) $\int \left(3\cos x - \dfrac{1}{\sin^2 x} + \tan^2 x \right) dx.$

(15) $\int \dfrac{1 + \cos^2 x}{1 + \cos 2x} dx.$ (16) $\int \dfrac{\cos 2x}{\sin^2 x \cos^2 x} dx.$

(17) $\int \dfrac{\cos 2x}{\sin^2 x} dx.$ (18) $\int \dfrac{\cos 2x}{\cos^2 x} dx.$

(19) $\int \left(\cot^2 x + 2\sin^2 \dfrac{x}{2} \right) dx.$ (20) $\int \sqrt{1 - \sin 2x} \, dx \quad \left(0 < x < \dfrac{\pi}{4} \right).$

第二节　不定积分的计算

一、换元积分法

1. 第一类换元积分法（凑微分法）

在不定积分的计算过程中，并非所有不定积分经化简后都可以直接套用基本积分公式求出答案，甚至被积函数看起来似乎很简单的不定积分，用直接积分法对它们也无能为力，例如：

例1　计算不定积分：

(1) $\int \sin 10x \, dx.$　　(2) $\int e^{3x} dx.$

分析　被积函数 $\sin 10x$ 是复合函数，不能直接套用 $\int \sin x \, dx$ 的公式.

$\int \sin 10x \, dx \neq -\cos 10x + C \qquad ((-\cos 10x + C)' \neq \sin 10x).$

$\int e^{3x} dx \neq e^{3x} + C \qquad ((e^{3x} + C)' \neq e^{3x}).$

我们尝试把原积分变形后计算：

(1) $\int \sin 10x \, dx = \dfrac{1}{10} \int \sin 10x \, d(10x) \xrightarrow{\text{令 } u = 10x} \dfrac{1}{10} \int \sin u \, du = -\dfrac{1}{10} \cos u + C \xrightarrow{u \text{ 回代}} -\dfrac{1}{10} \cos 10x + C.$

(2) $\int e^{3x} dx = \dfrac{1}{3} \int e^{3x} d(3x) \xrightarrow{\text{令 } u = 3x} \dfrac{1}{3} \int e^u du = \dfrac{1}{3} e^u + C \xrightarrow{u \text{ 回代}} \dfrac{1}{3} e^{3x} + C.$

上述解法的特点是引入新变量 $u=\varphi(x)$，从而把原积分化为关于 u 的一个简单的积分，再套用基本积分公式求解．一般可化为下列计算程序：

$$\int f[\varphi(x)]\varphi'(x)\mathrm{d}x = \int f[\varphi(x)]\mathrm{d}\varphi(x) = \int f(u)\mathrm{d}u = F(u) + C = F[\varphi(x)] + C.$$

定理 4.2.1 设 $f(u)$ 具有原函数 $F(u)$，$\varphi'(x)$ 是连续函数，则

$$\int f[\varphi(x)]\varphi'(x)\mathrm{d}x = F[\varphi(x)] + C.$$

这种先"凑"微分，再作变量代换的方法，叫作**第一类换元积分法**，也称**凑微分法**．实际解题时，不必写出具体换元的过程，运用整体换元的思想方法即可．

例 2 计算不定积分：$\int(2x-3)^5\mathrm{d}x$．

解 比较 $\int(2x-3)^5\mathrm{d}x$ 与基本积分公式 $\int u^5\mathrm{d}u$，只需将 $\mathrm{d}x$ 凑成 $\mathrm{d}(2x-3)$ 即可．

由于 $\mathrm{d}x = \dfrac{1}{2}\mathrm{d}(2x-3)$，所以有

$$\int(2x-3)^5\mathrm{d}x = \int(2x-3)^5 \cdot \dfrac{1}{2}\mathrm{d}(2x-3) = \dfrac{1}{2}\int(2x-3)^5 \cdot \mathrm{d}(2x-3)$$

$$\xrightarrow{\diamondsuit u = 2x-3} \dfrac{1}{2}\int u^5\mathrm{d}u = \dfrac{1}{2} \cdot \dfrac{1}{6}u^6 + C \xrightarrow{u\text{ 回代}} \dfrac{1}{12}(2x-3)^6 + C.$$

> **小贴士**
>
> 一般地，因为 $\mathrm{d}x = \dfrac{1}{a}\mathrm{d}(ax+b)$（提示：可用 $\mathrm{d}F(x) = F'(x)\mathrm{d}x$ 验证），所以
>
> $$\int f(ax+b)\mathrm{d}x = \dfrac{1}{a}\int f(ax+b)\mathrm{d}(ax+b).$$

例 3 计算不定积分：

（1）$\int x^3 \mathrm{e}^{x^4}\mathrm{d}x$．

（2）$\int x^2(x^3+1)^{10}\mathrm{d}x$．

> **请思考**
>
> $\int \dfrac{1}{(2x-3)^5}\mathrm{d}x = ?$

解 （1）因为 $x^3\mathrm{d}x = \dfrac{1}{4}\mathrm{d}(x^4)$，所以

$$\int x^3 \mathrm{e}^{x^4}\mathrm{d}x = \int \mathrm{e}^{x^4} \cdot x^3\mathrm{d}x = \dfrac{1}{4}\int \mathrm{e}^{x^4}\mathrm{d}(x^4)$$

$$\xrightarrow{\diamondsuit u = x^4} \dfrac{1}{4}\int \mathrm{e}^u\mathrm{d}u = \dfrac{1}{4}\mathrm{e}^u + C \xrightarrow{u\text{ 回代}} \dfrac{1}{4}\mathrm{e}^{x^4} + C.$$

（2）因为 $x^2\mathrm{d}x = \dfrac{1}{3}\mathrm{d}(x^3+1)$，所以

$$\int x^2(x^3+1)^{10}\mathrm{d}x = \dfrac{1}{3}\int(x^3+1)^{10}\mathrm{d}(x^3+1).$$

$$\xrightarrow{\diamondsuit u = x^3 + 1} \frac{1}{3} \int u^{10} du = \frac{1}{3} \cdot \frac{1}{11} u^{11} + C \xrightarrow{u \text{ 回代}} = \frac{1}{33} (x^3 + 1)^{11} + C.$$

> **小贴士**
>
> 一般地，因为 $x^{n-1} dx = \frac{1}{n} d(x^n)$，所以
>
> $$\int f(x^n) x^{n-1} dx = \frac{1}{n} \int f(x^n) d(x^n).$$

例 4 计算 $\int \frac{1 - 2\ln x}{x} dx$.

解 因为 $\frac{1}{x} dx = d(\ln x)$，所以

> **请思考**
>
> $$\int \frac{x^2}{2 + x^3} dx = ?$$

$$\int \frac{1 - 2\ln x}{x} dx = \int (1 - 2\ln x) \cdot \frac{1}{x} dx = \int (1 - 2\ln x) d(\ln x)$$

$$= -\frac{1}{2} \int (1 - 2\ln x) d(1 - 2\ln x)$$

$$\xrightarrow{\diamondsuit u = 1 - 2\ln x} -\frac{1}{2} \int u du = -\frac{1}{2} \cdot \frac{1}{2} u^2 + C = -\frac{1}{4} u^2 + C$$

$$\xrightarrow{u \text{ 回代}} -\frac{1}{4} (1 - 2\ln x)^2 + C.$$

> **小贴士**
>
> 因为 $\frac{1}{x} dx = d(\ln x)$，所以
>
> $$\int f(\ln x) \cdot \frac{1}{x} dx = \int f(\ln x) d(\ln x).$$

例 5 求 $\int \sin x \cos^6 x dx$.

解 因为 $\sin x dx = -d(\cos x)$，所以

$$\int \sin x \cos^6 x dx = -\int \cos^6 x d(\cos x) = -\int u^6 du$$

$$= -\frac{1}{7} u^7 + C = -\frac{1}{7} \cos^7 x + C.$$

方法较熟练后，可略去中间的换元步骤，直接凑微分成积分公式的形式.

> **请思考**
>
> $$\int \frac{1}{x(1 + \ln^2 x)} dx = ?$$

> **小贴士**
>
> 因为 $\sin x\,dx = -d(\cos x), \cos x\,dx = d(\sin x)$,所以
> $$\int f(\sin x)\cos x\,dx = \int f(\sin x)\,d(\sin x),$$
> $$\int f(\cos x)\sin x\,dx = -\int f(\cos x)\,d(\cos x).$$

例 6 求 $\displaystyle\int \frac{(2-\arctan x)^2}{1+x^2}dx$.

> **请思考**
>
> $\displaystyle\int \frac{\cos x}{\sqrt{\sin x}}dx = ?$

解 因为 $\dfrac{1}{1+x^2}dx = d(\arctan x)$,所以

$$\int \frac{(2-\arctan x)^2}{1+x^2}dx = \int (2-\arctan x)^2 \cdot \frac{1}{1+x^2}dx = \int (2-\arctan x)^2 d(\arctan x)$$

$$= -\int (2-\arctan x)^2 d(2-\arctan x) = -\frac{1}{3}(2-\arctan x)^3 + C.$$

> **小贴士**
>
> 因为 $\dfrac{1}{1+x^2}dx = d(\arctan x)$,所以
> $$\int f(\arctan x) \cdot \frac{1}{1+x^2}dx = \int f(\arctan x)\,d(\arctan x).$$

凑微分法运用时的难点在于原题并未指明应该把哪一部分凑成 $d\varphi(x)$,这需要解题经验,如果记熟下列一些微分式,在利用凑微分法计算一些不定积分时,会大有帮助 (以下 a,b 为常数, $a \neq 0$):

$dx = \dfrac{1}{a}d(ax+b),$ $\qquad x\,dx = \dfrac{1}{2}d(x^2),$ $\qquad \dfrac{dx}{\sqrt{x}} = 2d(\sqrt{x}),$

$e^x\,dx = d(e^x),$ $\qquad \dfrac{1}{x}dx = \dfrac{1}{a}d(a\ln|x|+b),$ $\qquad \sin x\,dx = -d(\cos x),$

$\cos x\,dx = d(\sin x),$ $\qquad \sec^2 x\,dx = d(\tan x),$ $\qquad \csc^2 x\,dx = -d(\cot x),$

$\dfrac{dx}{\sqrt{1-x^2}} = d(\arcsin x),$ $\qquad \dfrac{dx}{1+x^2} = d(\arctan x),$ $\qquad e^{ax}\,dx = \dfrac{1}{a}d(e^{ax}),$

$\dfrac{1}{x^2}dx = -d\left(\dfrac{1}{x}\right),$ $\qquad \sec x\tan x\,dx = d(\sec x),$ $\qquad \csc x\cot x\,dx = -d(\csc x).$

> **小贴士**
>
> 实际操作时,对凑微分法有三个要求:
> (1) 被积函数的外函数很容易积分,一般都是基本积分公式中的.
> (2) 在微分算子后尝试凑成被积函数的内函数的微分.
> (3) 凑好的微分一定要去计算,计算后和原来的表达式至多相差一个常系数;否则,这种凑微分的方法对该道题就不适用.

例 7 求下列不定积分：

(1) $\int \dfrac{\mathrm{d}x}{\sqrt{a^2-x^2}}$ $(a>0)$. (2) $\int \dfrac{\mathrm{d}x}{a^2+x^2}$. (3) $\int \tan x \mathrm{d}x$.

(4) $\int \cot x \mathrm{d}x$. (5) $\int \sec x \mathrm{d}x$. (6) $\int \csc x \mathrm{d}x$.

解 (1) $\int \dfrac{\mathrm{d}x}{\sqrt{a^2-x^2}} = \int \dfrac{1}{a\sqrt{1-\left(\dfrac{x}{a}\right)^2}} \mathrm{d}x$

$$= \int \dfrac{1}{\sqrt{1-\left(\dfrac{x}{a}\right)^2}} \mathrm{d}\left(\dfrac{x}{a}\right) = \arcsin \dfrac{x}{a} + C.$$

类似得

(2) $\int \dfrac{\mathrm{d}x}{a^2+x^2} = \dfrac{1}{a}\arctan \dfrac{x}{a} + C.$

(3) $\int \tan x \mathrm{d}x = \int \dfrac{\sin x}{\cos x} \mathrm{d}x = -\int \dfrac{\mathrm{d}(\cos x)}{\cos x} = -\ln|\cos x| + C.$

类似得

(4) $\int \cot x \mathrm{d}x = \ln|\sin x| + C.$

(5) $\int \sec x \mathrm{d}x = \int \dfrac{\sec x(\sec x + \tan x)}{\tan x + \sec x} \mathrm{d}x = \int \dfrac{\sec^2 x + \sec x \tan x}{\tan x + \sec x} \mathrm{d}x$

$$= \int \dfrac{1}{\tan x + \sec x} \mathrm{d}(\tan x + \sec x) = \ln|\sec x + \tan x| + C.$$

类似得

(6) $\int \csc x \mathrm{d}x = \ln|\csc x - \cot x| + C.$

本题六个积分今后经常用到，**可以作为公式使用**：

> **小贴士**
>
> (1) $\int \dfrac{\mathrm{d}x}{\sqrt{a^2-x^2}} = \arcsin \dfrac{x}{a} + C\ (a>0).$ (2) $\int \dfrac{\mathrm{d}x}{a^2+x^2} = \dfrac{1}{a}\arctan \dfrac{x}{a} + C.$
>
> (3) $\int \tan x \mathrm{d}x = -\ln|\cos x| + C.$ (4) $\int \cot x \mathrm{d}x = \ln|\sin x| + C.$
>
> (5) $\int \sec x \mathrm{d}x = \ln|\sec x + \tan x| + C.$ (6) $\int \csc x \mathrm{d}x = \ln|\csc x - \cot x| + C.$

例 8 求下列不定积分：

(1) $\int \dfrac{1}{x^2-a^2} \mathrm{d}x.$ (2) $\int \dfrac{13+x}{\sqrt{4-x^2}} \mathrm{d}x.$

解 (1) $\int \dfrac{1}{x^2-a^2} \mathrm{d}x = \dfrac{1}{2a}\int \left(\dfrac{1}{x-a} - \dfrac{1}{x+a}\right) \mathrm{d}x = \dfrac{1}{2a}\left[\int \dfrac{\mathrm{d}(x-a)}{x-a} - \int \dfrac{\mathrm{d}(x+a)}{x+a}\right]$

$$= \frac{1}{2a}[\ln|x-a| - \ln|x+a|] + C = \frac{1}{2a}\ln\left|\frac{x-a}{x+a}\right| + C.$$

(2) $\int \frac{13+x}{\sqrt{4-x^2}}dx = 13\int \frac{dx}{\sqrt{4-x^2}} + \int \frac{x}{\sqrt{4-x^2}}dx$

$$= 13\arcsin\frac{x}{2} - \frac{1}{2}\int \frac{d(4-x^2)}{\sqrt{4-x^2}} = 13\arcsin\frac{x}{2} - \sqrt{4-x^2} + C.$$

例 9 求下列不定积分：

(1) $\int \frac{e^x}{1+e^x}dx.$ (2) $\int \frac{1}{1+e^x}dx.$ (3) $\int \frac{1}{e^{-x}+e^x}dx.$

解 (1) $\int \frac{e^x}{1+e^x}dx = \int \frac{1}{1+e^x}d(1+e^x) = \ln(1+e^x) + C.$

(2) $\int \frac{1}{1+e^x}dx = \int \frac{1+e^x-e^x}{1+e^x}dx = \int\left(1 - \frac{e^x}{1+e^x}\right)dx$

$$= x - \int \frac{d(1+e^x)}{1+e^x} = x - \ln(e^x+1) + C.$$

(3) $\int \frac{1}{e^{-x}+e^x}dx = \int \frac{e^x}{1+e^{2x}}dx = \int \frac{d(e^x)}{1+(e^x)^2} = \arctan(e^x) + C.$

例 10 求下列不定积分：

(1) $\int \frac{\tan(\sqrt{x}+1)}{\sqrt{x}}dx.$ (2) $\int \frac{\sec^2\left(3-\frac{1}{x}\right)}{x^2}dx.$

解 (1) $\int \frac{\tan(\sqrt{x}+1)}{\sqrt{x}}dx = 2\int \tan(\sqrt{x}+1)d(\sqrt{x}+1)$

$$= -2\ln|\cos(\sqrt{x}+1)| + C.$$

(2) $\int \frac{\sec^2\left(3-\frac{1}{x}\right)}{x^2}dx = \int \sec^2\left(3-\frac{1}{x}\right)d\left(3-\frac{1}{x}\right) = \tan\left(3-\frac{1}{x}\right) + C.$

例 11 求不定积分 $\int \frac{6x+1}{(2x-1)^{10}}dx.$

解 因为 $6x+1 = 3(2x-1) + 4$，所以

$$\int \frac{6x+1}{(2x-1)^{10}}dx = \int \frac{3(2x-1)+4}{(2x-1)^{10}}dx$$

$$= \frac{1}{2}\int\left[\frac{3}{(2x-1)^9} + \frac{4}{(2x-1)^{10}}\right]d(2x-1)$$

$$= \frac{3}{2}\cdot\left(-\frac{1}{8}\right)\cdot(2x-1)^{-8} + 2\cdot\left(-\frac{1}{9}\right)\cdot(2x-1)^{-9} + C$$

$$= -\frac{3}{16(2x-1)^8} - \frac{2}{9(2x-1)^9} + C.$$

例 12 求下列不定积分：

(1) $\int \sin^2 x \, dx$.   (2) $\int \cos^3 x \, dx$.   (3) $\int \sin 3x \cos 2x \, dx$.

解 (1) $\int \sin^2 x \, dx = \dfrac{1}{2} \int (1 - \cos 2x) \, dx = \dfrac{1}{2} \left[\int dx - \dfrac{1}{2} \int \cos 2x \, d(2x) \right]$

$$= \dfrac{1}{2} \left(x - \dfrac{1}{2} \sin 2x \right) + C = \dfrac{1}{2} x - \dfrac{1}{4} \sin 2x + C.$$

(2) $\int \cos^3 x \, dx = \int \cos^2 x \cdot \cos x \, dx = \int \cos^2 x \, d(\sin x)$

$$= \int (1 - \sin^2 x) \, d(\sin x) = \sin x - \dfrac{1}{3} \sin^3 x + C.$$

(3) $\int \sin 3x \cos 2x \, dx = \dfrac{1}{2} \int (\sin 5x + \sin x) \, dx = \dfrac{1}{2} \int \sin 5x \, dx + \dfrac{1}{2} \int \sin x \, dx$

$$= \dfrac{1}{10} \int \sin 5x \, d(5x) + \dfrac{1}{2} \int \sin x \, dx = -\dfrac{1}{10} \cos 5x - \dfrac{1}{2} \cos x + C.$$

> **小贴士**
>
> 这种方法可以推广到 $\int \sin^n mx \, dx$ 和 $\int \cos^n mx \, dx$，其中：当 n 为偶次方时方法同(1)，利用三角恒等式中的降次公式；n 为奇次方时方法同(2)，从奇次方中拆出一个 $\sin x$ 或 $\cos x$ 置后凑微分.(3)用到三角函数中的积化和差公式
>
> $$\sin A \cos B = \dfrac{1}{2} [\sin(A+B) + \sin(A-B)].$$

2. 第二类换元积分法

以上用不定积分的第一类换元法求解了一些例题，但有些不定积分，如 $\int \dfrac{dx}{\sqrt{x^2 + a^2}} (a \neq 0)$，$\int \dfrac{1}{1 + \sqrt[3]{x}} dx$ 等，就难以用凑微分法来积分.这些表达式中都有根式，在基本积分公式中，有根式的只有两个，要么把根式当作幂函数来积分，要么把根式当作 $\int \dfrac{1}{\sqrt{1 - x^2}} dx$ 来凑微分.

如果遇到的题目中的根式都没法化到这两种情况，那意味着根式保留在被积函数中就没法积分了，所以只有想办法消去根式，这就是第二类换元法的基本思路.

> **?请思考**
>
> $\int \cos^2 x \, dx$，$\int \sin^3 x \, dx$，$\int \sin^4 x \, dx$ 如何求出？

定理 4.2.2 函数 $x = \varphi(t)$ 有连续的导数且 $\varphi'(t) \neq 0$，又 $f[\varphi(t)] \varphi'(t)$ 有原函数，则

$$\int f(x) \, dx = \int f[\varphi(t)] \varphi'(t) \, dt = F(t) + C = F[\varphi^{-1}(x)] + C.$$

这种方法叫第二类换元积分法.

使用第二类换元积分法的关键是恰当地选择变换函数 $x=\varphi(t)$. 对于 $x=\varphi(t)$, 要求其单调可导, $\varphi'(t)\neq 0$, 且其反函数 $t=\varphi^{-1}(x)$ 存在. 下面通过一些实例来说明.

例 13 求 $\int \dfrac{\sqrt{x}}{1+\sqrt{x}}dx$.

解 为了消去根式, 可令 $\sqrt{x}=t$, 则 $x=t^2, dx=2tdt$, 于是

$$\int \frac{\sqrt{x}}{1+\sqrt{x}}dx = \int \frac{t}{1+t}2tdt = 2\int \frac{t^2}{1+t}dt = 2\int \frac{(t^2-1)+1}{1+t}dt$$

$$= 2\int \left(t-1+\frac{1}{1+t}\right)dt = t^2-2t+2\ln|1+t|+C$$

$$= x-2\sqrt{x}+2\ln(1+\sqrt{x})+C.$$

例 14 求 $\int \dfrac{\sqrt{x-1}}{x}dx$.

解 为了消去根式, 可令 $\sqrt{x-1}=t$, 则 $x=t^2+1, dx=2tdt$, 于是

$$\int \frac{\sqrt{x-1}}{x}dx = \int \frac{2t^2}{t^2+1}dt = 2\int \frac{t^2+1-1}{t^2+1}dt = 2\int \left(1-\frac{1}{t^2+1}\right)dt$$

$$= 2(t-\arctan t)+C = 2(\sqrt{x-1}-\arctan\sqrt{x-1})+C.$$

由例 13 和例 14 可以看出: 当被积函数中含有 $\sqrt[n]{ax+b}$ 时, 可令 $\sqrt[n]{ax+b}=t$, 消除根号, 从而求得积分. 通常称以上代换为**根式代换**.

下面再讨论被积函数含有被开方因式为二次多项式的情况. 如果也作根式代换, 会达不到去掉根式的目的, 因为求出反函数时仍含有二次根式. 所以得想另外的办法去掉根式, 这可以结合三角函数公式, 通过适当换元将二次根式内函数化作某个表达式的完全平方, 就可以消去根式了.

> **请思考**
>
> 在 $\int \dfrac{1}{\sqrt{x}+\sqrt[4]{x}}dx$ 中, 设 $t=$? 才能消除根式?

小贴士

此时联想到以下恒等式: $\sin^2 x+\cos^2 x=1, 1+\tan^2 x=\sec^2 x$.

例 15 求 $\int \sqrt{a^2-x^2}dx (a>0)$.

解 为了消除被积函数中的根式, 可令 $x=a\sin t, t\in\left[-\dfrac{\pi}{2},\dfrac{\pi}{2}\right]$, 那么 $\sqrt{a^2-x^2}=\sqrt{a^2(1-\sin^2 t)}=a\cos t, dx=a\cos tdt$, 于是

$$\int \sqrt{a^2-x^2}dx = \int a\cos t\cdot a\cos tdt = a^2\int \cos^2 tdt$$

$$= \frac{a^2}{2}\int (1+\cos 2t)dt = \frac{a^2}{2}\left(t+\frac{1}{2}\sin 2t\right)+C$$

$$= \frac{a^2}{2}(t + \sin t\cos t) + C.$$

为了把最后一式还原为 x 的表达式,可以根据 $\sin t = \frac{x}{a}\left(-\frac{\pi}{2}<t<\frac{\pi}{2}\right)$,求 t 的其他三角函数值,由于它们的表达式在第一、四象限内相同,因此可利用 t 是锐角时作辅助直角三角形(图 4.2)来求,有 $t = \arcsin\frac{x}{a}$,$\cos t = \frac{\sqrt{a^2-x^2}}{a}$,因此

$$\int \sqrt{a^2 - x^2}\,\mathrm{d}x \xlongequal{\text{回代}} \frac{a^2}{2}\arcsin\frac{x}{a} + \frac{x}{2}\sqrt{a^2 - x^2} + C.$$

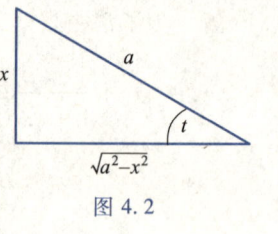

图 4.2

> **小贴士**
>
> 作三角代换时,合理设置角度的范围很关键.角度所属范围的选择,一方面,要使得根式内函数开出来为恒正或恒负,以避免讨论正负的情形.另一方面,还要不改变原来自变量的取值范围.

例 16 求 $\int \frac{\mathrm{d}x}{\sqrt{x^2 + a^2}}(a > 0)$.

解 为了消除被积函数中的根式,可令 $x = a\tan t\left(-\frac{\pi}{2}<t<\frac{\pi}{2}\right)$,那么 $\sqrt{x^2+a^2} = a\sec t$,$\mathrm{d}x = a\sec^2 t\,\mathrm{d}t$,于是

$$\int \frac{\mathrm{d}x}{\sqrt{x^2 + a^2}} = \int \frac{a\sec^2 t}{a\sec t}\mathrm{d}t = \int \sec t\,\mathrm{d}t$$

$$= \ln|\sec t + \tan t| + C_1.$$

根据 $\tan t = \frac{x}{a}$,作辅助直角三角形(图 4.3),有 $\sec t = \frac{\sqrt{x^2+a^2}}{a}$,因此

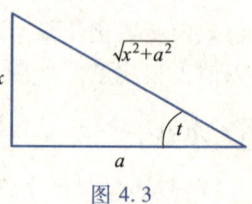

图 4.3

$$\int \frac{\mathrm{d}x}{\sqrt{x^2 + a^2}} = \ln\left|\frac{\sqrt{x^2 + a^2}}{a} + \frac{x}{a}\right| + C_1$$

$$= \ln\left|x + \sqrt{x^2 + a^2}\right| + C(\text{其中 } C = C_1 - \ln a).$$

例 17 求 $\int \frac{\mathrm{d}x}{\sqrt{x^2 - a^2}}(a > 0)$.

解 为了消除被积函数中的根式,可令 $x = a\sec t\left(0<t<\frac{\pi}{2}\text{ 或 }\pi<t<\frac{3\pi}{2}\right)$,那么

$$\sqrt{x^2 - a^2} = a\tan t, \mathrm{d}x = a\sec t\tan t\,\mathrm{d}t,$$

于是 $\int \dfrac{\mathrm{d}x}{\sqrt{x^2-a^2}} = \int \sec t\,\mathrm{d}t = \ln|\sec t + \tan t| + C_1$. 根据 $\sec t = \dfrac{x}{a}$，作辅助直角三角形

（图 4.4），有 $\tan t = \dfrac{\sqrt{x^2-a^2}}{a}$，因此

$$\int \dfrac{\mathrm{d}x}{\sqrt{x^2-a^2}} = \ln\left|\dfrac{x}{a} + \dfrac{\sqrt{x^2-a^2}}{a}\right| + C_1$$

$$= \ln\left|x + \sqrt{x^2-a^2}\right| + C \quad \text{（其中}$$

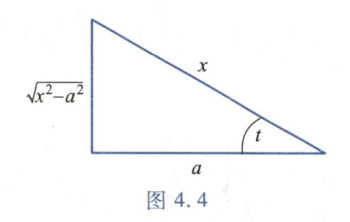

图 4.4

$C = C_1 - \ln a)$.

小贴士

一般地说，当被积函数中含有

(1) $\sqrt{a^2-x^2}$，可作代换 $x = a\sin t, t \in \left[-\dfrac{\pi}{2}, \dfrac{\pi}{2}\right]$.

(2) $\sqrt{x^2+a^2}$，可作代换 $x = a\tan t, t \in \left(-\dfrac{\pi}{2}, \dfrac{\pi}{2}\right)$.

(3) $\sqrt{x^2-a^2}$，可作代换 $x = a\sec t, t \in \left(0, \dfrac{\pi}{2}\right) \cup \left(\pi, \dfrac{3}{2}\pi\right)$.

通常称以上代换为**三角代换**.

小点睛

化归思想：通过变量代换将无理函数转化为有理函数，再用相应的方法就比较容易求出结果.

二、分部积分法

前面介绍的换元积分法虽然可以解决许多积分问题，但有些积分，如 $\int x^2 e^x \mathrm{d}x$，$\int x\sin x\mathrm{d}x$ 等用换元积分法也无能为力. 即当被积函数是两种不同类型函数的乘积时，往往需要用下面所讲的分部积分法来解决.

设函数 $u = u(x), v = v(x)$ 具有连续的导数，根据乘积微分公式有

$$\mathrm{d}(uv) = u\mathrm{d}v + v\mathrm{d}u, u\mathrm{d}v = \mathrm{d}(uv) - v\mathrm{d}u,$$

两边积分得

$$\int u\mathrm{d}v = uv - \int v\mathrm{d}u.$$

该公式称为**分部积分公式**. 下面我们利用分部积分公式解决一些不定积分.

例 18 求 $\int x\cos x\mathrm{d}x$.

解 设 $u=x, dv=\cos x dx = d(\sin x)$，于是 $du = dx, v = \sin x$，代入公式有

$$\int x\cos x dx = \int x d(\sin x) = x\sin x - \int \sin x dx = x\sin x + \cos x + C.$$

注意：(1) 熟悉了分部积分公式后，可以不明确写出 u, dv，而直接按公式做.

(2) 本题若设 $u = \cos x, dv = xdx$，则有 $du = -\sin x dx$ 及 $v = \frac{1}{2}x^2$，代入公式后，得到

$$\int x\cos x dx = \frac{1}{2}x^2\cos x + \frac{1}{2}\int x^2\sin x dx.$$ 新得到的积分 $\int x^2\sin x dx$ 反而比原积分更难求，说明这样设 u, dv 是不合适的. 由此可见，运用分部积分法的关键是恰当地选择 u 和 dv，一般要考虑如下两点.

> **小贴士**
>
> ① v 要容易求出. ② $\int v du$ 要比 $\int u dv$ 容易求出.

例 19 求 $\int x^2 e^x dx$.

分析 被积函数是幂函数与指数函数的乘积，且 $e^x dx = d(e^x)$.

解 $\int x^2 e^x dx = \int x^2 d(e^x) = x^2 e^x - \int e^x d(x^2)$

$\qquad = x^2 e^x - 2\int x e^x dx$ （对 $\int x e^x dx$ 再用一次分部积分公式）

$\qquad = x^2 e^x - 2\int x d(e^x) = x^2 e^x - 2\left(xe^x - \int e^x dx\right)$

$\qquad = x^2 e^x - 2xe^x + 2e^x + C$

$\qquad = (x^2 - 2x + 2)e^x + C.$

> **小贴士**
>
> 如果被积函数是正整数指数的幂函数和正（余）弦函数（或指数函数）的乘积，可用分部积分法，并选择幂函数为 u，这样用一次分部积分公式可使幂函数的幂次降低一次.

例 20 求 $\int 2x\arctan x dx$.

分析 被积函数是幂函数与对数函数的乘积，且 $2xdx = d(x^2)$.

$$\int 2x\arctan x dx = \int \arctan x d(x^2),$$

而 $\int x^2 d(\arctan x) = \int \frac{x^2}{1+x^2} dx$ 比 $\int 2x\arctan x dx$ 容易积分，所以可取 $u = \arctan x, dv = 2x dx$.

解 $\int 2x\arctan x dx = \int \arctan x d(x^2) = x^2\arctan x - \int x^2 d(\arctan x)$

$\qquad = x^2\arctan x - \int \frac{x^2}{1+x^2} dx = x^2\arctan x - x + \arctan x + C.$

例 21 求 $\int x^3 \ln x \mathrm{d}x$

解 $\int x^3 \ln x \mathrm{d}x = \int \ln x \mathrm{d}\left(\dfrac{x^4}{4}\right) = \dfrac{x^4}{4}\ln x - \int \dfrac{x^4}{4}\mathrm{d}(\ln x)$

$= \dfrac{x^4}{4}\ln x - \dfrac{1}{4}\int x^4 \dfrac{1}{x}\mathrm{d}x = \dfrac{x^4}{4}\ln x - \dfrac{1}{4}\int x^3 \mathrm{d}x = \dfrac{x^4}{4}\ln x - \dfrac{1}{16}x^4 + C.$

> **小贴士**
>
> 如果被积函数是幂函数和对数函数（或反三角函数）的乘积，可用分部积分法，并选择对数函数（或反三角函数）为 u，这样用一次分部积分公式就可以化去被积函数中的对数函数（或反三角函数）．对于应用分部积分公式积分时如何选择 u,v，可以总结为："反（三角函数）、对（数函数）、幂（函数）、指（数函数）、三（角函数）"即当这些类型的函数相乘时，哪个在前就选它为 u．

某些积分在使用分部积分公式以后，会重新出现原积分的形式（不是恒等式），这时把等式看成以原积分为"未知量"的方程，解此"方程"即得所求积分．

> **请思考**
>
> $\int \ln x \mathrm{d}x$，$\int \arcsin x \mathrm{d}x$，$\int \arctan x \mathrm{d}x$ 应该如何积分呢？

例 22 求 $\int \mathrm{e}^x \sin x \mathrm{d}x$．

解 设 $\int \mathrm{e}^x \sin x \mathrm{d}x = I$，则

$$I = \int \mathrm{e}^x \sin x \mathrm{d}x = \int \sin x \mathrm{d}(\mathrm{e}^x) = \mathrm{e}^x \sin x - \int \mathrm{e}^x \cos x \mathrm{d}x.$$

经过一次分部积分后，$\int \mathrm{e}^x \sin x \mathrm{d}x$ 转化成了同一类型的 $\int \mathrm{e}^x \cos x \mathrm{d}x$，对后一个积分再作一次分部积分时，选择 $u, \mathrm{d}v$ 务必与第一次用分部积分时的选择基本（函数类型）一致，即取 $u = \cos x, \mathrm{d}v = \mathrm{d}(\mathrm{e}^x)$，

$$I = \mathrm{e}^x \sin x - \int \cos x \mathrm{d}(\mathrm{e}^x) = \mathrm{e}^x \sin x - \mathrm{e}^x \cos x - \int \mathrm{e}^x \sin x \mathrm{d}x,$$

$$= \mathrm{e}^x(\sin x - \cos x) - I,$$

即 $I = \mathrm{e}^x(\sin x - \cos x) - I$．这是关于 I 的一个方程，由于 I 包含了任意常数，当把上式右端的 $-I$ 移到左端时，右端不再有不定积分的符号，**因此务必同时加上任意常数 C**，故有

$$2I = \mathrm{e}^x(\sin x - \cos x) + 2C,$$

$$I = \dfrac{1}{2}\mathrm{e}^x(\sin x - \cos x) + C.$$

> **请思考**
>
> 本题中，如果 $\int \mathrm{e}^x \sin x \mathrm{d}x = -\int \mathrm{e}^x \mathrm{d}(\cos x)$，是否也能得出与上面同样的结论呢？

例 23 求 $I = \int \sec^3 x \mathrm{d}x$．

解 $I = \int \sec^3 x \mathrm{d}x = \int \sec x \mathrm{d}(\tan x) = \sec x \tan x - \int \tan x \mathrm{d}(\sec x)$

$$= \sec x\tan x - \int (\sec^2 x - 1)\sec x\mathrm{d}x$$
$$= \sec x\tan x - \int \sec^3 x\mathrm{d}x + \int \sec x\mathrm{d}x$$
$$= \sec x\tan x - I + \ln|\sec x + \tan x|,$$

所以
$$2I = \sec x\tan x + \ln|\sec x + \tan x| + 2C(\text{务必加常数}),$$

从而得
$$I = \frac{1}{2}\sec x\tan x + \frac{1}{2}\ln|\sec x + \tan x| + C.$$

小结 下述几种类型的积分,均可用分部积分公式求解,且 $u, \mathrm{d}v$ 的设法有如下规律：

(1) $\int x^n \mathrm{e}^{ax}\mathrm{d}x$, $\int x^n\sin ax\mathrm{d}x$, $\int x^n\cos ax\mathrm{d}x$ 中可设 $u = x^n$.

(2) $\int x^n\ln x\mathrm{d}x$, $\int x^n\arcsin x\mathrm{d}x$, $\int x^n\arctan x\mathrm{d}x$ 中可设 $v' = x^n$.

(3) $\int \mathrm{e}^{ax}\sin bx\mathrm{d}x$, $\int \mathrm{e}^{ax}\cos bx\mathrm{d}x$ 中可设 $u = \sin bx$ 或 $u = \cos bx$,也可设 $u = \mathrm{e}^{ax}$.

> **小贴士**
> 常数可视为幂函数；上述 x^n 换成多项式时仍成立.

有一些不定积分需要同时用换元法和分部积分法才能求出.

例 24 求 $\int \arctan\sqrt{x}\mathrm{d}x$.

解 先换元,令 $\sqrt{x} = t(t>0)$,则 $\mathrm{d}x = 2t\mathrm{d}t$,
$$\int \arctan\sqrt{x}\mathrm{d}x = \int \arctan t \cdot 2t\mathrm{d}t = \int \arctan t\mathrm{d}(t^2)$$
$$= t^2\arctan t - \int t^2\mathrm{d}(\arctan t) = t^2\arctan t - \int \frac{t^2}{1+t^2}\mathrm{d}t$$
$$= t^2\arctan t - \int\left(1 - \frac{1}{1+t^2}\right)\mathrm{d}t = t^2\arctan t - t + \arctan t + C$$
$$= (x+1)\arctan\sqrt{x} - \sqrt{x} + C.$$

除了以上介绍的积分方法外,在工程技术问题中,我们还可以借助查积分表来求一些较为复杂的不定积分,也可以利用数学软件包在计算机上求原函数.

> **小贴士**
> 求不定积分的方法总结：
> 凑微分是最基本也是最重要的积分方法.第二类换元积分法针对的题目有显著的特点,即被积函数带有根式.分部积分法解决的问题也有特点,即两个不同类的函数相乘的形式或者带有导数的.而且,从上面例题可以看出,在运用了三角代换、根式代换或者分部积分的方法后,都是化为凑微分.如果化到的凑微分简单些,整个题目就显得简单；如果化到的凑微分复杂点,整个题目就复杂些了.所以,凑微分是关键,比较灵活,针对的题型也没有固定形式,需要多加练习.

习题 4.2

1. 求下列不定积分：

(1) $\int \sin 4x \, dx$.

(2) $\int \dfrac{1}{\sqrt{x}} \cos \sqrt{x} \, dx$.

(3) $\int e^{-x} \, dx$.

(4) $\int \dfrac{1}{x \ln x} \, dx$.

(5) $\int \dfrac{1}{x^2} e^{\frac{1}{x}} \, dx$.

(6) $\int x e^{-x^2} \, dx$.

(7) $\int (3x-1)^2 \, dx$.

(8) $\int \dfrac{1}{\sqrt[3]{3-2x}} \, dx$.

(9) $\int \dfrac{e^{\arcsin x}}{\sqrt{1-x^2}} \, dx$.

(10) $\int \dfrac{(\arctan x)^2}{1+x^2} \, dx$.

(11) $\int \dfrac{1}{x(1+\ln^2 x)} \, dx$.

(12) $\int \dfrac{1}{x\sqrt{1-\ln^2 x}} \, dx$.

(13) $\int x\sqrt{1-x^2} \, dx$.

(14) $\int \dfrac{x^3}{\sqrt{4-x^4}} \, dx$.

(15) $\int \dfrac{2x-3}{x^2-3x+4} \, dx$.

(16) $\int \dfrac{e^x - e^{-x}}{e^x + e^{-x}} \, dx$.

(17) $\int \dfrac{1}{\sqrt{1-9x^2}} \, dx$.

(18) $\int \dfrac{1}{1+9x^2} \, dx$.

(19) $\int \dfrac{2x}{\sqrt{1-x^2}} \, dx$.

(20) $\int \dfrac{x}{9+4x^2} \, dx$.

(21) $\int \sin^{10} x \cos x \, dx$.

(22) $\int \cos^5 x \sin 2x \, dx$.

(23) $\int \dfrac{\tan x}{\cos^2 x} \, dx$.

(24) $\int \dfrac{\cot x}{\sin^2 x} \, dx$.

(25) $\int \tan^3 x \, dx$.

(26) $\int \cot^3 x \, dx$.

(27) $\int \dfrac{1}{x^2+x-6} \, dx$.

(28) $\int \dfrac{1}{x^2+x-2} \, dx$.

(29) $\int \dfrac{e^x}{\sqrt{1-e^{2x}}} \, dx$.

(30) $\int \dfrac{1}{e^x + e^{-x}} \, dx$.

(31) $\int \sin^2 x \cos^3 x \, dx$.

(32) $\int \dfrac{\sin^4 x}{\cos^2 x} \, dx$.

(33) $\int x \cdot e^{\sin x^2} \cos x^2 \, dx$.

(34) $\int \dfrac{\arctan(\ln x)}{x \cdot (1+\ln^2 x)} \, dx$.

(35) $\int \dfrac{\sin x \cos x}{1+\sin^4 x} \, dx$.

(36) $\int \dfrac{1}{\cos^4 x} \, dx$.

(37) $\int \dfrac{f'(x)}{1+f^2(x)}dx$.

2. 求下列不定积分：

(1) $\int \dfrac{\sqrt{x+1}}{1+\sqrt{1+x}}dx$.

(2) $\int \dfrac{1}{1+\sqrt[3]{x+2}}dx$.

(3) $\int \dfrac{1}{\sqrt{x}+\sqrt[4]{x}}dx$.

(4) $\int \dfrac{1}{\sqrt{x}+\sqrt[3]{x}}dx$.

(5) $\int \dfrac{1}{\sqrt{1+e^x}}dx$.

(6) $\int \sqrt{1+e^x}\,dx$.

3. 求下列不定积分：

(1) $\int \sqrt{4-x^2}\,dx$.

(2) $\int \dfrac{x^2}{\sqrt{1-x^2}}dx$.

*(3) $\int \dfrac{1}{x^2\sqrt{1+x^2}}dx$.

*(4) $\int \dfrac{1}{\sqrt{4x^2+9}}dx$.

*(5) $\int \dfrac{1}{x^2\sqrt{x^2-9}}dx \quad (x>3)$.

*(6) $\int \dfrac{1}{x\sqrt{x^2-1}}dx \quad (x>1)$.

4. 求下列不定积分：

(1) $\int x\cos 3x\,dx$.

(2) $\int x\sin 5x\,dx$.

(3) $\int xe^{3x}\,dx$.

(4) $\int x^2 e^{2x}\,dx$.

(5) $\int \arctan x\,dx$.

(6) $\int \arcsin x\,dx$.

(7) $\int x\ln x\,dx$.

(8) $\int x^2\ln(x+1)\,dx$.

*(9) $\int e^{2x}\sin 3x\,dx$.

*(10) $\int e^x\sin 2x\,dx$.

*(11) $\int \sin(\ln x)\,dx$.

*(12) $\int \dfrac{\ln\sin x}{\cos^2 x}dx$.

*(13) $\int \ln(x+\sqrt{1+x^2})\,dx$.

*(14) $\int x\tan^2 x\,dx$.

第三节　数学思想方法选讲——逆向思维

一、逆向思维及其特点

思维就是人的理性认识的过程.最简单的思维方向是线性方向,根据思维过程的指向性,可将思维分为常规思维(正向思维)和逆向思维.逆向思维是根据一个概念、原理、思想、方法及研究对象的特点,把常规的思维方向倒过来,从它的相反或否定的方面进行思考,寻找解决问题的方法,称为逆向思维.如考虑使用定理的反面,考虑逆命题,考虑问题的不可能性等.

逆向思维能够克服思维定式的保守性,能帮助我们克服正向思维中出现的困难,寻找新的思路、新的方法,开拓新的知识领域,在探索中敢于标新立异而不循规蹈矩.因此,逆向思维是一种创造性思维.

逆向思维也叫求异思维,具有如下特点:

1. 普遍性

逆向性思维在各个领域、各种活动中都有适用性,由于对立统一规律是普遍适用的,而对立统一的形式又是多种多样的,有一种对立统一的形式,相应地就有一种逆向思维的角度.所以,逆向思维也有多种形式.如性质上对立两极的转换:软与硬、高与低等;结构、位置上的颠倒:上与下、左与右等;过程上的逆转:气态变液态或液态变气态、电转为磁或磁转为电等.不论哪种方式,只要从一个方面想到与之对立的另一方面,都是逆向思维.

2. 批判性

逆向是与正向比较而言的,正向是指常规的、常识的、公认的或习惯的想法与做法.逆向思维则恰恰相反,是对传统、惯例、常识的反叛,是对常规的挑战.它能够克服思维定式,破除由经验和习惯造成的僵化的认识模式.逆向思维的内涵要求逆向思维只能是少数人的思维,如果一种逆向思维模式被大多数人掌握了,那自然成了正向思维了.

3. 新颖性

循规蹈矩的思维和按传统方式解决问题虽然简单,但容易使思路僵化、刻板.摆脱不掉习惯的束缚,得到的往往是一些司空见惯的答案.其实,任何事物都具有多方面属性.由于受过去经验的影响,人们容易看到熟悉的一面,而对另一面却视而不见.逆向思维能克服这一障碍,往往出人意料,给人以耳目一新的感觉.

二、逆向思维应用举例

1. 数学中的应用

例1 反函数

设 x 和 y 是两个变量,D 是一个给定的非空数集,如果对于 D 中每个数 x,变量 y 按照对应法则 f,总有唯一确定的数值与 x 对应,则称 y 是数集 D 上的 x 的函数,记作 $y=f(x)$,数集 D 叫作这个函数的定义域,x 叫作自变量,y 叫作因变量.

那么,如果对每一个 y,也总有唯一确定的数值 x 与 y 对应,则称 y 是 x 的反函数,记作 $y=f^{-1}(x)$.反函数概念的建立,就是典型的逆向思维的应用.

例2 微分与积分

导数是因变量增量与自变量增量比值的极限,反映的是因变量随自变量变化而变化的快慢程度,即变化率.反过来,若知道一个函数的导数,如何确定它是哪个函数的导数呢?这便是积分学的内容了.思维上的反向,便产生了新的数学概念和相关的计算.即使不从定积分的实际意义出发,没有生产力的推动仅在形式逻辑上演绎,我们也可以推导出积分学的相关知识.譬如,积分学中的凑微分法,其实就是微分学中复合函数求导法则的逆运算;分部积分法其实就是乘法求导法则的逆运算.这便是逆向思维的创造性.

例 3 反证法是一种典型的逆向思维

反证法就是假设结论的反面成立,据此进行合理的推导,导出与题设、定义或公理相矛盾的结论,从而推翻假设,进而肯定原来结论的证明方法.这种应用逆向思维的方法,可使很多问题处理起来相当简单.

我们看一个简单的例子,证明方程 $x^5-5x+1=0$ 有且仅有一个小于 1 的正实根.

证 令 $f(x)=x^5-5x+1$,有 $f'(x)=5x^4-5$.

存在性(零点定理) 显然,函数 $f(x)=x^5-5x+1$ 在 $[0,1]$ 上连续,且 $f(0)=1,f(1)=-3,f(0) \cdot f(1)=-3<0$.由零点定理可知,在 0 与 1 之间至少有一点 ξ,使 $f(\xi)=0$,即 $\xi^5-5\xi+1=0$.

唯一性(反证法) 设另有 $x_1 \in (0,1), x_1 \neq \xi$,使 $f(x_1)=0$.因为 $f(x)$ 在 ξ,x_1 之间满足罗尔中值定理的条件,所以至少存在一点 δ(在 ξ,x_1 之间)使得 $f'(\delta)=0$.但 $f'(x)=5(x^4-1)<0, x \in (0,1)$,矛盾.

所以 ξ 为方程的唯一实根,这说明方程 $5x^4-4x+1=0$ 在 0 与 1 之间只有一个实根.

综上所述,方程 $x^5-5x+1=0$ 有且仅有一个小于 1 的正实根.

2. 其他科学中的应用

例 4 电磁感应定律的产生

1820 年丹麦哥本哈根大学物理教授奥斯特,通过多次实验证明电流具有磁效应.这一发现传到欧洲大陆后,吸引了许多人参加电磁学的研究.英国物理学家法拉第怀着极大的兴趣重复了奥斯特的实验.果然,只要导线通上电流,导线附近的磁针立即会发生偏转,他深深地被这种奇异现象所吸引.

当时,德国古典哲学中的辩证思想已传入英国,法拉第受其影响,认为电和磁之间必然存在联系并且能相互转化.他想既然电能产生磁场,那么磁场也能产生电.

为了使这种设想能够实现,他从 1821 年开始做磁产生电的实验.N 次实验都失败了,但他坚信,从反向思考问题的方法是正确的,并继续坚持这一思维方式.十年后,法拉第设计了一种新的实验,他把一块条形磁铁插入一只缠着导线的空心圆筒里,结果导线两端连接的电流计上的指针发生了微弱的转动!电流产生了!法拉第十年不懈的努力并没有白费,1831 年他提出了著名的电磁感应定律,并根据这一定律发明了世界上第一台发电装置.

如今,他的定律正深刻地改变着我们的生活.法拉第成功地发现电磁感应定律,是运用逆向思维方法的一次重大胜利.

例 5 王永志小荷露尖角

1964 年 6 月,王永志第一次走进戈壁滩,执行发射中国自行设计的第一种中近程火箭任务.当时计算火箭的推力时是七八月份,天气很炎热.火箭发射时推进剂温度高,密度就要变小,发动机的节流特性也要随之变化.

正当大家绞尽脑汁想办法时,一个高个子年轻中尉站起来说:"经过计算,要是从火箭体内卸出 600 kg 燃料,这枚导弹就会命中目标."大家的目光一下子聚集到这个年轻的新面孔上.在场的专家们几乎不敢相信自己的耳朵.有人不客气地说:"本来火箭能量就不够,你还要往外卸?"于是再也没有人理睬他的建议.这个年轻人就是王永志,他并不就此甘心,他想起了坐镇酒泉发射场的技术总指挥、大科学家钱学森,于是在临射前,他鼓起勇气走进了钱学森的房间.当时,钱学森还不太熟悉这个"小字辈",可听完了王永志的意见,钱学森眼睛一亮,高兴地喊道:"马上把火箭的总设计师请来."钱学森指着王永志对总设计师说:"这个年轻人的意见对,就按他的办!"果然,火箭卸出一些推进剂后射程变远了,连打 3 发导弹,发发命中目标.从此,钱学森记住了王永志.中国开始研制第二代导弹的时候,钱学森建议:第二代战略导弹让第二代人挂帅,让王永志担任总设计师.几十年后,总装备部领导看望钱学森,钱学森还提起这件事说:"我推荐王永志担任载人航天工程总设计师没错,此人年轻时就露出头角,他大胆逆向思维,和别人不一样."这是一个运用辩证法的逆向思维例证.

例 6 破冰船

传统的破冰船,都是依靠自身的重量来压碎冰块的,因此它的头部都采用高硬度材料制成,而且设计得十分笨重,转向非常不便,所以这种破冰船非常害怕侧向漂来的流水.苏联科学家运用逆向思维,变向下压冰为向上推冰,即让破冰船潜入水下,依靠浮力从冰下向上破冰.新的破冰船设计得非常灵巧,不仅节约了许多原材料,而且不需要很大的动力,自身的安全性也大为提高.遇到较坚厚的冰层,破冰船就像海豚那样上下起伏前进,破冰效果非常好.这种破冰船被誉为"20 世纪最有前途的破冰船".

3. 生活中的应用

在日常生活中,也有许多通过逆向思维取得成功的例子.

例 7 凤尾裙的诞生

某时装店的经理不小心将一条高档呢裙烧了一个洞,其价值一落千丈.如果用织补法补救,也只是蒙混过关,欺骗顾客.这位经理突发奇想,干脆在小洞的周围又挖了许多小洞,并精于修饰,将其命名为"凤尾裙"."凤尾裙"销路顿开,该时装商店也出了名.逆向思维带来了可观的经济效益.

例 8 小鬼当家

有一家人决定搬进城里,于是去找房子.全家三口,夫妻两个和一个 5 岁的孩子.他们跑了一天,直到傍晚,才好不容易看到一张公寓出租的广告.他们赶紧跑去,房子出乎意料的好.于是,他们就前去敲门询问.这时,温和的房东出来,对这三位客人从上到下地打量了一番.

丈夫鼓起勇气问道:"这房屋出租吗?"

房东遗憾地说:"啊,实在对不起,我们公寓不招有孩子的住户."

丈夫和妻子听了,一时不知如何是好,于是,他们默默地走开了.那 5 岁的孩子,把事情的经过从头至尾都看在眼里.他心想:真的就没办法了?他又去敲房东的大门.这时,丈夫和妻子已走出好远,都回头望着.门开了,房东又出来了.

孩子精神抖擞地说:"老爷爷,这个房子我租了.我没有孩子,我只带来两个大人."

房东听了之后,高声笑了起来,决定把房子租给他们住.

三、如何培养逆向思维

那么,如何训练逆向思维的能力呢?

1. 反转型逆向思维法

这种方法是指从已知事物的相反方向进行思考,产生发明构思的途径.

沿着事物的相反方向思考,常常从事物的结构、功能、原理、因果关系等方面作反向思维.

2. 缺点逆向思维法

这是一种利用事物的缺点,将缺点变为可利用的东西,化被动为主动,化不利为有利的思维方法.这种方法并不以克服事物的缺点为目的,相反,它是将缺点化弊为利,找到解决方法.例如金属腐蚀是一种坏事,但人们利用金属腐蚀原理进行金属粉末的生产,或进行电镀等其他用途,无疑是缺点逆向思维法的一种应用.

■ 第四节 数学实验(四)——使用 MATLAB 计算积分

MATLAB 为积分运算提供了一个简洁而又功能强大的工具,完成积分运算的命令函数为 int,int 函数的调用格式为:

int(fun) 计算函数 fun 关于默认变量的不定积分.

int(fun,v) 计算函数 fun 对指定变量 v 的不定积分,即 $\int fun dv$.

fun 是函数的符号表达式,v 是符号变量.MATLAB 计算不定积分时,积分结果不带积分常数.

例 1 计算不定积分 $\int \left(x^5 + x^3 - \dfrac{\sqrt{x}}{4} \right) dx$.

解 在 MATLAB 中输入:

```
>> syms x;
>> fun = x^5+x^3-sqrt(x)/4;
>>int(fun, x)
```

结果显示:ans = x^4/4 - x^(3/2)/6 + x^6/6,也就是 $\dfrac{x^4}{4} - \dfrac{x^{\frac{3}{2}}}{6} + \dfrac{x^6}{6}$.

由于 int 函数求取的不定积分是不带积分常数的,要得到一般形式的不定积分,可以重新编写以下语句:

```
>> syms x C;
>> fun = x^5+x^3-sqrt(x)/4;
>> int(fun, x)+C
```

运行结果:ans = C + x^4/4 - x^(3/2)/6 + x^6/6.

例 2 计算不定积分 $\int x^2 \sin x dx$.

解 在 MATLAB 中输入：
```
>> syms x C;
>> fun = x^2*sin(x);
>> int(fun,x) +C
```
结果显示：ans = C + 2*cos(x) - x^2*cos(x) + 2*x*sin(x). 也就是
$$2\cos x - x^2\cos x + 2x\sin x + C.$$
若用微分命令 diff 验证积分的正确性，代码及结果为：
```
>> diff(C + 2*cos(x) - x^2*cos(x) + 2*x*sin(x))
```
求导结果显示：ans = x^2*sin(x)，就是被积函数.

例 3 计算不定积分 $I = \int \dfrac{1}{1+\sqrt{1-x^2}} dx$.

解 在 MATLAB 中输入：
```
>> syms x C;
>> f = 1/(1+sqrt(1-x^2));
>> I = int(f,x) +C
```
结果显示：I = C + (x*asin(x) + (1 - x^2)^(1/2) - 1)/x. 也就是
$$I = \dfrac{x\arcsin x + \sqrt{1-x^2} - 1}{x} + C.$$

例 4 计算不定积分 $\int \dfrac{x + \sin x}{1 + \cos x} dx$.

解 编写以下语句可以得到其不定积分：
```
>> syms x C
>> fx = (x+sin(x))/(1+cos(x));
>> I = int(fx,x) +C
```
运行结果：I = C + x*tan(x/2).

在上述语句的基础上再编写如下语句可观察函数的积分曲线族：
```
>> xx = linspace(-2,2);
>> plot(xx,subs(fx,xx),'k','LineWidth',2);
>> hold on
>> y0 = subs(I,C,0); plot(xx,subs(y0,xx),'LineStyle','--');
>> y1 = subs(I,C,1); plot(xx,subs(y1,xx),'LineStyle','--');
>> y2 = subs(I,C,2); plot(xx,subs(y2,xx),'LineStyle','--');
>> y3 = subs(I,C,3); plot(xx,subs(y3,xx),'LineStyle','--');
>> y4 = subs(I,C,4); plot(xx,subs(y4,xx),'LineStyle','--');
>> y5 = subs(I,C,5); plot(xx,subs(y5,xx),'LineStyle','--');
>> grid on;
>> title('积分曲线族');
```
运行结果如图 4.5 所示.

积分曲线族

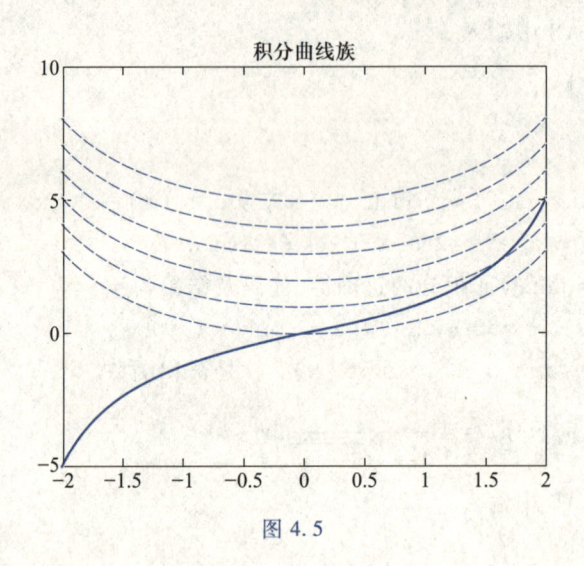

图 4.5

知 识 拓 展

(一) 有理函数的积分

有理函数的一般形式为 $\dfrac{P_n(x)}{Q_m(x)}$，其中的 $P_n(x), Q_n(x)$ 分别是最高次数为 n,m 次的多项式，且不妨认为 $n<m$（否则应用多项式除法，把假分式化为一个 $n-m$ 次多项式与一个真分式之和）.

首先对分母 $Q_m(x)$ 分解因式，然后把分式分解为部分分式之和. 所谓部分分式是指两种类型的分式：

$$\frac{A}{(x-a)^k},\ \frac{Ex+F}{(Ax^2+Bx+C)^k}, \qquad (*)$$

其中的分母是 $Q_m(x)$ 分解因式后得到的因子之一，且次数逐次递增.

例如，对于 $\dfrac{x-1}{x^2+4x+3}$，其中 $x^2+4x+3=(x+1)(x+3)$，故分解部分分式：

$$\frac{x-1}{x^2+4x+3}=\frac{A}{x+1}+\frac{B}{x+3}.$$

对于 $\dfrac{1}{x^3-4x^2+4x}$，其中 $x^3-4x^2+4x=x(x-2)^2$，故分解部分分式：

$$\frac{1}{x^3-4x^2+4x}=\frac{A}{x}+\frac{B}{x-2}+\frac{C}{(x-2)^2}.$$

对于 $\dfrac{x^2+x}{x^3-1}$，其中 $x^3-1=(x-1)(x^2+x+1)$，故分解部分分式：

$$\frac{x^2+x}{x^3-1}=\frac{A}{x-1}+\frac{Bx+C}{x^2+x+1}.$$

对于 $\dfrac{x^3+2x^2+1}{x^2(x^2+1)^2}$，分母已经分解完成，故分解部分分式：

$$\dfrac{x^3+2x^2+1}{x^2(x^2+1)^2}=\dfrac{A}{x}+\dfrac{B}{x^2}+\dfrac{Cx+D}{x^2+1}+\dfrac{Ex+F}{(x^2+1)^2}.$$

分解式中的待定系数 $A,B,C,\cdots$ 一般可以经过通分，比较分子的系数得到．这样有理函数的积分就化为（ ∗ ）中两种函数的积分．第一种函数的积分直接可以得到，第二种函数的积分则可以利用配方、凑微分法得到．

例1 求下列不定积分：

(1) $\displaystyle\int\dfrac{x+2}{x^2+4x+3}\mathrm{d}x.$ (2) $\displaystyle\int\dfrac{\mathrm{d}x}{x(x-1)^2}.$ (3) $\displaystyle\int\dfrac{\mathrm{d}x}{(1+2x)(1+x^2)}.$

解 (1) 因为 $x^2+4x+3=(x+1)(x+3)$，所以分解为

$$\dfrac{x-1}{x^2+4x+3}=\dfrac{A}{x+1}+\dfrac{B}{x+3}=\dfrac{A(x+3)+B(x+1)}{x^2+4x+3}.$$

比较分子，得

$$x+2=A(x+3)+B(x+1), \tag{1}$$

即

$$x+2=(A+B)x+(3A+B), \tag{2}$$

所以 $\begin{cases}A+B=1,\\3A+B=2,\end{cases}$ 解得 $A=B=\dfrac{1}{2}$，即 $\dfrac{x+2}{x^2+4x+3}=\dfrac{1}{2}\left(\dfrac{1}{x+1}+\dfrac{1}{x+3}\right).$ 故

$$\int\dfrac{x+2}{x^2+4x+3}\mathrm{d}x=\dfrac{1}{2}\left(\int\dfrac{\mathrm{d}x}{x+1}+\int\dfrac{\mathrm{d}x}{x+3}\right)$$

$$=\dfrac{1}{2}[\ln|x+1|+\ln|x+3|]+C=\dfrac{1}{2}\ln|x^2+4x+3|+C.$$

注意本题我们是用比较（2）式两边的系数，得到未知系数 A,B 的方程组后解出它们的值．如果未知系数较多或得到的方程组较繁，也可以以特殊点代入（1）式得到它们，例如以 $x=-1$ 代入（1）式的两边，立即得到 $A=\dfrac{1}{2}$；再以 $x=-3$ 代一次，立即又得到 $B=\dfrac{1}{2}$．

(2) 对分式 $\dfrac{1}{x(x-1)^2}$ 作部分分式分解：$\dfrac{1}{x(x-1)^2}=\dfrac{A}{x}+\dfrac{B}{x-1}+\dfrac{C}{(x-1)^2}$，通分后比较分子系数得

$$A(x-1)^2+Bx(x-1)+Cx=1, \tag{3}$$

以 $x=1$ 代入（3）式得 $C=1$；以 $x=0$ 代入（3）式得 $A=1$；因为右边无 x^2 项，所以 $B=-A=-1$，则

$$\dfrac{1}{x(x-1)^2}=\dfrac{1}{x}-\dfrac{1}{x-1}+\dfrac{1}{(x-1)^2}.$$

故

$$\int\dfrac{\mathrm{d}x}{x(x-1)^2}=\int\dfrac{\mathrm{d}x}{x}-\int\dfrac{\mathrm{d}x}{x-1}+\int\dfrac{\mathrm{d}x}{(x-1)^2}$$

$$=\ln|x|-\ln|x-1|-\dfrac{1}{x-1}+C=\ln\left|\dfrac{x}{x-1}\right|-\dfrac{1}{x-1}+C.$$

(3) 对分式 $\dfrac{1}{(1+2x)(1+x^2)}$ 作部分分式分解：

$$\frac{1}{(1+2x)(1+x^2)}=\frac{A}{1+2x}+\frac{Bx+C}{1+x^2},$$

通分后比较分子系数得

$$A(1+x^2)+(Bx+C)(1+2x)=1, \tag{4}$$

即

$$(A+2B)x^2+(B+2C)x+(A+C)=1. \tag{5}$$

以 $x=-\dfrac{1}{2}$ 代入(4)式得 $A=\dfrac{4}{5}$；以 $x=0$ 代入(5)式后即得 $C=1-A=\dfrac{1}{5}$；再由(5)式可知 $A+2B=0, B=-\dfrac{A}{2}=-\dfrac{2}{5}$. 所以

$$\frac{1}{(1+2x)(1+x^2)}=\frac{1}{5}\left[\frac{4}{1+2x}+\frac{-2x+1}{1+x^2}\right].$$

于是

$$\int\frac{1}{(1+2x)(1+x^2)}dx=\frac{1}{5}\left[\int\frac{4}{1+2x}dx-\int\frac{2x}{1+x^2}dx+\int\frac{dx}{1+x^2}\right]$$

$$=\frac{2}{5}\ln|1+2x|-\frac{1}{5}\ln(1+x^2)+\frac{1}{5}\arctan x+C$$

$$=\frac{1}{5}\left[\ln\frac{(1+2x)^2}{1+x^2}+\arctan x\right]+C.$$

注意：有理函数的积分虽说是有章可循，但计算比较烦琐，所以不到万不得已，尽量用其他方法处理. 例如本例的第(1)题用凑微分法要简便得多.

$$\int\frac{x+2}{x^2+4x+3}dx=\frac{1}{2}\int\frac{d(x^2+4x+3)}{x^2+4x+3}dx=\frac{1}{2}\ln|x^2+4x+3|+C.$$

(二) 三角有理式的不定积分

由 $u(x), v(x)$ 及常数经过有限次四则运算所得到的函数称为关于 $u(x), v(x)$ 的有理式，并记为 $R(u(x),v(x))$. 对于三角有理式的不定积分 $\int R(\sin x, \cos x)dx$，一般通过变换 $t=\tan\dfrac{x}{2}$（万能代换），可把它化为有理函数的积分：

$$\sin x=\frac{2\sin\dfrac{x}{2}\cos\dfrac{x}{2}}{\sin^2\dfrac{x}{2}+\cos^2\dfrac{x}{2}}=\frac{2\tan\dfrac{x}{2}}{1+\tan^2\dfrac{x}{2}}=\frac{2t}{1+t^2},$$

$$\cos x=\frac{\cos^2\dfrac{x}{2}-\sin^2\dfrac{x}{2}}{\sin^2\dfrac{x}{2}+\cos^2\dfrac{x}{2}}=\frac{1-\tan^2\dfrac{x}{2}}{1+\tan^2\dfrac{x}{2}}=\frac{1-t^2}{1+t^2}. \quad dx=\frac{2}{1+t^2}dt,$$

故 $$\int R(\sin x, \cos x)\,dx = \int R\left(\frac{2t}{1+t^2}, \frac{1-t^2}{1+t^2}\right)\frac{2}{1+t^2}\,dt.$$

例2 求 $\int \dfrac{1}{1+\sin x + \cos x}\,dx$.

解 设 $t = \tan\dfrac{x}{2}$，则 $\sin x = \dfrac{2t}{1+t^2}$，$\cos x = \dfrac{1-t^2}{1+t^2}$，$dx = \dfrac{2}{1+t^2}dt$，所以

$$\int \frac{1}{1+\sin x + \cos x}\,dx = \int \frac{1}{1+\dfrac{2t}{1+t^2}+\dfrac{1-t^2}{1+t^2}}\cdot\frac{2}{1+t^2}\,dt = \int \frac{1}{1+t}\,dt$$

$$= \ln|1+t| + C = \ln\left|1+\tan\dfrac{x}{2}\right| + C.$$

» 本章小结 «

一、知识小结

本章的主要内容是：原函数与不定积分的概念，不定积分的基本公式和运算性质，计算不定积分的方法.

(一) 原函数与不定积分的概念

原函数与不定积分的概念是本章最基本的概念，也是学习本章的理论基础，也为下一章定积分的学习做好了准备.

1. 原函数的有关概念

(1) 若 $F'(x) = f(x)$ 或 $dF(x) = f(x)dx$，则称 $F(x)$ 是 $f(x)$ 的一个原函数.

(2) 若 $f(x)$ 有一个原函数 $F(x)$，则一定有无穷多个原函数，并且能表示为 $F(x)+C$.

(3) $f(x)$ 在其连续区间上一定存在原函数.

2. 不定积分的概念

(1) 函数 $f(x)$ 的全体原函数 $F(x)+C$ 叫作 $f(x)$ 的不定积分，记为

$$\int f(x)\,dx = F(x) + C, \quad \text{其中 } F'(x) = f(x).$$

(2) 微分运算与积分运算是互逆运算：

$$\left[\int f(x)\,dx\right]' = f(x) \text{ 或 } d\left[\int f(x)\,dx\right] = f(x)\,dx \text{——先积后导(微)，不积不导；}$$

$$\int F'(x)\,dx = F(x) + C \text{ 或 } \int dF(x) = F(x) + C \text{——先导(微)后积，加上常数.}$$

(二) 不定积分的基本公式和性质

不定积分的基本积分公式和性质是求不定积分的基础，求任何一个积分一般都要运用性质，并最终归结为基本公式之一，因此必须熟记基本公式和性质.

(三) 求不定积分的基本方法

积分方法有直接积分法、换元积分法和分部积分法.

1. 直接积分法是求积分最基本的方法,它是其他积分法的基础

$$\int f(x)\,\mathrm{d}x \xrightarrow{\text{代数或三角变形}} \int [f_1(x) \pm f_2(x) \pm \cdots \pm f_n(x)]\,\mathrm{d}x$$

$$\xrightarrow{\text{运算法则}} \int f_1(x)\,\mathrm{d}x \pm \int f_2(x)\,\mathrm{d}x \pm \cdots \pm \int f_n(x)\,\mathrm{d}x$$

$$\xrightarrow{\text{基本积分公式}} F_1(x) \pm F_2(x) \pm \cdots \pm F_n(x) + C.$$

2. 换元积分法包括第一类换元法(凑微分法)和第二类换元法,它们的区别在于换元的方式

(1) 第一类换元积分法(凑微分法)

$$\int f[\varphi(x)]\varphi'(x)\,\mathrm{d}x = \int f[\varphi(x)]\,\mathrm{d}[\varphi(x)]$$

$$\xrightarrow{\text{令}\varphi(x)=u} \int f(u)\,\mathrm{d}u = F(u) + C$$

$$\xrightarrow{u=\varphi(x)\text{ 回代}} F[\varphi(x)] + C.$$

凑微分法的关键是把被积表达式凑成两部分,一部分为 $\mathrm{d}[\varphi(x)]$,另一部分为 $\varphi(x)$ 的函数 $f[\varphi(x)]$.

(2) 第二类换元积分法

$$\int f(x)\,\mathrm{d}x = \int f[\varphi(t)]\varphi'(t)\,\mathrm{d}t = F(t) + C = F[\varphi^{-1}(x)] + C.$$

第二类换元积分法通常用于被积函数中含有根式的情形,常用的代换有**根式代换和三角代换**.比较两类换元法知道,在使用凑微分法时,新变量 u 可以不引入;而使用第二类换元法时,新变量 t 必须引入,且对应的回代过程也不能省,所以凑微分法相对更简捷,使用也更广泛些.

3. 分部积分法

$$\int u(x)\,\mathrm{d}v(x) = u(x)v(x) - \int v(x)\,\mathrm{d}u(x).$$

分部积分法的关键是恰当地选择 u,v,把不易计算的积分 $\int u(x)\,\mathrm{d}v(x)$,通过公式转化为计算比较容易的积分 $\int v(x)\,\mathrm{d}u(x)$,起到化难为易的作用.一般对下列类型的被积函数可以用分部积分法:

$P_n(x)\sin ax, P_n(x)\cos ax, P_n(x)\mathrm{e}^{ax}, P_n(x)\ln x, P_n(x)\arcsin x, P_n(x)\arctan x,$ $\mathrm{e}^{ax}\sin bx, \mathrm{e}^{ax}\cos bx$,其中的 $P_n(x)$ 为多项式.

二、典型例题

一般说来,计算不定积分比计算导数不仅有较大的灵活性,而且要困难得多,使用方法如果不当,有时会烦琐甚至没有效果.究竟采用什么方法? 根据函数的形式不同,通常可以按如下程序进行思考:

(1) 首先考虑能否直接用积分基本公式和性质.

(2) 其次考虑能否用凑微分法.

(3) 再考虑能否用适当的变量代换即第二类换元法.

(4) 对两类不同函数的乘积,能否用分部积分法.

(5) 能否综合运用或反复使用上述方法.

(6) 另外还可使用简明积分表获得结果,或运用数学软件包求出结果.

例 1 求下列不定积分:

(1) $\int \dfrac{\ln(\ln x)}{x \ln x} dx$.

(2) $\int \dfrac{x^3}{x^2+1} dx$.

(3) $\int \dfrac{dx}{1+e^x}$.

(4) $\int \dfrac{\ln x}{\sqrt{1-x}} dx$.

(5) $\int \dfrac{x^3}{\sqrt{1-x^2}} dx$.

(6) $\int \dfrac{x+2}{x^2+2x+3} dx$.

(7) $\int e^{\sqrt{x}} dx$.

分析 (1) 两次凑微分即可,这是常见的题型.

(2) 注意 $x^3 dx = \dfrac{1}{2} x^2 d(x^2)$,只要凑 $x^2 = u$ 即可.

(3) 本题给出了三种解法,不定积分往往能一题多解,不同的解法得到的结果在形式上可能不同,但只要耐心演化,不同形式之间肯定仅相差一个常数.验证不定积分的结果是否正确,不仅要看形式,还要验证导数是否等于被积函数.

(4) 本题可先分部积分后再换元,也可先换元再用分部积分法.

(5) 本题分别给出了三角代换、分部积分法两种求解方法.

(6) 观察

$$x^2+2x+3=(x+1)^2+2, \quad d(x^2+2x+3)=2(x+1)dx, \quad x+2=\dfrac{1}{2}[2(x+1)+2],$$

这样可以把积分拆成两项,分别求得结果.

(7) 由于被积函数含有 $\sqrt{x}$,可先用换元法化去根号,再用分部积分法.

解 (1) $\int \dfrac{\ln(\ln x)}{x \ln x} dx = \int \dfrac{\ln(\ln x)}{\ln x} d(\ln x) = \int \ln(\ln x) d[\ln(\ln x)]$

$= \dfrac{1}{2}[\ln(\ln x)]^2 + C.$

(2) $\int \dfrac{x^3}{x^2+1} dx = \dfrac{1}{2} \int \dfrac{x^2}{x^2+1} d(x^2) = \dfrac{1}{2} \int \dfrac{(x^2+1)-1}{x^2+1} d(x^2+1)$

$= \dfrac{1}{2} \int \left(1 - \dfrac{1}{x^2+1}\right) d(x^2+1) = \dfrac{1}{2}[(x^2+1) - \ln(x^2+1)] + C.$

(3) 方法 1 $\int \dfrac{dx}{1+e^x} = \int \dfrac{(e^x+1)-e^x}{1+e^x} dx = \int \left(1 - \dfrac{e^x}{1+e^x}\right) dx$

$= \int dx - \int \dfrac{1}{1+e^x} d(1+e^x) = x - \ln(1+e^x) + C.$

方法 2 $\int \dfrac{dx}{1+e^x} = \int \dfrac{e^{-x} dx}{1+e^{-x}} = -\int \dfrac{d(1+e^{-x})}{1+e^{-x}} = -\ln(1+e^{-x}) + C.$

方法 3 令 $e^x = t, x = \ln t, dx = \dfrac{1}{t}dt$,所以

$$\int \dfrac{dx}{1+e^x} = \int \dfrac{dt}{t(t+1)} = \int \left(\dfrac{1}{t} - \dfrac{1}{1+t}\right) dt = \ln t - \ln(1+t) + C = x - \ln(1+e^x) + C.$$

(4) 方法 1 令 $\sqrt{1-x} = t, x = 1-t^2, dx = -2tdt$,所以

$$\int \dfrac{\ln x}{\sqrt{1-x}} dx = -2\int \ln(1-t^2) dt = -2t\ln(1-t^2) - 4\int \dfrac{t^2}{1-t^2} dt$$

$$= -2t\ln(1-t^2) + 4\int \left(1 - \dfrac{1}{1-t^2}\right) dt$$

$$= -2t\ln(1-t^2) + 4t + 2\ln\left|\dfrac{t-1}{t+1}\right| + C$$

$$= -2\sqrt{1-x}\ln x + 4\sqrt{1-x} + 2\ln\left|\dfrac{\sqrt{1-x}-1}{\sqrt{1-x}+1}\right| + C.$$

方法 2 $\int \dfrac{\ln x}{\sqrt{1-x}} dx = -2\int \ln x \, d(\sqrt{1-x}) = -2\sqrt{1-x}\ln x + 2\int \dfrac{\sqrt{1-x}}{x} dx.$

令 $\sqrt{1-x} = t$,同方法 1,得

$$\int \dfrac{\sqrt{1-x}}{x} dx = -2\int \dfrac{t^2}{1-t^2} dt = 2t + \ln\left|\dfrac{t-1}{t+1}\right| + C_1$$

$$= 2\sqrt{1-x} + \ln\left|\dfrac{\sqrt{1-x}-1}{\sqrt{1-x}+1}\right| + C_1,$$

从而

$$\int \dfrac{\ln x}{\sqrt{1-x}} dx = -2\sqrt{1-x}\ln x + 4\sqrt{1-x} + 2\ln\left|\dfrac{\sqrt{1-x}-1}{\sqrt{1-x}+1}\right| + C \quad (\text{其中 } C = 2C_1).$$

(5) 方法 1 令 $x = \sin t \left(-\dfrac{\pi}{2} < t < \dfrac{\pi}{2}\right), dx = \cos t \, dt$,所以

$$\int \dfrac{x^3}{\sqrt{1-x^2}} dx = \int \sin^3 t \, dt = \int (\cos^2 t - 1) d(\cos t) = \dfrac{1}{3}\cos^3 t - \cos t + C$$

$$= \dfrac{1}{3}\sqrt{(1-x^2)^3} - \sqrt{1-x^2} + C = -\dfrac{1}{3}(x^2+2)\sqrt{1-x^2} + C.$$

方法 2 $\int \dfrac{x^3}{\sqrt{1-x^2}} dx = -\int x^2 d(\sqrt{1-x^2}) = -x^2\sqrt{1-x^2} + \int \sqrt{1-x^2} d(x^2)$

$$= -x^2\sqrt{1-x^2} - \int \sqrt{1-x^2} d(1-x^2)$$

$$= -x^2\sqrt{1-x^2} - \dfrac{2}{3}\sqrt{(1-x^2)^3} + C$$

$$= -\dfrac{1}{3}(x^2+2)\sqrt{1-x^2} + C (\text{此题还有其他方法,请读者思考}).$$

(6) $\int \dfrac{x+2}{x^2+2x+3}dx = \dfrac{1}{2}\int \dfrac{(2x+2)+2}{x^2+2x+3}dx = \dfrac{1}{2}\int \dfrac{d(x^2+2x+3)}{x^2+2x+3} + \int \dfrac{d(x+1)}{(x+1)^2+2}$
$= \dfrac{1}{2}\ln(x^2+2x+3) + \dfrac{1}{\sqrt{2}}\arctan \dfrac{x+1}{\sqrt{2}} + C.$

(7) $\int e^{\sqrt{x}}dx = \int 2te^t dt = 2(te^t - \int e^t dt) = 2(t-1)e^t + C = 2(\sqrt{x}-1)e^{\sqrt{x}} + C.$

例 2 设 $f(x)$ 的一个原函数为 xe^{-x}, 求：

(1) $\int f(x)dx.$ (2) $\int xf'(x)dx.$ (3) $\int xf(x)dx.$

分析 所求三个小题看起来相似,其实它们之间有差别.

(1) 题中 xe^{-x} 是 $f(x)$ 的一个原函数,而不定积分就是原函数的全体.

(2) 不需要求出 $f'(x)$,用分部积分即可得到结果,其解法是值得学习的技巧.

(3) 充分理解原函数的概念,不需要将 $f(x)$ 求出来代入后再积分.

解 (1) 由不定积分的定义知 $\int f(x)dx = xe^{-x} + C.$

(2) $\int xf'(x)dx = xf(x) - \int f(x)dx = x(xe^{-x})' - xe^{-x} + C = -x^2 e^{-x} + C.$

(3) 由题意得 $(xe^{-x})' = f(x)$, 得
$$\int xf(x)dx = \int x(xe^{-x})'dx = \int xd(xe^{-x}) = x \cdot xe^{-x} - \int xe^{-x}dx$$
$$= x^2 e^{-x} + \int xd(e^{-x}) = x^2 e^{-x} + xe^{-x} - \int e^{-x}dx$$
$$= (x^2 + x)e^{-x} + e^{-x} + C.$$

所以 $\int xf(x)dx = (x^2+x+1)e^{-x} + C$（读者不妨将 $f(x)$ 求出来代入再积分,与此法作一比较）.

积分运算与求导(微分)运算是互逆的两种运算.本章介绍了计算积分的常用方法,并通过一系列例题说明了这些方法和必须注意的问题.一般来说,求积分比求导数(微分)要难一些.通过第三章的学习我们知道,初等函数在其可导区间内的导数仍为初等函数；而反过来,当初等函数有原函数时,其原函数却未必能用初等函数表示.如 $\int e^{-x^2}dx, \int \dfrac{\sin x}{x}dx, \int \dfrac{1}{\sqrt{1+x^4}}dx$ 等,却不能用初等函数表示所求的原函数,这时称"积不出来".在学习中,我们还可以看到,求积分与求导数(微分)相比,求积分比较灵活,有时还需要一定的技巧.因此要熟练掌握不定积分的计算,就必须通过一定数量的练习,从中总结并掌握其规律.

复习题四

一、填空题

1. $\left(\int (\tan 2x + \ln x)dx\right)' = $ _____ .

2. 已知 $e^{x^2}+\sin 3x$ 是 $f(x)$ 的一个原函数，则 $f(x)=$ _____.

3. $\int [\tan(3x+1)]' dx =$ _____，$d(\int e^{3x} dx) =$ _____.

4. $\int f'(ax+b) dx =$ _____.

5. 若 $f(x) = \ln x$，则 $\int \dfrac{f'\left(\dfrac{1}{x}\right)}{x^2} dx =$ _____.

6. 若 $f(x)$ 的一个原函数是 $x^2 \sin x$，则 $\int f'(x) dx =$ _____.

7. 若 $\int f(x) dx = x + \csc^2 x + C$，则 $f(x) =$ _____.

8. $\int \dfrac{x}{1+x^4} dx =$ _____.

9. 已知 $f(x)$ 的一个原函数为 $\sin x \cdot \ln x$，则 $\int x f'(x) dx =$ _____.

*10. $\int \dfrac{\sin x \cos^3 x}{1+\cos^2 x} dx =$ _____.

二、单项选择题

1. $f(x)$ 是可导函数，则（　　）.

A. $\int f(x) dx = f(x)$ 　　　　　　B. $\int f'(x) dx = f(x)$

C. $\left[\int f(x) dx\right]' = f(x)$ 　　　　D. $\left[\int f(x) dx\right]' = f(x) + C$

2. 若 $\int f(x) dx = F(x) + C$，则 $\int f(b-ax) dx = ($ 　　$)$.

A. $F(b-ax)+C$ 　　　　　　B. $-\dfrac{1}{a} F(b-ax)+C$

C. $aF(b-ax)+C$ 　　　　　　D. $\dfrac{1}{a} F(b-ax)+C$

3. 若 $f(x) = \dfrac{1}{x}$，则 $\int f'(x) dx = ($ 　　$)$.

A. $\dfrac{1}{x}$ 　　　　B. $\dfrac{1}{x}+C$ 　　　　C. $\ln x$ 　　　　D. $\ln x + C$

4. 若 $\left[\int f(x) dx\right]' = \sin x$，则 $f(x) = ($ 　　$)$.

A. $\sin x$ 　　　　B. $\sin x + C$ 　　　　C. $\cos x$ 　　　　D. $\cos x + C$

5. 若 $\int f(x) dx = x^2 e^{2x} + C$，则 $f(x) = ($ 　　$)$.

A. $2xe^{2x}$ 　　　　B. $2x^2 e^{2x}$ 　　　　C. xe^{2x} 　　　　D. $2xe^{2x}(1+x)$

6. 若 $\int f(x)\,dx = F(x) + C$，则 $\int e^{-x} f(e^{-x})\,dx = ($　　$)$.

A. $F(e^{-x}) + C$　　　B. $-F(-e^{-x}) + C$　　　C. $-F(e^{-x}) + C$　　　D. $\dfrac{1}{x} F(e^{-x}) + C$

7. 若 $\csc^2 x$ 是 $f(x)$ 的一个原函数，则 $\int x f(x)\,dx = ($　　$)$.

A. $x \csc^2 x - \cot x + C$　　　　　　B. $x \csc^2 x + \cot x + C$
C. $-x \cot x - \cot x + C$　　　　　　D. $-x \cot x + \cot x + C$

8. 若 $\int f(x)\,dx = 3e^{\frac{x}{3}} - x + C$，则 $\lim\limits_{x \to 0} \dfrac{f(x)}{x}$ 为 $($　　$)$.

A. 3　　　　　B. -3　　　　　C. $\dfrac{1}{3}$　　　　　D. $-\dfrac{1}{3}$

9. 若 $f(x) = e^{-x}$，则 $\int \dfrac{f'(\ln x)}{x}\,dx = ($　　$)$.

A. $\dfrac{1}{x} + C$　　　B. $\dfrac{1}{x}$　　　C. $-\ln x + C$　　　D. $\ln x + C$

*10. 若 $\int \dfrac{\sin(\ln x)}{x} f(x)\,dx = \dfrac{1}{2} \sin^2(\ln x) + C$，则 $f(x) = ($　　$)$.

A. $\ln x$　　　B. $\sin(\ln x)$　　　C. $\cos(\ln x)$　　　D. 以上都不对

三、计算题

1. $\int \dfrac{3x^4 + 2x^2 - 1}{x^2 + 1}\,dx$.

2. $\int \dfrac{1 + 3x^2}{x^2(1 + x^2)}\,dx$.

3. $\int \dfrac{(x^2 - 3)(x + 1)}{x^2}\,dx$.

4. $\int e^x \left(2^x + \dfrac{e^{-x}}{\sqrt{1 - x^2}}\right) dx$.

5. $\int \dfrac{x}{x^4 + 2x^2 + 5}\,dx$.

6. $\int \dfrac{(x - \sqrt{x})(1 + \sqrt{x})}{\sqrt[3]{x}}\,dx$.

7. $\int \dfrac{1}{4 + 9x^2}\,dx$.

8. $\int \dfrac{1}{x^2(x^2 + 9)}\,dx$.

9. $\int \tan x (\sec x - \tan x)\,dx$.

10. $\int \dfrac{1 + \tan x}{\cos^2 x}\,dx$.

11. $\int \dfrac{1}{x^2 + 2x + 2}\,dx$.

12. $\int \dfrac{1}{x^2 - x - 6}\,dx$.

13. $\int \dfrac{3}{(1 - 2x)^3}\,dx$.

14. $\int \dfrac{1}{\sqrt{1 - 2x}}\,dx$.

15. $\int \dfrac{2x - 3}{x^2 - 3x + 8}\,dx$.

16. $\int \dfrac{2x - 1}{x^2 - x + 3}\,dx$.

17. $\int \dfrac{2x + 1}{x^2 + 2x + 2}\,dx$.

18. $\int \dfrac{2x + 1}{x^2 + 1}\,dx$.

19. $\displaystyle\int \frac{\cos(\sqrt{x}+2)}{\sqrt{x}}dx.$

20. $\displaystyle\int \frac{1}{x\sqrt{1-\ln x}}dx.$

21. $\displaystyle\int \frac{1}{(1+e^x)^2}dx.$

22. $\displaystyle\int \frac{x}{(1-x)^3}dx.$

23. $\displaystyle\int \frac{\arcsin^2 x}{\sqrt{1-x^2}}dx.$

24. $\displaystyle\int \frac{e^{\arctan x}}{1+x^2}dx.$

25. $\displaystyle\int \frac{1}{2+\sqrt{x-1}}dx.$

26. $\displaystyle\int \frac{\sqrt{1-x^2}}{x}dx.$

27. $\displaystyle\int \frac{x^2}{\sqrt{9-x^2}}dx.$

*28. $\displaystyle\int \frac{1}{\sqrt{(x^2+1)^3}}dx.$

*29. $\displaystyle\int \frac{1}{\sqrt{3-2x-x^2}}dx.$

*30. $\displaystyle\int \frac{\sqrt{1+x}}{\sqrt{1-x}}dx.$

*31. $\displaystyle\int \left(\frac{\ln x}{x}\right)^2 dx.$

*32. $\displaystyle\int x\sin^2 x\, dx.$

*33. $\displaystyle\int \frac{x^2 \arctan x}{1+x^2}dx.$

*34. $\displaystyle\int \frac{x\arcsin x}{\sqrt{1-x^2}}dx.$

*35. $\displaystyle\int \ln(\cos x)\cdot \tan x\, dx.$

*36. $\displaystyle\int \frac{\ln^2(1+2\ln x)}{(1+2\ln x)x}dx.$

*37. $\displaystyle\int \frac{\arcsin\sqrt{x}}{\sqrt{x}}dx.$

*38. $\displaystyle\int \frac{\sqrt{x^2-9}}{x}dx\ (x>3).$

» 第五章

定积分及其应用

学习目标

- 理解定积分的概念和几何意义
- 掌握定积分的性质
- 熟练掌握微积分基本公式,了解积分上限函数的概念
- 熟练掌握定积分的换元积分法和分部积分法
- 了解广义积分
- 掌握定积分在几何上的应用,了解定积分在物理上的应用
- 会用 MATLAB 计算定积分
- 了解化归法的数学思想方法,感悟唯物辩证法关于联系的普遍性、客观性等原理,提高分析问题和解决问题的能力

本章讨论积分学的另一个基本问题——定积分.

我们首先从几何与物理运动问题出发引出定积分的概念,然后讨论它的性质与计算方法,最后介绍定积分在几何、物理上的一些应用.

不规则图形面积的计算 怎么计算由 $y^2=x, y=x^2$ 所围成的图形的面积 A?

以前,我们会计算一些规则图形的面积,比如长方形的面积、圆的面积、梯形的面积等.那么,一些不规则图形的面积该怎么计算呢?研究这个问题在现实中有很重要的意义.

■ 第一节　定积分及其计算

一、定积分的概念与性质

(一) 定积分问题举例

1. 曲边梯形的面积

设 $y=f(x)$ 在区间 $[a,b]$ 上非负、连续.由直线 $x=a$、$x=b$、x 轴及曲线 $y=f(x)$ 所围

成的曲边梯形(图 5.1)的面积 A 如何得到?

我们知道矩形的面积等于底乘高.而曲边梯形在底边上各点处的高 $f(x)$ 在区间 $[a,b]$ 上是变化的,故它的面积不能直接用矩形面积公式来计算.设想沿 y 轴方向将曲边梯形分割成许多小曲边梯形,用小矩形面积近似代替小曲边梯形的面积,进而所有小矩形面积之和就可以作为大曲边梯形面积的近似值.分割越细,误差越小,当无限细分时,所有小矩形面积之和的极限就是大曲边梯形的面积.

根据以上设想,可按四步来计算曲边梯形的面积 A.

(1) **分割**:在区间 $[a,b]$ 中任意插入 $n-1$ 个分点 $a=x_0<x_1<x_2<\cdots<x_{n-1}<x_n=b$,把 $[a,b]$ 分成 n 个小区间 $[x_0,x_1],[x_1,x_2],\cdots,[x_{n-1},x_n]$.第 i 个小区间的长度记为 $\Delta x_i=x_i-x_{i-1}$ ($i=1,2,\cdots,n$).过各分点作 x 轴的垂线,把曲边梯形分成 n 个小曲边梯形(图 5.2).

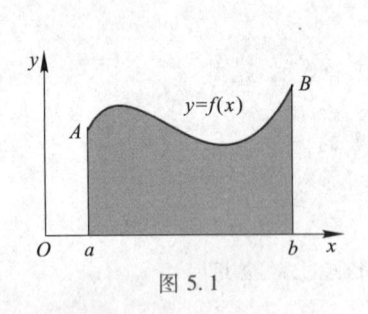

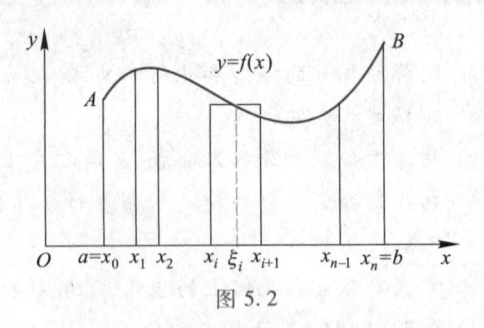

图 5.1

图 5.2

(2) **近似**:在每个小区间 $[x_{i-1},x_i]$ 上任取一点 ξ_i,则第 i 个小曲边梯形的面积 ΔA_i 可用与它同底、高为 $f(\xi_i)$ 的小矩形面积近似,即 $\Delta A_i \approx f(\xi_i)\Delta x_i$.

(3) **求和**:n 个小矩形面积的和是所求曲边梯形面积 A 的近似值,即

$$A \approx \sum_{i=1}^{n} f(\xi_i)\Delta x_i.$$

(4) **取极限**:为了得到 A 的精确值,必须让每个小区间的长都趋于零.用 λ 表示 n 个小区间长度的最大值,即 $\lambda=\max\{\Delta x_i \mid i=1,2,\cdots,n\}$,则和式 $\sum_{i=1}^{n} f(\xi_i)\Delta x_i$ 在 $\lambda\to 0$ 时的极限就是曲边梯形的面积 A.即

$$A = \lim_{\lambda \to 0} \sum_{i=1}^{n} f(\xi_i)\Delta x_i. \tag{1}$$

2. 变速直线运动的路程

设一物体作变速直线运动,其速度是时间 t 的连续函数 $v=v(t)$,求物体在时间间隔 $[T_1,T_2]$ 内所经过的路程 s.

我们知道,匀速直线运动的路程公式是 $s=vt$,现设物体运动的速度 v 是随时间的变化而连续变化的,不能直接用此公式计算路程.由于速度函数是连续的,可以采用处理曲边梯形面积的类似方法求路程 s.

(1) **分割**:在时间间隔 $[T_1,T_2]$ 内任意插入 $n-1$ 个分点:$T_1=t_0<t_1<t_2<\cdots<t_{n-1}<t_n=T_2$,把 $[T_1,T_2]$ 分成 n 个小区间:$[t_0,t_1],[t_1,t_2],\cdots,[t_{n-1},t_n]$,第 i 个小区间的长度为 $\Delta t_i=t_i-t_{i-1}$ ($i=1,2,\cdots,n$),第 i 个小时间段内对应的路程记作 Δs_i ($i=1,2,\cdots,n$).

（2）**近似**：在小区间$[t_{i-1},t_i]$上任取一点τ_i，用速度$v(\tau_i)$近似代替物体在时间段$[t_{i-1},t_i]$上的平均速度，则有$\Delta s_i \approx v(\tau_i)\Delta t_i (i=1,2,\cdots,n)$。

（3）**求和**：将所有这些近似值求和，得到总路程的近似值$s=\sum_{i=1}^{n}\Delta s_i \approx \sum_{i=1}^{n}v(\tau_i)\Delta t_i$。

（4）**取极限**：记小区间长度的最大值为λ，当$\lambda \to 0$时，和式$\sum_{i=1}^{n}v(\xi_i)\Delta t_i$的极限便是所求的路程$s$，即

$$s = \lim_{\lambda \to 0}\sum_{i=1}^{n}v(\tau_i)\Delta t_i. \tag{2}$$

从上面两个实例可以看出，虽然二者的实际意义不同，但是解决问题的方法却是相同的，即采用"分割—近似—求和—取极限"的方法，最后都归结为同一种结构的和式极限问题。类似这样的实际问题还有很多，我们抛开实际问题的具体意义，抓住它们在数量关系上共同的本质特征，从数学的结构加以研究，就引出了定积分的概念。

（二）定积分的概念

定义 5.1.1 设函数$f(x)$在区间$[a,b]$上有定义，任取分点$a=x_0<x_1<x_2<\cdots<x_{n-1}<x_n=b$把区间$[a,b]$分割成$n$个小区间$[x_{i-1},x_i]$，第$i$个小区间的长度为$\Delta x_i=x_i-x_{i-1}(i=1,\cdots,n)$，记$\lambda = \max_{1\leq i \leq n}\{\Delta x_i\}$。在每个小区间$[x_{i-1},x_i]$上任取一点$\xi_i(i=1,2,\cdots,n)$作和式$\sum_{i=1}^{n}f(\xi_i)\Delta x_i$，当$\lambda \to 0$时，若极限$\lim_{\lambda \to 0}\sum_{i=1}^{n}f(\xi_i)\Delta x_i$存在（这个极限值与区间$[a,b]$的分法及点$\xi_i$的取法无关），则称函数$f(x)$在$[a,b]$上可积，并称这个极限为函数$f(x)$在区间$[a,b]$上的**定积分**，记作$\int_a^b f(x)dx$，即

$$\int_a^b f(x)dx = \lim_{\lambda \to 0}\sum_{i=1}^{n}f(\xi_i)\Delta x_i, \tag{3}$$

其中，$f(x)$称为**被积函数**，$f(x)dx$称为**被积表达式**，x称为**积分变量**，a称为**积分下限**，b称为**积分上限**，$[a,b]$称为**积分区间**。

根据定积分的定义，前面所讨论的两个实例可分别叙述为

曲边梯形面积A是曲线$y=f(x)$在区间$[a,b]$上的定积分

$$A = \int_a^b f(x)dx \quad (f(x) \geq 0).$$

变速直线运动的物体所走过的路程s等于速度函数$v=v(t)$在时间间隔$[T_1,T_2]$上的定积分

$$s = \int_{T_1}^{T_2} v(t)dt \quad (v(t) \geq 0).$$

例1 利用定积分的定义求由曲线$y=x^2$，直线$x=1$及x轴所围成的曲边三角形的面积A。

求法：采取"分割""近似""求和"和"取极限"四个步骤。

（1）"分割"

如图 5.3 所示，在区间$[0,1]$内均匀地插入$n-1$个分点：$x_1 = \dfrac{1}{n}, x_2 = \dfrac{2}{n}, \cdots$,

$x_{n-1} = \dfrac{n-1}{n}$,将区间 $[0,1]$ 等分成 n 个小区间,如果令 $x_0 = 0, x_n = 1$,则这 n 个小区间分别为

$[x_0, x_1], [x_1, x_2], \cdots, [x_{i-1}, x_i], \cdots, [x_{n-1}, x_n]$.

我们把第 i 个小区间记为 Δx_i,且 Δx_i 还表示相应的这个小区间的长度,于是有

$$\Delta x_i = x_i - x_{i-1} = \dfrac{i}{n} - \dfrac{i-1}{n} = \dfrac{1}{n}, i = 1, 2, \cdots, n.$$

这样一来,这 n 个长度相等的小区间就都有各自的小曲边梯形与之对应了. 如果将这些小曲边梯形的面积依次记为 $\Delta S_i (i = 1, 2, \cdots, n)$,那么所求曲边三角形的面积 A 就被分割成了 n 个小曲边梯形面积之和了,即 $A = \sum\limits_{i=1}^{n} \Delta S_i$.

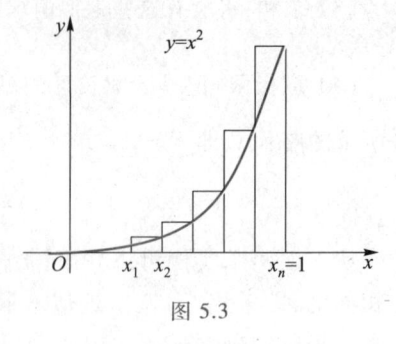

图 5.3

(2) "近似"

以每个小区间的长度 $\Delta x_i = \dfrac{1}{n}$ 作底,区间的右端点 $x_i = \dfrac{i}{n}$ 处的函数值 $f(x_i)$ 作高,就可得到 n 个小矩形,如果把它们的面积分别记作 $\Delta A_i (i = 1, 2, \cdots, n)$,用来近似小曲边梯形的面积,则有 $\Delta S_i \approx \Delta A_i = f(x_i) \Delta x_i = \dfrac{i^2}{n^3} (i = 1, 2, \cdots, n)$.

(3) "求和"

n 个小矩形的面积之和是所求曲边三角形面积 A 的近似值,即

$$A = \sum_{i=1}^{n} \Delta S_i \approx \sum_{i=1}^{n} \Delta A_i = \sum_{i=1}^{n} f(x_i) \Delta x_i = \sum_{i=1}^{n} \dfrac{i^2}{n^3}.$$

(4) "取极限"

上一步骤仅求出了所求曲边三角形面积 A 的近似值,当然两者之间存在误差. 但我们通过观察可以发现,这个误差与等份数 n 的取值有关. 显然,在区间 $[0,1]$ 内插入的分点越多,分割就越密,上述的误差也就随之越小. 如果当等分数 n 趋于正无穷大时,所有小区间长度 $\dfrac{1}{n}$ 会趋于 0,这时,曲边三角形面积 A 就被分割成无数个小矩形面积之和了,也就是说,当 $n \to \infty$ 时,A 就精确等于 n 个小矩形面积和的极限,即有

$$A = \lim_{n \to +\infty} \sum_{i=1}^{n} \Delta A_i = \lim_{n \to +\infty} \sum_{i=1}^{n} f(x_i) \Delta x_i = \lim_{n \to +\infty} \sum_{i=1}^{n} \dfrac{i^2}{n^3}$$

$$= \lim_{n \to +\infty} \dfrac{1}{n^3} \sum_{i=1}^{n} i^2 = \lim_{n \to +\infty} \dfrac{1}{n^3} (1^2 + 2^2 + \cdots + n^2)$$

$$= \lim_{n \to +\infty} \dfrac{1}{n^3} \dfrac{n(n+1)(2n+1)}{6} = \lim_{n \to +\infty} \dfrac{n(n+1)(2n+1)}{6n^3} = \dfrac{2}{6} = \dfrac{1}{3}.$$

> **小贴士**
>
> ① 闭区间上的连续函数是可积的,闭区间上只有有限个间断点的有界函数也是可积的.
>
> ② 定积分是一个确定的常数,它取决于被积函数 $f(x)$ 和积分区间 $[a,b]$,而与积分变量使用的字母的选取无关,即有 $\int_a^b f(x)\mathrm{d}x = \int_a^b f(t)\mathrm{d}t$.
>
> ③ 在定积分的定义中,有 $a<b$,规定:
> $$\int_b^a f(x)\mathrm{d}x = -\int_a^b f(x)\mathrm{d}x \text{ 及 } \int_a^a f(x)\mathrm{d}x = 0.$$

(三) 定积分的几何意义

设 $f(x)$ 是 $[a,b]$ 上的连续函数,由曲线 $y=f(x)$ 及直线 $x=a$,$x=b$,$y=0$ 所围成的曲边梯形的面积记为 A.由定积分的定义,容易知道定积分有如下几何意义:

1. 当 $f(x) \geq 0$ 时, $\int_a^b f(x)\mathrm{d}x = A$.

2. 当 $f(x) \leq 0$ 时, $\int_a^b f(x)\mathrm{d}x = -A$.

3. 如果 $f(x)$ 在 $[a,b]$ 上有时取正值,有时取负值时(图 5.4),那么以 $[a,b]$ 为底边,以曲线 $y=f(x)$ 为曲边的曲边梯形可分成几个部分,使得每一部分都位于 x 轴的上方或下方.这时定积分在几何上表示上述这些部分曲边梯形面积的代数和,如图 5.4 所示,有

$$\int_a^b f(x)\mathrm{d}x = A_1 - A_2 + A_3,$$

其中 A_1,A_2,A_3 分别是图中三部分曲边梯形的面积,它们都是正数.

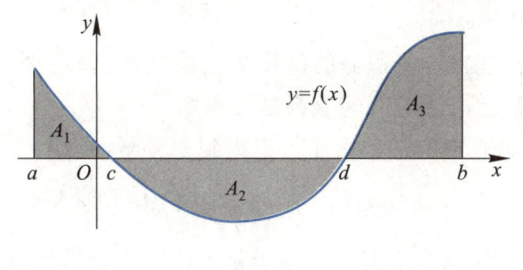

图 5.4

> **小贴士**
>
> $\int_a^b f(x)\mathrm{d}x$ 的数值表示由曲线 $y=f(x)$,直线 $x=a$,$x=b$ 及 x 轴所围成的若干个曲边梯形面积的代数和.

例 2 利用定积分的几何意义,求下列定积分的值.

(1) $\int_0^1 \sqrt{1-x^2}\,\mathrm{d}x$. 　　　　(2) $\int_{-\frac{\pi}{2}}^{\frac{\pi}{2}} \sin x\,\mathrm{d}x$.

解 （1）画出积分函数 $y=\sqrt{1-x^2}$ 所表示的曲线，如图 5.5(a).

由图 5.5(a)看出：在区间 $[0,1]$ 上，由曲线 $y=\sqrt{1-x^2}$、x 轴、y 轴所围成的图形是一个四分之一单位圆，所以 $\int_0^1 \sqrt{1-x^2}\,\mathrm{d}x = \dfrac{\pi}{4}$.

（2）画出积分函数 $y=\sin x$ 所表示的曲线，及直线 $x=\dfrac{\pi}{2}, x=-\dfrac{\pi}{2}$，如图 5.5(b).

由图 5.5(b)看出：由曲线 $y=\sin x$、x 轴、直线 $x=\pm\dfrac{\pi}{2}$ 所围成的图形分为两部分，根据定积分的几何意义和图形的对称性可知 $\int_{-\frac{\pi}{2}}^{\frac{\pi}{2}} \sin x\,\mathrm{d}x = 0$.

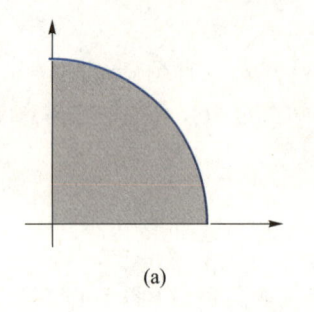

(a)　　　　(b)

图 5.5

用定积分的几何意义，很容易得到 $\int_a^b 1\,\mathrm{d}x = \int_a^b \mathrm{d}x = b-a$，其几何解释为：因 $f(x)=1>0$，它在区间 $[a,b]$ 上的定积分就是一个宽为 $b-a$，高为 1 的矩形面积.

？请思考

什么样情况下可以用定积分几何意义来计算定积分的值？

（四）定积分的性质

由定积分的定义，直接求定积分的值往往比较复杂，但易推证定积分具有下述性质，其中所涉及的函数在讨论的区间上都是可积的.

性质 1 被积表达式中的常数因子可以提到积分号前，即

$$\int_a^b kf(x)\,\mathrm{d}x = k\int_a^b f(x)\,\mathrm{d}x.$$

性质 2 两个函数代数和的定积分等于各函数定积分的代数和，即

$$\int_a^b [f(x)\pm g(x)]\,\mathrm{d}x = \int_a^b f(x)\,\mathrm{d}x \pm \int_a^b g(x)\,\mathrm{d}x.$$

这一结论可以推广到任意有限多个函数代数和的情形.

性质 3 如果被积函数 $f(x)=c$（c 为常数），则

$$\int_a^b c\,\mathrm{d}x = c(b-a).$$

特别地，当 $c=1$ 时，有 $\int_a^b \mathrm{d}x = b-a$.

例 3 计算 $\int_0^1 (2x^2+3)\,\mathrm{d}x$.

解 由例 1 知 $\int_0^1 x^2 \mathrm{d}x = \dfrac{1}{3}$,由以上性质可得

$$\int_0^1 (2x^2+3)\mathrm{d}x = 2\int_0^1 x^2\mathrm{d}x + 3\int_0^1 \mathrm{d}x = 2\cdot\dfrac{1}{3} + 3(1-0) = \dfrac{11}{3}.$$

性质 4(积分区间的可加性) 对任意的点 c,有

$$\int_a^b f(x)\mathrm{d}x = \int_a^c f(x)\mathrm{d}x + \int_c^b f(x)\mathrm{d}x.$$

注意:c 的任意性意味着不论 c 是在 $[a,b]$ 之内,还是在 $[a,b]$ 之外,这一性质均成立.

> **小贴士**
> 积分区间的可加性为计算绝对值函数或分段函数的定积分带来方便.

例 4 求 $\int_{-1}^1 f(x)\mathrm{d}x$ 的值,其中 $f(x) = \begin{cases} 2x^2+3, & x \geq 0, \\ 1, & x < 0. \end{cases}$

解 因为积分函数是一分段函数,根据定积分的区间可加性得

$$\int_{-1}^1 f(x)\mathrm{d}x = \int_{-1}^0 f(x)\mathrm{d}x + \int_0^1 f(x)\mathrm{d}x = \int_{-1}^0 \mathrm{d}x + \int_0^1 (2x^2+3)\mathrm{d}x = 1 + \dfrac{11}{3} = \dfrac{14}{3}.$$

性质 5(积分的保序性) 如果在区间 $[a,b]$ 上,恒有 $f(x) \geq g(x)$,则

$$\int_a^b f(x)\mathrm{d}x \geq \int_a^b g(x)\mathrm{d}x.$$

例 5 比较定积分 $\int_0^1 x^2 \mathrm{d}x$ 与 $\int_0^1 x^3 \mathrm{d}x$ 的大小.

解 因为在区间 $[0,1]$ 上,有 $x^2 \geq x^3$,由定积分保序性质得 $\int_0^1 x^2\mathrm{d}x \geq \int_0^1 x^3 \mathrm{d}x$.

性质 6(积分估值定理) 如果函数 $f(x)$ 在区间 $[a,b]$ 上有最大值 M 和最小值 m,则

$$m(b-a) \leq \int_a^b f(x)\mathrm{d}x \leq M(b-a).$$

例 6 估计定积分 $\int_{-1}^1 \mathrm{e}^{-x^2}\mathrm{d}x$ 的值.

解 设 $f(x) = \mathrm{e}^{-x^2}$,$f'(x) = -2x\mathrm{e}^{-x^2}$,令 $f'(x) = 0$,得驻点 $x = 0$,比较 $x = 0$ 及区间端点 $x = \pm 1$ 的函数值,有

$$f(0) = \mathrm{e}^0 = 1, \qquad f(\pm 1) = \mathrm{e}^{-1} = \dfrac{1}{\mathrm{e}}.$$

显然 $f(x) = \mathrm{e}^{-x^2}$ 在区间 $[-1,1]$ 上连续,则 $f(x)$ 在 $[-1,1]$ 上的最小值为 $m = \dfrac{1}{\mathrm{e}}$,最大值为 $M = 1$,由定积分的估值性质,得 $\dfrac{2}{\mathrm{e}} \leq \int_{-1}^1 \mathrm{e}^{-x^2}\mathrm{d}x \leq 2$.

性质 7(积分中值定理) 若函数 $f(x)$ 在 $[a,b]$ 上连续,则至少存在 $\xi \in [a,b]$,使得

$$\int_a^b f(x)\mathrm{d}x = f(\xi)(b-a).$$

注意:性质 7 的几何意义是:由曲线 $y=f(x)$,直线 $x=a,x=b$ 和 x 轴所围成曲边梯形的面积等于区间 $[a,b]$ 上某个矩形的面积,这个矩形的底是区间 $[a,b]$,矩形的高为区间 $[a,b]$ 内某一点 ξ 处的函数值 $f(\xi)$,如图 5.6 所示.

性质 8(对称区间上奇偶函数的积分性质) 设 $f(x)$ 在对称区间 $[-a,a]$ 上连续,

(1) 如果 $f(x)$ 为奇函数,则 $\int_{-a}^{a}f(x)\mathrm{d}x=0$;

(2) 如果 $f(x)$ 为偶函数,则 $\int_{-a}^{a}f(x)\mathrm{d}x=2\int_{0}^{a}f(x)\mathrm{d}x$.

图 5.6

例 7 求下列定积分:

(1) $\int_{-\sqrt{3}}^{\sqrt{3}}\dfrac{x^{2}\sin x}{1+x^{4}}\mathrm{d}x$. (2) $\int_{-1}^{1}x^{2}\mathrm{d}x$.

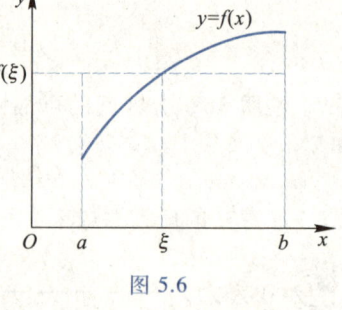

解 (1) 因为被积函数 $f(x)=\dfrac{x^{2}\sin x}{1+x^{4}}$ 是奇函数,且积分区间 $[-\sqrt{3},\sqrt{3}]$ 是对称区间,所以 $\int_{-\sqrt{3}}^{\sqrt{3}}\dfrac{x^{2}\sin x}{1+x^{4}}\mathrm{d}x=0$.

(2) 由于 x^{2} 是 $[-1,1]$ 上的偶函数,由性质 8 和例 1 可得

$$\int_{-1}^{1}x^{2}\mathrm{d}x=2\int_{0}^{1}x^{2}\mathrm{d}x=2\cdot\dfrac{1}{3}=\dfrac{2}{3}.$$

二、微积分基本定理

定积分就是一种特定形式的极限,直接利用定义计算定积分是十分繁杂的,有时甚至无法计算.下面介绍定积分计算的有力工具——牛顿-莱布尼茨公式,又称微积分基本定理.

由前面可知物体以速度 $v=v(t)$ 作直线运动,则物体在 $[T_{1},T_{2}]$ 所经过的路程为 $\int_{T_{1}}^{T_{2}}v(t)\mathrm{d}t$.设 $s(t)$ 是物体在时刻 t 的位置函数,有 $s'(t)=v(t)$.物体在 $[T_{1},T_{2}]$ 时间内所走过的路程就是 $s(T_{2})-s(T_{1})$.综合上述两个方面,得到 $\int_{T_{1}}^{T_{2}}v(t)\mathrm{d}t=s(T_{2})-s(T_{1})$.本节将把这一结果推广到一般情形.

(一) 积分上限函数

设函数 $f(t)$ 在区间 $[a,b]$ 上连续,x 为区间 $[a,b]$ 上任意一点,由定积分的几何意义可知,定积分 $\int_{a}^{x}f(t)\mathrm{d}t$ 表示的是如图 5.7 所示阴影部分的面积.随着积分上限 x 在区间 $[a,b]$ 内变化,定积分 $\int_{a}^{x}f(t)\mathrm{d}t$ 都有唯一确定的值与 x 相对应,所以 $\int_{a}^{x}f(t)\mathrm{d}t$ 是 x 的函数,称它为**积分上限函数**,记作

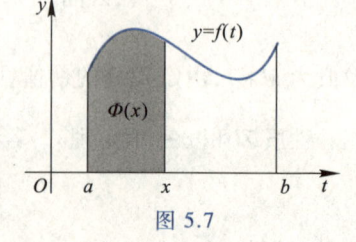

积分上限函数

图 5.7

$$\Phi(x) = \int_a^x f(t)\,dt \quad (a \leqslant x \leqslant b). \tag{4}$$

对于积分上限函数,我们有如下定理.

定理 5.1.1 如果函数 $f(x)$ 在区间 $[a,b]$ 上连续,则积分上限函数 $\Phi(x) = \int_a^x f(t)\,dt$ 在 $[a,b]$ 上可导,且它的导数是 $f(x)$,即

$$\Phi'(x) = \left[\int_a^x f(t)\,dt\right]' = f(x). \tag{5}$$

定理 5.1.1 表明,如果函数 $f(x)$ 在区间 $[a,b]$ 上连续,则函数 $\Phi(x) = \int_a^x f(t)\,dt$ 就是 $f(x)$ 在区间 $[a,b]$ 上的一个原函数.解决了上一章留下来的连续函数存在原函数的问题.

例 8 计算 $\dfrac{d}{dx}\int_0^x e^{-t}\sin t\,dt$.

解 $\dfrac{d}{dx}\int_0^x e^{-t}\sin t\,dt = \left[\int_0^x e^{-t}\sin t\,dt\right]' = e^{-x}\sin x$.

例 9 计算 $\dfrac{d}{dx}\int_0^{x^2}\cos t\,dt$.

解 设 $u = x^2$,则 $\int_0^{x^2}\cos t\,dt = \int_0^u \cos t\,dt = \Phi(u)$.

由此可知,$\int_0^{x^2}\cos t\,dt = \int_0^u \cos t\,dt = \Phi(u)$ 是复合函数,利用复合函数求导公式得

$$\frac{d}{dx}\int_0^{x^2}\cos t\,dt = \frac{d}{dx}\Phi(u) = \Phi'(u)\frac{du}{dx} = \frac{d}{du}\int_0^u \cos t\,dt \cdot \frac{d}{dx}(x^2)$$

$$= \cos u \cdot 2x = 2x\cos x^2.$$

一般地,如果 $g(x)$ 可导,则 $\dfrac{d}{dx}\int_a^{g(x)} f(t)\,dt = f(g(x))\cdot g'(x)$.

(二) 微积分基本定理

现在来介绍微积分基本定理,它给出了用原函数计算定积分的方法.

定理 5.1.2 设函数 $f(x)$ 在区间 $[a,b]$ 上连续,$F(x)$ 是 $f(x)$ 的一个原函数,则

$$\int_a^b f(x)\,dx = F(b) - F(a). \tag{6}$$

(6)式称为牛顿-莱布尼茨公式,也叫**微积分基本公式**.这一公式揭示了定积分与不定积分的关系,同时也就表示了微分与积分之间的基本关系,因而该定理被称为微积分基本定理.

> **小贴士**
>
> 说起微积分基本定理和牛顿-莱布尼茨公式,其背后还有一段关于微积分理论到底是由谁先创建的历史争论.史料表明,他们两人都是独立地得到微积分中许多重要结果的,因此应当并列为微积分学的主要创始人.现在我们使用的微积分通用符号很多都是莱布尼茨精心选用的,比如积分符号是拉丁语 Summa 中首写字母的拉长.

牛顿-莱布尼茨公式实际上给出了计算连续函数定积分的一种简单方法,为了方便,公式也常被简写为如下形式:

$$\int_a^b f(x)\,dx = F(x)\Big|_a^b = F(b) - F(a).$$

下面我们用公式(6)再来计算例 1 中的曲边三角形面积就非常简便:

$$A = \int_0^1 x^2\,dx = \frac{1}{3}x^3\Big|_0^1 = \frac{1}{3} - 0 = \frac{1}{3}.$$

例 10 求定积分 $\int_1^4 \sqrt{x}\,dx$.

解 因为 $\int \sqrt{x}\,dx = \frac{2}{3}x^{\frac{3}{2}} + C$,所以 $\frac{2}{3}x^{\frac{3}{2}}$ 是 $\sqrt{x}$ 的一个原函数,所以由牛顿-莱布尼茨公式有

$$\int_1^4 \sqrt{x}\,dx = \frac{2}{3}x^{\frac{3}{2}}\Big|_1^4 = \frac{2}{3}(4^{\frac{3}{2}} - 1) = \frac{14}{3}.$$

例 11 求定积分 $\int_0^1 \frac{1}{1+x^2}\,dx$.

解 因为 $\int \frac{1}{1+x^2}\,dx = \arctan x + C$,所以 $\arctan x$ 是 $\frac{1}{1+x^2}$ 的一个原函数,所以由牛顿-莱布尼茨公式有

$$\int_0^1 \frac{1}{1+x^2}\,dx = \arctan x\Big|_0^1 = \arctan 1 - \arctan 0 = \frac{\pi}{4}.$$

例 12 求定积分 $\int_{-1}^3 |2-x|\,dx$.

解 根据定积分性质 4,得

$$\int_{-1}^3 |2-x|\,dx = \int_{-1}^2 |2-x|\,dx + \int_2^3 |2-x|\,dx = \int_{-1}^2 (2-x)\,dx + \int_2^3 (x-2)\,dx$$

$$= \left(2x - \frac{1}{2}x^2\right)\Big|_{-1}^2 + \left(\frac{1}{2}x^2 - 2x\right)\Big|_2^3 = \frac{9}{2} + \frac{1}{2} = 5.$$

例 13 设函数 $f(x) = \begin{cases} x, & 0 \leq x \leq 1 \\ 2-x, & 1 < x \leq 2 \end{cases}$,求 $\int_0^2 f(x)\,dx$.

解 $\int_0^2 f(x)\,dx = \int_0^1 f(x)\,dx + \int_1^2 f(x)\,dx = \int_0^1 x\,dx + \int_1^2 (2-x)\,dx$

$$= \frac{x^2}{2}\Big|_0^1 + \left[2x - \frac{x^2}{2}\right]\Big|_1^2 = \frac{1}{2} + \left[(4-2) - \left(2 - \frac{1}{2}\right)\right] = \frac{1}{2} + \frac{1}{2} = 1.$$

> **小贴士**
>
> 当被积函数为分段函数或含绝对值符号时,应利用定积分对区间的可加性把积分区间分成若干子区间,分别在各子区间上求定积分,从而求得原定积分.

三、定积分的积分法

在第四章我们学习了用换元积分法和分部积分法求已知函数的原函数,把它们稍微改动就是定积分的换元积分法和分部积分法,但最终的计算总是离不开牛顿-莱布尼茨公式.

(一) 定积分的换元积分法

定理 5.1.3 设函数 $f(x)$ 在区间 $[a,b]$ 上连续,$x=\varphi(t)$ 在区间 $[\alpha,\beta]$(或区间 $[\beta,\alpha]$)上有连续导数,其值域包含于 $[a,b]$,且满足 $\varphi(\alpha)=a$ 和 $\varphi(\beta)=b$,则有

$$\int_a^b f(x)\,dx = \int_\alpha^\beta f[\varphi(t)]\varphi'(t)\,dt. \tag{7}$$

式(7)称为定积分的**换元积分公式**.在应用该公式计算定积分时需要注意以下两点:

> **小贴士**
>
> 1. 从左到右应用公式,相当于不定积分的第二类换元法.计算时,用 $x=\varphi(t)$ 把原积分变量 x 换成新变量 t,积分限也必须由原来的积分限 a 和 b 相应地换为新变量 t 的积分限 α 和 β,求出新变量 t 的积分后,不必代回原来的变量 x,直接求出积分值.这是与不定积分的不同之处.
>
> 2. 从右到左应用公式,相当于不定积分的第一类换元法(即凑微分法).一般不用设出新的积分变量,这时,原积分的上、下限不需改变,只要求出被积函数的一个原函数,就可以直接应用牛顿-莱布尼茨公式求出定积分的值.

例 14 求 $\int_0^{\frac{\pi}{2}} \cos^3 x \sin x\,dx$.

解法一 设 $t=\cos x$,则 $dt=-\sin x\,dx$,当 $x=0$ 时,$t=1$;当 $x=\frac{\pi}{2}$ 时,$t=0$,于是

$$\int_0^{\frac{\pi}{2}} \cos^3 x \sin x\,dx = \int_1^0 t^3 \cdot (-dt) = \int_0^1 t^3\,dt = \frac{1}{4}t^4 \bigg|_0^1 = \frac{1}{4}.$$

解法二 $\int_0^{\frac{\pi}{2}} \cos^3 x \sin x\,dx = -\int_0^{\frac{\pi}{2}} \cos^3 x\,d\cos x = -\frac{1}{4}\cos^4 x \bigg|_0^{\frac{\pi}{2}} = \frac{1}{4}.$

解法一是变量替换法,上下限要改变;解法二是凑微分法,上下限不改变.

例 15 计算 $\int_0^{\ln 3} e^x(1+e^x)^2\,dx$.

解 $\int_0^{\ln 3} e^x(1+e^x)^2\,dx = \int_0^{\ln 3} (1+e^x)^2\,d(1+e^x)$

$= \frac{1}{3}(1+e^x)^3 \bigg|_0^{\ln 3}$

$$= \frac{1}{3}[(1+e^{\ln 3})^3 - (1+e^0)^3] = \frac{56}{3}.$$

例 16 求 $\int_0^3 \frac{x}{\sqrt{1+x}} dx$.

解 令 $\sqrt{1+x} = t$，则 $x = t^2 - 1$，$dx = 2t dt$，当 $x = 0$ 时，$t = 1$，当 $x = 3$ 时，$t = 2$，于是

$$\int_0^3 \frac{x}{\sqrt{1+x}} dx = \int_1^2 \frac{t^2-1}{t} \cdot 2t dt = 2\int_1^2 (t^2-1) dt = 2\left(\frac{1}{3}t^3 - t\right)\bigg|_1^2 = \frac{8}{3}.$$

> **小贴士**
>
> 定积分的换元法引入了新的变量，那么积分变量的变化范围自然也要跟着调整.而调整了变量的变化范围后，就不必再像不定积分计算时那样，再回代用原来的积分变量来表示结果.简而言之，记住"换元必换限，换限不回代".

例 17 设 $f(x)$ 在区间 $[-a, a]$ 上连续，证明：当 $f(x)$ 为奇函数，则 $\int_{-a}^a f(x) dx = 0$. 当 $f(x)$ 为偶函数，则 $\int_{-a}^a f(x) dx = 2\int_0^a f(x) dx$.

证 由定积分的区间可加性知

$$\int_{-a}^a f(x) dx = \int_{-a}^0 f(x) dx + \int_0^a f(x) dx,$$

对于定积分 $\int_{-a}^0 f(x) dx$，作代换 $x = -t$，得

$$\int_{-a}^0 f(x) dx = -\int_a^0 f(-t) dt = \int_0^a f(-t) dt = \int_0^a f(-x) dx,$$

所以

$$\int_{-a}^a f(x) dx = \int_0^a f(-x) dx + \int_0^a f(x) dx = \int_0^a [f(x) + f(-x)] dx.$$

当 $f(x)$ 为奇函数，即 $f(-x) = -f(x)$，则 $f(x) + f(-x) = f(x) - f(x) = 0$，于是

$$\int_{-a}^a f(x) dx = 0.$$

当 $f(x)$ 为偶函数，即 $f(-x) = f(x)$，则 $f(x) + f(-x) = f(x) + f(x) = 2f(x)$，于是

$$\int_{-a}^a f(x) dx = 2\int_0^a f(x) dx.$$

这是定积分性质 8 的证明过程，以后直接应用结论，可简化计算偶函数、奇函数在对称于原点的区间上的定积分.

例 18 设函数 $f(x)$ 在 $[0, 1]$ 上连续，证明：$\int_0^{\frac{\pi}{2}} f(\sin x) dx = \int_0^{\frac{\pi}{2}} f(\cos x) dx$.

证 由于 $\sin x$ 与 $\cos x$ 互为余函数，令 $x = \frac{\pi}{2} - t$，则 $dx = -dt$，$x: 0 \to \frac{\pi}{2}$，有 $t: \frac{\pi}{2} \to 0$，于是

> **请思考**
>
> $\int_{-2}^2 \frac{x^3 + x^2}{x^2 + 1} dx.$

$$\int_0^{\frac{\pi}{2}} f(\sin x)\,dx = \int_{\frac{\pi}{2}}^0 f\left[\sin\left(\frac{\pi}{2}-t\right)\right](-dt) = \int_0^{\frac{\pi}{2}} f(\cos t)\,dt = \int_0^{\frac{\pi}{2}} f(\cos x)\,dx.$$

(二) 定积分的分部积分法

定理 5.1.4 设函数 $u=u(x)$ 和 $v=v(x)$ 在区间 $[a,b]$ 上有连续的导数,则有

$$\int_a^b u(x)\,dv(x) = [u(x)v(x)]_a^b - \int_a^b v(x)\,du(x). \tag{8}$$

式(8)称为定积分的**分部积分公式**,选取 $u(x)$ 的方式、方法与不定积分的分部积分法完全一样.

例 19 求 $\int_1^2 x\ln x\,dx$.

解
$$\int_1^2 x\ln x\,dx = \frac{1}{2}\int_1^2 \ln x\,d(x^2) = \frac{1}{2}x^2\ln x\Big|_1^2 - \frac{1}{2}\int_1^2 x^2\,d(\ln x)$$
$$= 2\ln 2 - \frac{1}{2}\int_1^2 x\,dx = 2\ln 2 - \frac{1}{4}x^2\Big|_1^2 = 2\ln 2 - \frac{3}{4}.$$

例 20 求 $\int_0^\pi x\sin x\,dx$.

解
$$\int_0^\pi x\sin x\,dx = -\int_0^\pi x\,d\cos x = -x\cos x\Big|_0^\pi + \int_0^\pi \cos x\,dx$$
$$= \pi + \sin x\Big|_0^\pi = \pi.$$

例 21 求 $\int_0^1 e^{\sqrt{x}}\,dx$.

解 令 $\sqrt{x}=t$,则 $x=t^2$,$dx=2t\,dt$,当 $x=0$ 时,$t=0$;当 $x=1$ 时,$t=1$.于是

$$\int_0^1 e^{\sqrt{x}}\,dx = 2\int_0^1 te^t\,dt = 2\int_0^1 t\,de^t = 2te^t\Big|_0^1 - 2\int_0^1 e^t\,dt$$
$$= 2e - 2e^t\Big|_0^1 = 2e - 2e + 2 = 2.$$

此题先利用换元积分法,然后应用分部积分法.

> **小贴士**
>
> 定积分的计算方法小结:
>
> 运用凑微分法和分部积分法求定积分时没有引入新的变量,解题过程与不定积分计算几乎没有区别,求出原函数后代入积分上下限,算出增量就可以了.
>
> 运用第二类换元法求定积分时引入了新的变量,那么积分变量的变化范围自然也要跟着变化.记住一句话"换元必换限,换限不回代".

例 22 证明:$\int_0^{\frac{\pi}{2}} \sin^n x\,dx = \begin{cases} \dfrac{(2k-2)!!}{(2k-1)!!}, & n=2k-1, \\ \dfrac{(2k-1)!!}{(2k)!!}\cdot\dfrac{\pi}{2}, & n=2k, \end{cases}$ $(k\in \mathbf{N})$,其中,$(2k-1)!!$ 表示从 1 到 $2k-1$ 连续的 k 个奇数的乘积,即 $(2k-1)!! = 1\cdot 3\cdot 5\cdots(2k-1)$,$(2k)!!$ 表示从 2 到 $2k$ 连续的 k 个偶数的乘积,即 $(2k)!! = 2\cdot 4\cdot 6\cdots(2k)$.

证 记 $I_n = \int_0^{\frac{\pi}{2}} \sin^n x \mathrm{d}x$，则

$$I_n = -\int_0^{\frac{\pi}{2}} \sin^{n-1} x \mathrm{d}\cos x$$

$$= -\left(\sin^{n-1} x \cos x \Big|_0^{\frac{\pi}{2}} - \int_0^{\frac{\pi}{2}} \cos x \mathrm{d}\sin^{n-1} x\right)$$

$$= (n-1) \int_0^{\frac{\pi}{2}} \sin^{n-2} x \cos^2 x \mathrm{d}x$$

$$= (n-1) \left(\int_0^{\frac{\pi}{2}} \sin^{n-2} x \mathrm{d}x - \int_0^{\frac{\pi}{2}} \sin^n x \mathrm{d}x\right)$$

$$= (n-1) I_{n-2} - (n-1) I_n.$$

解得 I_n 的递推公式 $I_n = \dfrac{n-1}{n} I_{n-2} (n \geq 2, n \in \mathbf{N})$，继续使用递推公式直到 I_1 和 I_0，得

$$I_{2k-1} = \frac{2k-2}{2k-1} \cdot \frac{2k-4}{2k-3} \cdots \frac{4}{5} \cdot \frac{2}{3} \cdot I_1,$$

$$I_{2k} = \frac{2k-1}{2k} \cdot \frac{2k-3}{2k-2} \cdots \frac{3}{4} \cdot \frac{1}{2} I_0,$$

又 $I_1 = \int_0^{\frac{\pi}{2}} \sin x \mathrm{d}x = -\cos x \Big|_0^{\frac{\pi}{2}} = 1, I_0 = \int_0^{\frac{\pi}{2}} \mathrm{d}x = \dfrac{\pi}{2}$，因此

$$\int_0^{\frac{\pi}{2}} \sin^n x \mathrm{d}x = \begin{cases} \dfrac{(2k-2)!!}{(2k-1)!!}, & n = 2k-1, \\ \dfrac{(2k-1)!!}{(2k)!!} \cdot \dfrac{\pi}{2}, & n = 2k \end{cases} \quad (k \in \mathbf{N}),$$

由例 18 有 $\int_0^{\frac{\pi}{2}} \cos^n x \mathrm{d}x = \int_0^{\frac{\pi}{2}} \sin^n x \mathrm{d}x$，从而上式提供了计算这类积分的简单公式.

四、广义积分

前面讨论定积分的概念时，要求函数的定义域只能是有限区间 $[a, b]$，并且被积函数在积分区间上是有界的. 但是在实际积分问题中，还会遇到被积函数的定义域是无穷区间 $[a, +\infty), (-\infty, a]$ 或 $(-\infty, +\infty)$，或被积函数为无界的情况. 前者称为无穷区间上的积分，后者称为无界函数的积分，又称为**瑕积分**. 一般地，我们把这两种情况下的积分统称为**广义积分**（又称**反常积分**），而前面讨论的定积分称为**常义积分**. 本节将介绍广义积分的概念和计算方法.

（一）无穷区间上的广义积分——无穷积分

定义 5.1.2 设函数 $f(x)$ 在区间 $[a, +\infty)$ 上连续，取 $b > a$，若极限 $\lim\limits_{b \to +\infty} \int_a^b f(x) \mathrm{d}x$ 存在，则称此极限为函数 $f(x)$ 在 $[a, +\infty)$ 上的广义积分，记作 $\int_a^{+\infty} f(x) \mathrm{d}x$，即

$$\int_a^{+\infty} f(x) \mathrm{d}x = \lim_{b \to +\infty} \int_a^b f(x) \mathrm{d}x. \tag{9}$$

此时也称广义积分 $\int_a^{+\infty} f(x)\mathrm{d}x$ **收敛**;如果上述极限不存在,就称 $\int_a^{+\infty} f(x)\mathrm{d}x$ **发散**.

类似地,定义 $f(x)$ 在区间 $(-\infty, b]$ 上的广义积分为 $\int_{-\infty}^b f(x)\mathrm{d}x = \lim\limits_{a \to -\infty} \int_a^b f(x)\mathrm{d}x$.

$f(x)$ 在 $(-\infty, +\infty)$ 上的广义积分定义为 $\int_{-\infty}^{+\infty} f(x)\mathrm{d}x = \int_{-\infty}^a f(x)\mathrm{d}x + \int_a^{+\infty} f(x)\mathrm{d}x$. 其中 a 为任意实数.当且仅当上式右端两个积分同时收敛时,称广义积分 $\int_{-\infty}^{+\infty} f(x)\mathrm{d}x$ 收敛,否则称其发散.

例 23 计算广义积分 $\int_0^{+\infty} \mathrm{e}^{-2x}\mathrm{d}x$.

解 $\int_0^{+\infty} \mathrm{e}^{-2x}\mathrm{d}x = \lim\limits_{b \to +\infty} \int_0^b \mathrm{e}^{-2x}\mathrm{d}x = \lim\limits_{b \to +\infty} \left(-\frac{1}{2}\mathrm{e}^{-2x} \right)\bigg|_0^b = \lim\limits_{b \to +\infty} \left(-\frac{1}{2}\mathrm{e}^{-2b} + \frac{1}{2} \right) = \frac{1}{2}$.

计算无穷区间上的广义积分时,为了书写方便,实际运算中常常略去极限符号,形式上直接利用牛顿-莱布尼茨公式的计算格式(注意是形式上).设 $F(x)$ 为连续函数 $f(x)$ 的一个原函数,记 $F(+\infty) = \lim\limits_{x \to +\infty} F(x)$,$F(-\infty) = \lim\limits_{x \to -\infty} F(x)$,则

$$\int_a^{+\infty} f(x)\mathrm{d}x = F(x)\bigg|_a^{+\infty} = F(+\infty) - F(a),$$

$$\int_{-\infty}^b f(x)\mathrm{d}x = F(x)\bigg|_{-\infty}^b = F(b) - F(-\infty),$$

$$\int_{-\infty}^{+\infty} f(x)\mathrm{d}x = F(x)\bigg|_{-\infty}^{+\infty} = F(+\infty) - F(-\infty).$$

例 24 计算广义积分:

(1) $\int_{-\infty}^{+\infty} \dfrac{\mathrm{d}x}{1+x^2}$. (2) $\int_\mathrm{e}^{+\infty} \dfrac{\mathrm{d}x}{x\ln x}$.

解 (1) $\int_{-\infty}^{+\infty} \dfrac{\mathrm{d}x}{1+x^2} = \arctan x\bigg|_{-\infty}^{+\infty} = \dfrac{\pi}{2} - \left(-\dfrac{\pi}{2} \right) = \pi$.

(2) $\int_\mathrm{e}^{+\infty} \dfrac{\mathrm{d}x}{x\ln x} = \int_\mathrm{e}^{+\infty} \dfrac{\mathrm{d}\ln x}{\ln x} = \ln \ln x\bigg|_\mathrm{e}^{+\infty} = +\infty$. 所以,广义积分 $\int_\mathrm{e}^{+\infty} \dfrac{\mathrm{d}x}{x\ln x}$ 发散.

例 25 讨论广义积分 $\int_a^{+\infty} \dfrac{1}{x^p}\mathrm{d}x \ (a > 0)$ 的敛散性.

解 当 $p = 1$ 时,$\int_a^{+\infty} \dfrac{1}{x^p}\mathrm{d}x = \int_a^{+\infty} \dfrac{1}{x}\mathrm{d}x = \ln x\bigg|_a^{+\infty} = +\infty$(发散).

当 $p \neq 1$ 时,$\int_a^{+\infty} \dfrac{1}{x^p}\mathrm{d}x = \dfrac{x^{1-p}}{1-p}\bigg|_a^{+\infty} = \begin{cases} +\infty, & p < 1, \\ \dfrac{a^{1-p}}{p-1}, & p > 1. \end{cases}$

故 $p > 1$ 时,该广义积分收敛,其值为 $\dfrac{a^{1-p}}{p-1}$;当 $p \leq 1$ 时,该广义积分发散.此广义积分称为 p 积分,牢记它的敛散性,可以直接运用.

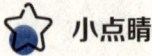

> **小点睛**
> 化归思想在无穷区间上求积分时，先将无穷区间转化为有限区间，就可以运用牛顿-莱布尼茨公式，然后再利用极限这个工具，这个求解过程中充分体现了数学中的化归思想.

（二）无界函数的广义积分——瑕积分

定义 5.1.3 设函数 $f(x)$ 在区间 $(a,b]$ 上连续，且 $\lim\limits_{x\to a^+}f(x)=\infty$. 取 $A>a$，如果极限 $\lim\limits_{A\to a^+}\int_A^b f(x)\mathrm{d}x$ 存在，则称此极限为函数 $f(x)$ 在 $(a,b]$ 上的广义积分，记作 $\int_a^b f(x)\mathrm{d}x$，即

$$\int_a^b f(x)\mathrm{d}x = \lim_{A\to a^+}\int_A^b f(x)\mathrm{d}x. \tag{10}$$

此时也称广义积分 $\int_a^b f(x)\mathrm{d}x$ **收敛**，否则就称广义积分 $\int_a^b f(x)\mathrm{d}x$ **发散**. a 称为**瑕点**.

类似地，当 $x=b$ 为 $f(x)$ 的无穷间断点时，$f(x)$ 在 $[a,b)$ 上的广义积分 $\int_a^b f(x)\mathrm{d}x$ 为取 $B<b$，$\int_a^b f(x)\mathrm{d}x=\lim\limits_{B\to b^-}\int_a^B f(x)\mathrm{d}x$.

当无穷间断点 $x=c$ 位于区间 $[a,b]$ 的内部时，则定义广义积分 $\int_a^b f(x)\mathrm{d}x$ 为 $\int_a^b f(x)\mathrm{d}x=\int_a^c f(x)\mathrm{d}x+\int_c^b f(x)\mathrm{d}x$. 注意等式右端两个积分均为广义积分，当且仅当右端两个积分同时收敛时，称广义积分 $\int_a^b f(x)\mathrm{d}x$ 收敛，否则称其发散.

求广义积分就是求常义积分的一种极限，因此，首先计算一个常义积分，再求极限，定积分中换元积分法和分部积分法都可以推广到广义积分. 计算无界函数的广义积分时，为了书写方便，也常常略去极限符号，形式上可直接利用牛顿-莱布尼茨公式.

设 $F(x)$ 为连续函数 $f(x)$ 的一个原函数：

(1) 若仅 b 为瑕点，则 $\int_a^b f(x)\mathrm{d}x=F(b^-)-F(a)$.

(2) 若仅 a 为瑕点，则 $\int_a^b f(x)\mathrm{d}x=F(b)-F(a^+)$.

(3) 若瑕点 $c\in(a,b)$，则 $\int_a^b f(x)\mathrm{d}x=F(b)-F(c^+)+F(c^-)-F(a)$.

> **小点睛**
> 化归思想在求瑕积分时，先将有瑕点的区间转化为 $[a+\varepsilon,b]$ 或 $[a,b-\varepsilon]$ $(\varepsilon>0)$ 上连续，就可以运用牛顿-莱布尼茨公式，然后再利用极限这个工具，这个方法充分体现了数学中的化归思想.

例 26 求 $\int_0^1 \dfrac{1}{\sqrt{1-x}}\mathrm{d}x$.

解 因为函数 $f(x) = \dfrac{1}{\sqrt{1-x}} \mathrm{d}x$ 在 $[0,1)$ 上连续,且 $\lim\limits_{x \to 1^-} \dfrac{1}{\sqrt{1-x}} = +\infty$,所以 $\int_0^1 \dfrac{1}{\sqrt{1-x}} \mathrm{d}x$ 是广义积分,于是 $\int_0^1 \dfrac{1}{\sqrt{1-x}} \mathrm{d}x = [-2\sqrt{1-x}]\Big|_0^{1^-} = 2$.

例 27 讨论广义积分 $\int_0^1 \dfrac{\mathrm{d}x}{x^q}$ 的敛散性.

解 当 $q = 1$ 时,$\int_0^1 \dfrac{\mathrm{d}x}{x^q} = \int_0^1 \dfrac{\mathrm{d}x}{x} = \ln x \Big|_{0^+}^1 = +\infty$,发散.

当 $q \neq 1$ 时,$\int_0^1 \dfrac{\mathrm{d}x}{x^q} = \dfrac{x^{1-q}}{1-q}\bigg|_{0^+}^1 = \begin{cases} \dfrac{1}{1-q}, & q < 1, \\ +\infty, & q > 1. \end{cases}$

故 $q < 1$ 时,该广义积分收敛,其值为 $\dfrac{1}{1-q}$;当 $q \geq 1$ 时,该广义积分发散.此广义积分称为 q 积分,牢记它的敛散性,可以直接运用.

习题 5.1

1. 根据定积分的几何意义计算下列积分的值:

   (1) $\int_{-1}^1 x \mathrm{d}x$.
   (2) $\int_{-R}^R \sqrt{R^2 - x^2} \mathrm{d}x$.

   (3) $\int_0^{2\pi} \sin x \mathrm{d}x$.
   (4) $\int_{-1}^1 |x| \mathrm{d}x$.

2. 不计算定积分,比较下列各组积分值的大小.

   (1) $\int_0^1 x \mathrm{d}x$ 与 $\int_0^1 \sqrt{x} \mathrm{d}x$.
   (2) $\int_0^1 x \mathrm{d}x$ 与 $\int_0^1 \sin x \mathrm{d}x$.

   (3) $\int_1^2 \ln x \mathrm{d}x$ 与 $\int_1^2 \ln^2 x \mathrm{d}x$.
   (4) $\int_1^e x \mathrm{d}x$ 与 $\int_1^e \ln(1+x) \mathrm{d}x$.

3. 求下列函数对 x 的导数:

   (1) $y = \int_0^x \sqrt{1+t^2} \mathrm{d}t$,求 $\dfrac{\mathrm{d}y}{\mathrm{d}x}\bigg|_{x=1}$.
   (2) $y = \int_{-x}^1 \sin(t^2) \mathrm{d}t$,求 $\dfrac{\mathrm{d}y}{\mathrm{d}x}$.

   (3) $x = \int_0^t \cos u \mathrm{d}u$,$y = \int_0^t \sin u \mathrm{d}u$,求 $\dfrac{\mathrm{d}y}{\mathrm{d}x}$.

4. 求下列定积分的值:

   (1) $\int_0^1 x^{100} \mathrm{d}x$.
   (2) $\int_0^1 \mathrm{e}^x \mathrm{d}x$.

   (3) $\int_0^1 5^x \mathrm{d}x$.
   (4) $\int_0^{\frac{\pi}{2}} 3\sin x \mathrm{d}x$.

   (5) $\int_1^2 \left(2x + \dfrac{1}{x}\right) \mathrm{d}x$.
   (6) $\int_0^2 (3x^2 - x + 2) \mathrm{d}x$.

   (7) $\int_0^2 |1-x| \mathrm{d}x$.
   (8) $\int_{-1}^1 x^2 |x| \mathrm{d}x$.

(9) $\int_0^{2\pi} |\cos x| dx$.

(10) 设 $f(x) = \begin{cases} 1, & x \geq 0, \\ -1, & x < 0, \end{cases}$ 求 $\int_{-1}^{2} f(x) dx$.

5. 求下列定积分的值：

(1) $\int_{-2}^{-1} \frac{dx}{(11+5x)^3}$.

(2) $\int_{-13}^{2} \frac{1}{\sqrt{3-x}} dx$.

(3) $\int_0^{\frac{\pi}{2}} \cos^5 x \sin 2x dx$.

(4) $\int_0^{\frac{\pi}{2}} \sin^5 x \cos x dx$.

(5) $\int_1^e \frac{1+\ln x}{x} dx$.

(6) $\int_1^{e^2} \frac{dx}{x\sqrt{1+\ln x}}$.

(7) $\int_0^{\ln 3} \frac{e^x}{e^x+1} dx$.

(8) $\int_0^1 \frac{dx}{e^x+e^{-x}}$.

(9) $\int_0^8 \frac{1}{\sqrt[3]{x}+1} dx$.

(10) $\int_1^4 \frac{1}{x+\sqrt{x}} dx$.

(11) $\int_4^9 \frac{\sqrt{x}}{\sqrt{x}-1} dx$.

(12) $\int_1^5 \frac{\sqrt{x-1}}{x} dx$.

(13) $\int_0^1 x^2 \sqrt{1-x^2} dx$.

(14) $\int_0^{\sqrt{2}} \sqrt{2-x^2} dx$.

(15) $\int_1^{\sqrt{3}} \frac{dx}{x\sqrt{x^2+1}}$.

*(16) $\int_0^{\ln 2} \sqrt{e^x-1} dx$.

6. 求下列定积分：

(1) $\int_0^1 x e^{-x} dx$.

(2) $\int_0^1 x e^{2x} dx$.

(3) $\int_0^{\frac{\pi}{2}} x \sin x dx$.

(4) $\int_1^e \ln x dx$.

(5) $\int_0^{\sqrt{3}} 2x \arctan x dx$.

(6) $\int_{-1}^1 \arccos x dx$.

(7) $\int_0^{e-1} \ln(x+1) dx$.

(8) $\int_0^{\frac{\pi}{2}} e^{2x} \cos x dx$.

7. 求下列广义积分：

(1) $\int_1^{+\infty} \frac{dx}{x^2}$.

(2) $\int_{-\infty}^0 \frac{1}{1-x} dx$.

(3) $\int_1^{+\infty} e^{-\sqrt{x}} dx$.

(4) $\int_{-\infty}^{+\infty} \frac{dx}{x^2+2x+2}$.

(5) $\int_1^{+\infty} \frac{dx}{x(x+1)}$.

*(6) $\int_1^2 \frac{x}{\sqrt{x-1}} dx$.

*(7) $\int_0^1 \frac{dx}{\sqrt{x}}$.

*(8) $\int_0^2 \frac{1}{(1-x)^2} dx$.

*8. 证明下列结论，其中 m, n 为正整数.

(1) $\int_{-\pi}^{\pi} \sin mx \cos nx dx = 0$.

(2) $\int_{-\pi}^{\pi} \sin mx \sin nx dx = 0 (m \neq n)$.

(3) $\int_{-\pi}^{\pi} \cos mx \cos nx \, dx = 0 \,(m \neq n)$. (4) $\int_{-\pi}^{\pi} \sin^2 mx \, dx = \pi$.

(5) $\int_{-\pi}^{\pi} \cos^2 mx \, dx = \pi$.

第二节　定积分在几何上的应用

上一节讨论了定积分的概念及计算方法,本节在此基础上进一步来研究它的应用.定积分的应用很广泛,本节介绍定积分在几何上的应用.

一、定积分的微元法

为了说明定积分的微元法,我们先回顾求曲边梯形面积 A 的方法和步骤:

1. 将区间 $[a,b]$ 分成 n 个小区间,相应得到 n 个小曲边梯形,小曲边梯形的面积记为 $\Delta A_i (i=1,2,\cdots,n)$.

2. 计算 ΔA_i 的近似值,即 $\Delta A_i \approx f(\xi_i) \Delta x_i$(其中 $\Delta x_i = x_i - x_{i-1}, \xi_i \in [x_{i-1}, x_i]$).

3. 求和得 A 的近似值,即 $A \approx \sum_{i=1}^{n} f(\xi_i) \Delta x_i$.

4. 对和取极限得 $A = \lim_{\lambda \to 0} \sum_{i=1}^{n} f(\xi_i) \Delta x_i = \int_{a}^{b} f(x) \, dx$.

下面对上述四个步骤进行具体分析:

第 1 步指明了所求量(面积 A)具有的特性,即 A 在区间 $[a,b]$ 上具有可分割性和可加性.

第 2 步是关键,这一步确定的 $\Delta A_i \approx f(\xi_i) \Delta x_i$ 是被积表达式 $f(x) dx$ 的雏形.这可以从以下过程来理解:由于分割的任意性,在实际应用中,为了简便起见,用 $[x, x+dx]$ 表示 $[a,b]$ 内的任一小区间,并取小区间的左端点 x 为 ξ,则 ΔA 的近似值就是以 dx 为底,$f(x)$ 为高的小矩形的面积(如图 5.8 阴影部分),即 $\Delta A \approx f(x) dx$.

通常称 $f(x) dx$ 为面积微元,记为 $dA = f(x) dx$. 将 (3),(4) 两步合并,即将这些面积微元在 $[a,b]$ 上"无限累加",就得到面积 A.即 $A = \int_{a}^{b} f(x) \, dx$.

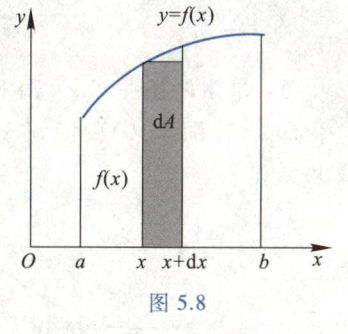

图 5.8

一般说来,用微元法解决实际问题时,通常按以下步骤来进行:

1. 确定积分变量 x,并求出相应的积分区间 $[a,b]$.

2. 在区间 $[a,b]$ 上任取一个小区间 $[x, x+dx]$,并在小区间上找出所求量 F 的微元 $dF = f(x) dx$.

3. 写出所求量 F 的积分表达式 $F = \int_{a}^{b} f(x) \, dx$,然后计算它的值.

利用定积分按上述步骤解决实际问题的方法叫作**定积分的微元法**.

> **小贴士**
>
> 能够用微元法求出结果的量 F 一般应满足以下两个条件:
> 1. F 是与变量 x 的变化范围 $[a,b]$ 有关的量;
> 2. F 对于 $[a,b]$ 具有可加性,即如果把区间 $[a,b]$ 分成若干个部分区间,则 F 相应地分成若干个分量.

二、定积分求平面图形的面积

(一) 直角坐标系下平面图形面积的计算

(1) 由曲线 $y=f(x)$ 和直线 $x=a, x=b, y=0$ 所围成曲边梯形的面积可根据定积分的几何意义直接求出,此处不再叙述.

(2) 求由两条曲线 $y=f(x), y=g(x)(f(x)\geqslant g(x))$ 及直线 $x=a, x=b$ 所围成平面图形的面积 A(如图 5.9 所示).

> **小贴士**
>
> 用微元法求面积的解题步骤:
> ① 取 x 为积分变量,$x\in[a,b]$.
> ② 在区间 $[a,b]$ 上任取一小区间 $[x, x+\mathrm{d}x]$,该区间上小曲边梯形的面积 $\mathrm{d}A$ 可以用高 $f(x)-g(x)$,底边为 $\mathrm{d}x$ 的小矩形的面积近似代替,从而得面积微元:
> $$\mathrm{d}A = [f(x)-g(x)]\mathrm{d}x.$$
> ③ 写出积分表达式,即

$$A = \int_a^b [f(x)-g(x)]\mathrm{d}x. \tag{1}$$

(3) 求由两条曲线 $x=\psi(y), x=\varphi(y)(\psi(y)\leqslant\varphi(y))$ 及直线 $y=c, y=d$ 所围成的平面图形(图 5.10)的面积.这里取 y 为积分变量,$y\in[c,d]$,用类似 2 的方法可以推出

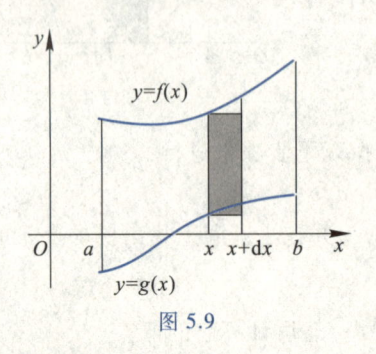

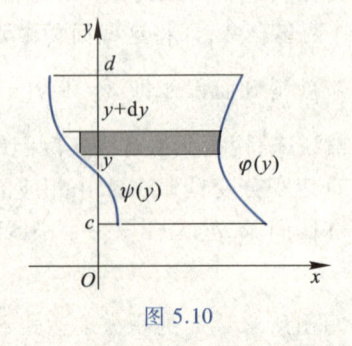

图 5.9

图 5.10

$$A = \int_c^d [\varphi(y) - \psi(y)] \, dy. \tag{2}$$

例 1（不规则图形面积的计算） 计算由 $y^2 = x, y = x^2$ 所围成的图形的面积 A.

解 所给两条抛物线围成的图形如图 5.11 所示，为了具体定出图形所在范围，先求出这两条曲线的交点.

由 $\begin{cases} y^2 = x, \\ y = x^2, \end{cases}$ 得 $\begin{cases} x = 0, \\ y = 0 \end{cases}$ 或 $\begin{cases} x = 1, \\ y = 1. \end{cases}$ 所以所求面积为

$$A = \int_0^1 (\sqrt{x} - x^2) \, dx = \left[\frac{2}{3} x^{\frac{3}{2}} - \frac{x^3}{3} \right] \Big|_0^1 = \frac{2}{3} - \frac{1}{3} = \frac{1}{3}.$$

例 2 求由 $y^2 = 2x, y = x - 4$ 所围成的图形的面积 A.

解 围成的图形如图 5.12 所示，先求出这两条曲线的交点确定出图形所在范围.

由 $\begin{cases} y^2 = 2x, \\ y = x - 4, \end{cases}$ 得 $\begin{cases} x = 2, \\ y = -2 \end{cases}$ 或 $\begin{cases} x = 8, \\ y = 4. \end{cases}$

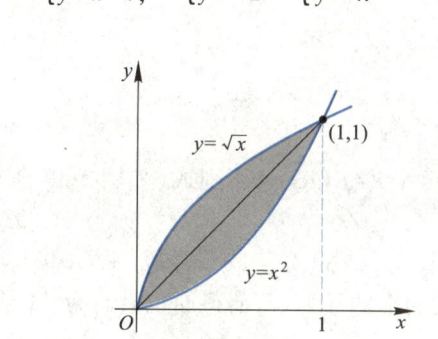

图 5.11

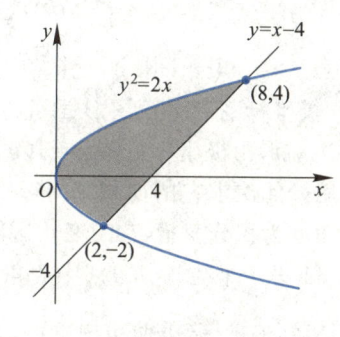

图 5.12

选取 y 为积分变量，应用公式得

$$A = \int_{-2}^{4} \left[(y+4) - \frac{1}{2} y^2 \right] dy = \left[\frac{1}{2} y^2 + 4y - \frac{y^3}{6} \right] \Big|_{-2}^{4} = 18.$$

例 3 求曲线 $y = \cos x$ 与 $y = \sin x$ 在区间 $[0, \pi]$ 上所围成的平面图形的面积.

解 如图 5.13 所示，曲线 $y = \cos x$ 与 $y = \sin x$ 的交点坐标为 $\left(\frac{\pi}{4}, \frac{\sqrt{2}}{2} \right)$，选取 x 作为积分变量，$x \in [0, \pi]$，于是，所求面积为

$$A = \int_0^{\frac{\pi}{4}} (\cos x - \sin x) \, dx + \int_{\frac{\pi}{4}}^{\pi} (\sin x - \cos x) \, dx$$

$$= (\sin x + \cos x) \Big|_0^{\frac{\pi}{4}} + (-\cos x - \sin x) \Big|_{\frac{\pi}{4}}^{\pi} = 2\sqrt{2}.$$

例 4 求摆线 $\begin{cases} x = a(t - \sin t), \\ y = a(1 - \cos t) \end{cases}$ $(a > 0, 0 \leq t \leq 2\pi)$ 的一拱与 x 轴围成的图形的面积（如图 5.14 所示）.

解 显然，所求面积为 $A = \int_0^{2a\pi} y \, dx$，将 $x = a(t - \sin t), y = a(1 - \cos t)$ 代入上述积分公式，并应用定积分的换元积分法换限，当 $x = 0$ 时，$t = 0$；当 $x = 2\pi a$ 时，$t = 2\pi$. 得

图 5.13

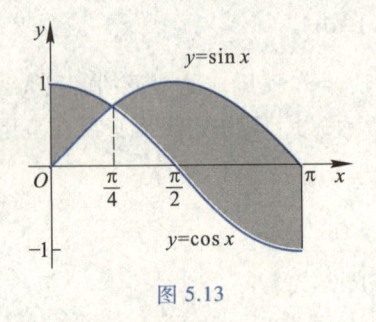

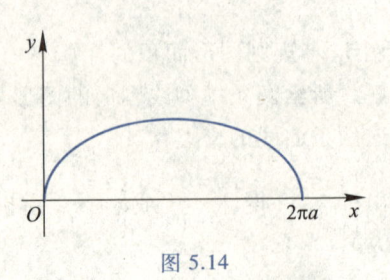

图 5.14

$$A = \int_0^{2\pi} a(1-\cos t) a(1-\cos t) dt = a^2 \int_0^{2\pi} (1-2\cos t + \cos^2 t) dt = 3\pi a^2.$$

一般地,由直线 $x=a$, $x=b$ ($a<b$), x 轴和以参数方程 $x=\varphi(t)$, $y=\psi(t) \geq 0$ 给出的曲线围成的曲边梯形,满足 $\varphi(\alpha)=a$, $\varphi(\beta)=b$, $\psi(t)$, $\varphi'(t)$ 连续,则该曲边梯形的面积

$$A = \int_\alpha^\beta \psi(t) d\varphi(t) = \int_\alpha^\beta \psi(t) \varphi'(t) dt. \tag{3}$$

这里 $y=\psi(t) \geq 0$,积分下限 α、上限 β 分别由 $\varphi(\alpha)=a$, $\varphi(\beta)=b$ 确定,未必有 $\alpha < \beta$.

(二) 极坐标系下平面图形面积的计算

设曲边扇形由极坐标方程 $\rho=\rho(\theta)$ 与射线 $\theta=\alpha$, $\theta=\beta$ ($\alpha<\beta$) 所围成(如图 5.15 所示).下面用微元法求它的面积 A.

以极角 θ 为积分变量,它的变化区间是 $[\alpha,\beta]$,在 $[\alpha,\beta]$ 上任取一微段 $[\theta,\theta+d\theta]$,面积微元 dA 等于半径为 $\rho(\theta)$,中心角为 $d\theta$ 的圆扇形的面积,从而得面积微元为 $dA = \frac{1}{2}[\rho(\theta)]^2 d\theta$,于是,所求曲边扇形的面积为

$$A = \int_\alpha^\beta \frac{1}{2} [\rho(\theta)]^2 d\theta. \tag{4}$$

例 5 计算心形线 $\rho = a(1+\cos\theta)$ ($a>0$) 所围图形的面积(图 5.16).

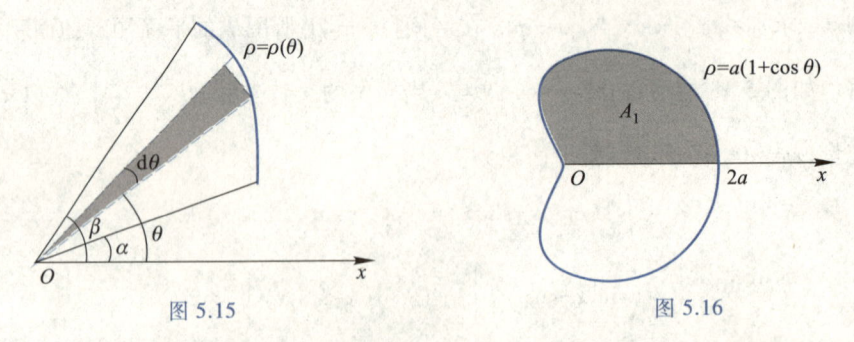

图 5.15

图 5.16

解 此图形对称于极轴,因此所求图形的面积 A 是极轴上方部分图形面积 A_1 的两倍.对于极轴上方部分图形,取 θ 为积分变量,$\theta \in [0,\pi]$,由上述公式得

$$A = 2A_1 = 2 \times \frac{1}{2} \int_0^\pi a^2 (1+\cos\theta)^2 d\theta = a^2 \int_0^\pi (1+2\cos\theta+\cos^2\theta) d\theta$$

$$= a^2 \int_0^\pi \left(\frac{3}{2}+2\cos\theta+\frac{1}{2}\cos 2\theta\right) d\theta = a^2 \left[\frac{3}{2}\theta+2\sin\theta+\frac{1}{4}\sin 2\theta\right]\bigg|_0^\pi = \frac{3}{2}\pi a^2.$$

三、定积分求体积

(一) 平行截面面积为已知的立体体积

设一物体被垂直于某直线的平面所截的面积可求,则该物体可用定积分求其体积.不妨设上述直线为 x 轴,则在 x 处的截面面积 $A(x)$ 是 x 的已知连续函数,求该物体介于 $x=a$ 和 $x=b(a<b)$ 之间的体积(图 5.17).

为求体积微元,在小区间 $[x,x+\mathrm{d}x]$ 上视 $A(x)$ 不变,即把 $[x,x+\mathrm{d}x]$ 上的立体薄片近似看作以 $A(x)$ 为底,$\mathrm{d}x$ 为高的柱片,于是得 $\mathrm{d}V=A(x)\mathrm{d}x$.

再在 x 的变化区间 $[a,b]$ 上积分,则得公式

$$V = \int_a^b A(x)\mathrm{d}x. \tag{5}$$

例 6 设有底圆半径为 R 的圆柱,被一与圆柱面交成 α 角且过底圆直径的平面所截,求截下的楔形体积(图 5.18).

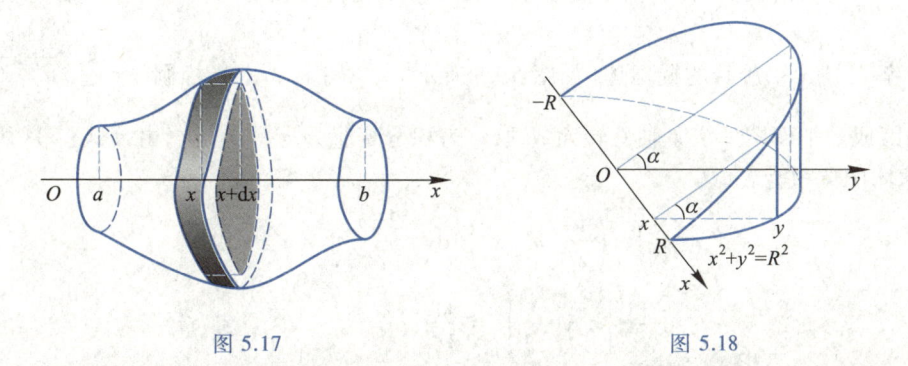

图 5.17

图 5.18

解 取这个平面与圆柱体的底面交线为 x 轴,底面上过圆心且垂直于 x 轴的直线为 y 轴.那么底圆方程为 $x^2+y^2=R^2$.在 x 处垂直于 x 轴作立体的截面,得一直角三角形,两条直角边分别为 y 及 $y\tan\alpha$,即 $\sqrt{R^2-x^2}$ 及 $\sqrt{R^2-x^2}\tan\alpha$,其面积为 $A(x)=\frac{1}{2}y\cdot y\tan\alpha=\frac{1}{2}(R^2-x^2)\cdot\tan\alpha$,从而得楔形体积为

$$V = \int_{-R}^{R}\frac{1}{2}(R^2-x^2)\tan\alpha\mathrm{d}x = \tan\alpha\int_0^R(R^2-x^2)\mathrm{d}x$$

$$= \tan\alpha\left(R^2x-\frac{x^3}{3}\right)\Big|_0^R = \frac{2}{3}R^3\tan\alpha.$$

(二) 旋转体的体积

设旋转体是由连续曲线 $y=f(x)$ 和直线 $x=a,x=b(a<b)$ 及 x 轴所围成的曲边梯形绕 x 轴旋转而成(图 5.19),我们来求它的体积 V.这是已知平行截面面积求立体体积的特殊情况,这时截面积 $A(x)$ 是圆面积.

在区间 $[a,b]$ 上点 x 处垂直 x 轴的截面面积为 $A(x)=\pi f^2(x)$,在 x 的变化区间 $[a,b]$ 内积分,得旋转体体积为

$$V = \pi\int_a^b f^2(x)\mathrm{d}x. \tag{6}$$

定积分应用之旋转体的体积

类似，由曲线 $x=g(y)$，直线 $y=c,y=d$ 及 y 轴所围成的曲边梯形绕 y 轴旋转，所得旋转体（图 5.20）的体积为

$$V=\pi\int_c^d g^2(y)\,\mathrm{d}y. \tag{7}$$

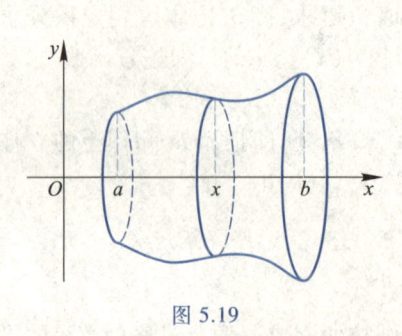

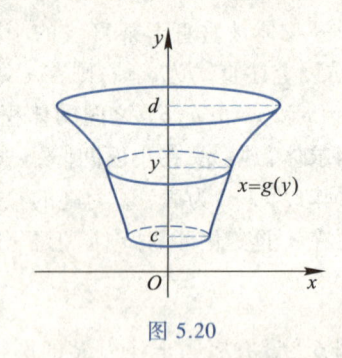

图 5.19

图 5.20

例 7 求由椭圆 $\dfrac{x^2}{a^2}+\dfrac{y^2}{b^2}=1$ 分别绕 x 轴及 y 轴旋转而成的椭球体的体积.

解 绕 x 轴旋转的椭球体（如图 5.21 所示），它可看作上半椭圆 $y=\dfrac{b}{a}\sqrt{a^2-x^2}$ 与 x 轴围成的平面图形绕 x 轴旋转而成.取 x 为积分变量，$x\in[-a,a]$，由公式(6)，所求椭球体的体积为

$$V_x=\pi\int_{-a}^a\left(\frac{b}{a}\sqrt{a^2-x^2}\right)^2\mathrm{d}x=\frac{2\pi b^2}{a^2}\int_0^a(a^2-x^2)\,\mathrm{d}x$$

$$=\frac{2\pi b^2}{a^2}\left[a^2x-\frac{x^3}{3}\right]_0^a=\frac{4}{3}\pi ab^2.$$

绕 y 轴旋转的椭球体，可看作右半椭圆 $x=\dfrac{a}{b}\sqrt{b^2-y^2}$ 与 y 轴围成的平面图形绕 y 轴旋转而成（如图 5.22 所示），取 y 为积分变量，$y\in[-b,b]$，由公式(7)，所求椭球体体积为

$$V_y=\pi\int_{-b}^b\left(\frac{a}{b}\sqrt{b^2-y^2}\right)^2\mathrm{d}y=\frac{2\pi a^2}{b^2}\int_0^b(b^2-y^2)\,\mathrm{d}y$$

$$=\frac{2\pi a^2}{b^2}\left[b^2y-\frac{y^3}{3}\right]_0^b=\frac{4}{3}\pi a^2b.$$

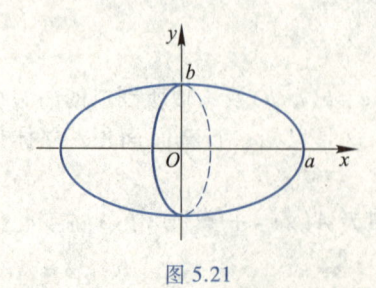

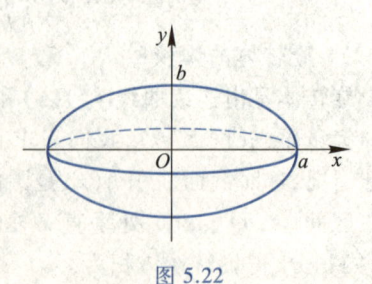

图 5.21

图 5.22

四、平面曲线的弧长

设有曲线 $y=f(x)$（假定其导数连续），来计算从 $x=a$ 到 $x=b$ 的一段弧的长度 s（图 5.23）.仍用微元法,取 x 为积分变量,$x\in[a,b]$,在微小区间 $[x,x+\mathrm{d}x]$ 内,用切线段来近似代替小弧段,得弧长微元为

$$\mathrm{d}s=MT=\sqrt{MQ^2+QT^2}=\sqrt{(\mathrm{d}x)^2+(\mathrm{d}y)^2}=\sqrt{1+y'^2}\,\mathrm{d}x.$$

所以

$$s=\int_a^b \sqrt{1+(y')^2}\,\mathrm{d}x. \tag{8}$$

若曲线由参数方程 $\begin{cases} x=\varphi(t), \\ y=\psi(t) \end{cases}$ $(\alpha\leqslant t\leqslant \beta)$ 给出,$\varphi(t),\psi(t)$ 在 $[\alpha,\beta]$ 上有连续的导数.则弧微元

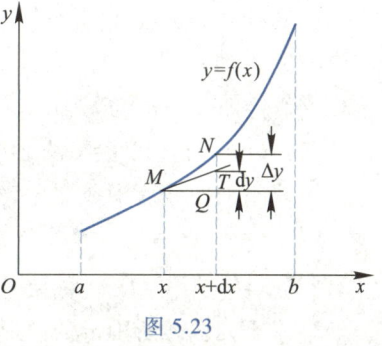

$$\mathrm{d}s=\sqrt{(\mathrm{d}x)^2+(\mathrm{d}y)^2}=\sqrt{[\varphi'(t)]^2+[\psi'(t)]^2}\,\mathrm{d}t$$
$$=\sqrt{(x')^2+(y')^2}\,\mathrm{d}t \qquad (\mathrm{d}t>0).$$

因此

$$s=\int_\alpha^\beta \sqrt{[\varphi'(t)]^2+[\psi'(t)]^2}\,\mathrm{d}t \quad (\alpha\leqslant \beta). \tag{9}$$

例 8 求连续曲线段 $y=\int_{-\frac{\pi}{2}}^{x}\sqrt{\cos t}\,\mathrm{d}t$ 的弧长.

解 因为 $\cos x\geqslant 0$,所以 $-\frac{\pi}{2}\leqslant x\leqslant \frac{\pi}{2}$.由弧长公式(8)得

$$s=\int_{-\frac{\pi}{2}}^{\frac{\pi}{2}}\sqrt{1+y'^2}\,\mathrm{d}x=2\int_0^{\frac{\pi}{2}}\sqrt{1+(\sqrt{\cos x})^2}\,\mathrm{d}x$$
$$=2\int_0^{\frac{\pi}{2}}\sqrt{2}\cos\frac{x}{2}\,\mathrm{d}x=2\sqrt{2}\left[2\sin\frac{x}{2}\right]_0^{\frac{\pi}{2}}=4.$$

例 9 计算摆线 $\begin{cases} x=a(t-\sin t), \\ y=a(1-\cos t) \end{cases}$ $(a>0)$ 一拱 $(0\leqslant t\leqslant 2\pi)$ 的弧长.

解 摆线在 $0\leqslant t\leqslant 2\pi$ 的图像如图 5.14.根据弧长公式(9)得

$$\mathrm{d}s=\sqrt{\left(\frac{\mathrm{d}x}{\mathrm{d}t}\right)^2+\left(\frac{\mathrm{d}y}{\mathrm{d}t}\right)^2}\,\mathrm{d}t=\sqrt{a^2(1-\cos t)^2+a^2\sin^2 t}\,\mathrm{d}t$$
$$=a\sqrt{2(1-\cos t)}\,\mathrm{d}t=2a\sin\frac{t}{2}\,\mathrm{d}t,$$

所以 $s=\int_0^{2\pi}2a\sin\frac{t}{2}\,\mathrm{d}t=2a\left[-2\cos\frac{t}{2}\right]_0^{2\pi}=8a.$

习题 5.2

1. 求下列曲线所围成的平面图形的面积：
   (1) $y=e^x, y=e^{-x}$ 与 $x=1$.
   (2) $y=\ln x, x=0$ 与直线 $y=\ln a, y=\ln b(b>a>0)$.
   (3) $y^2=4+x$ 与 $x+2y=4$.
   (4) $y=3-2x-x^2$ 与 x 轴.
   *(5) $y=x^2$ 与直线 $y=x$ 及 $y=2x$.

2. 求下列曲线所围成图形绕指定轴旋转而成的旋转体的体积：
   (1) $y=x$ 与 $x=1, y=0$，绕 x 轴.
   (2) $x=\sqrt{y}$ 与 $y=1, x=0$，绕 y 轴.

*3. 求下列曲线所围成的图形的面积：
   (1) 双纽线 $r^2=a^2\sin 2\theta$.　　(2) 心形线 $r=2a(1-\cos\theta)$.

*4. 有一立体，以长半轴 $a=2$，短半轴 $b=1$ 的椭圆为底，而垂直于长轴的截面都是等边三角形，求其体积.

*5. 求下列曲线的弧长：
   (1) $y=\dfrac{\sqrt{x}}{3}(3-x), 1\leqslant x\leqslant 3$.　　(2) $y=\int_0^x \sqrt{\sin t}\,\mathrm{d}t, 0\leqslant x\leqslant \pi$.
   (3) $\begin{cases} x=\arctan t, \\ y=\dfrac{1}{2}\ln(1+t^2), \end{cases} 0\leqslant t\leqslant 1$.

第三节　定积分在物理上的应用

一、变力沿直线段做功

由物理学知道，物体在常力 F 的作用下，沿力的方向作直线运动，当物体发生了位移 S 时，力 F 对物体所做的功是 $W=FS$.

但在实际问题中，物体在发生位移的过程中所受到的力常常是变化的，这就需要考虑变力做功的问题.

由于所求的功是一个整体量，且对于区间具有可加性，所以可以用微元法来求这个量.

设物体在变力 $F=f(x)$ 的作用下，沿 x 轴由点 a 移动到点 b，如图 5.24 所示，且变力方向与 x 轴方向一致. 取 x 为积分变量，$x\in[a,b]$. 在区间 $[a,b]$ 上任取一小区间 $[x,x+\mathrm{d}x]$，该区间上各点处的力可以用点 x 处的力 $F(x)$ 近似代替. 因此功的微元为

$$dW = F(x)dx,$$

从而,从 a 到 b 这一段位移上变力 $F(x)$ 所做的功为

$$W = \int_a^b F(x)dx.$$

例 1 在原点 O 有一个带电荷量为 $+q$ 的点电荷,它所产生的电场对周围电荷有作用力.现有一单位正电荷从距原点 a 处沿射线方向移至距 O 点为 $b(a<b)$ 的地方,求电场力所做的功.又如把该单位电荷移至无穷远处,电场力做了多少功?

解 取电荷移动的射线方向为 x 轴正向(图 5.25),那么电场力为 $F = k\dfrac{q}{x^2}$(k 为常数),这是一个变力.在 $[x, x+dx]$ 上,以"常代变"得功微元 $dW = k\dfrac{q}{x^2}dx$,于是电场力对单位正电荷做的功为

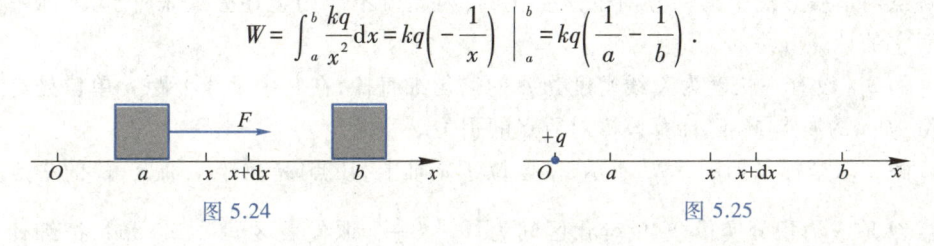

$$W = \int_a^b \frac{kq}{x^2}dx = kq\left(-\frac{1}{x}\right)\Big|_a^b = kq\left(\frac{1}{a} - \frac{1}{b}\right).$$

图 5.24

图 5.25

若在电场力的作用下,将单位正电荷从 a 移至无穷远处,则做的功为

$$\int_a^{+\infty} \frac{kq}{x^2}dx = \frac{kq}{a}.$$

物理学中,把上述移至无穷远处所做的功叫作电场在 a 处的电位,于是电场在 a 处的电位为 $V = \dfrac{kq}{a}$.

二、液体的侧压力

由物理学知道,在液面下深度为 h 处的压强为 $p = \rho g h$,其中 ρ 是液体的密度,g 是重力加速度.如果有一面积为 A 的薄板水平地置于深度为 h 处,那么薄板一侧所受的液体压力 $F = pA$.

但在实际问题中,往往要计算薄板竖直放置在液体中时,其一侧所受到的压力.由于压强 p 随液体的深度而变化,所以薄板一侧所受的液体压力则要用定积分来加以解决.下面结合具体例题说明计算方法.

例 2 一闸门呈倒置的等腰梯形垂直地位于水中,它的两底边各长 6 m 和 4 m,高为 6 m,较长的底边与水面平齐,要计算闸门一侧所受水的压力(水的密度为 10^3 kg/m^3).

解 根据题设条件.建立如图 5.26 所示的坐标系,AB 的方程为 $y = -\dfrac{1}{6}x + 3$.取 x 为积分变量,$x \in [0,6]$,在 $x \in [0,6]$ 上取代表区间 $[x, x+dx]$,则压力微元为(g 取 9.8 m/s^2)

$$dF = 2\rho g x y dx = 2 \times 9.8 \times 10^3 x \left(-\frac{1}{6}x + 3\right)dx,$$

从而所求的压力为

$$F = \int_0^6 9.8 \times 10^3 \left(-\frac{1}{3}x^2 + 6x\right) dx = 9.8 \times 10^3 \left(-\frac{1}{9}x^3 + 3x^2\right) \bigg|_0^6 \approx 8.23 \times 10^5 (\text{N}).$$

三、引力

从物理学知道,质量分别为 m_1, m_2,相距为 r 的两质点间的引力的大小为

$$F = k\frac{m_1 m_2}{r^2},$$

其中 G 为引力常量,引力的方向沿着两质点的连线方向.

如果计算一根细棒对一个质点的引力,那么由于细棒上各质点的距离是变化的,且各点对该质点的引力的方向也是变化的,因此就不能用上述公式来计算.下面举例说明它的计算方法.

例 3 设有一长度为 l,线密度为 μ 的均匀细直棒,在其中垂线上距 a 单位处有一质量为 m 的质点 M,试计算该棒对质点的引力.

解 取坐标系如图 5.27 所示,使棒位于 x 轴上,质点 M 位于 y 轴上,棒的中点为原点 O.取 x 为积分变量,它的变化区间为 $\left[-\frac{l}{2}, \frac{l}{2}\right]$.取代表区间 $[x, x+dx]$,把细棒上位于 $[x, x+dx]$ 的一段近似地看成质点,其质量为 μdx,与 M 相距 $r = \sqrt{a^2 + x^2}$.因此可以按照两质点间的引力计算公式求出这段细棒对质点 M 的引力的大小:

$$dF = k\frac{m\mu dx}{a^2 + x^2},$$

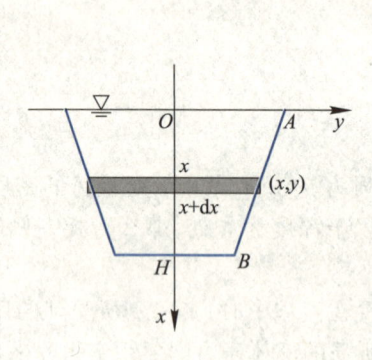

图 5.26

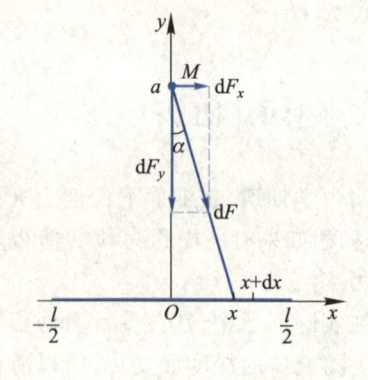

图 5.27

从而求出 dF 在垂直方向分力 dF_y 为

$$dF_y = -dF \cos \alpha = -k\frac{m\mu dx}{a^2 + x^2} \cdot \frac{a}{\sqrt{a^2 + x^2}}$$

$$= -km\mu a \frac{dx}{(a^2 + x^2)^{\frac{3}{2}}}.$$

棒对质点的引力的垂直分力为

$$F_y = -2km\mu a \int_0^{\frac{l}{2}} \frac{\mathrm{d}x}{(a^2+x^2)^{\frac{3}{2}}} = -2km\mu a \left(\frac{x}{a^2\sqrt{a^2+x^2}} \right) \Big|_0^{\frac{l}{2}} = -\frac{2km\mu l}{a} \frac{1}{\sqrt{4a^2+l^2}}.$$

由对称性知,棒对质点引力的水平分力 $F_x = 0$.故棒对质点的引力大小为

$$F = \frac{2km\mu l}{a} \frac{1}{\sqrt{4a^2+l^2}}.$$

当细直棒的长度 l 很大时,可视为 l 趋于无穷.此时,引力的大小为 $\dfrac{2km\mu}{a}$,方向与细棒垂直且由 M 指向细棒.

习题 5.3

1. 有一质点按规律 $x = t^3$ 作直线运动,介质阻力与速度成正比,求质点从 $x = 0$ 移动到 $x = 1$ m 时,克服介质阻力所做的功.

2. 弹簧所受压缩的力 F 与压缩距离成正比.现在弹簧由原长压缩了 8 cm,问需做多少功?

3. 半径为 3 m 的半球形水池盛满水,若把其中的水全部抽尽,问要做多少功?

4. 一底为 8 m,高为 6 m 的等腰三角形薄片,铅直沉在水中,顶在上,底在下且与水面平行,而顶离水面 3 m,试求它侧面所受的压力.

5. 设有一长度为 l、线密度为 μ 的均匀细直棒,在与棒的一端垂直距离为 a 单位处有一质量为 m 的质点 M,试求这细棒对质点 M 的引力.

第四节　数学思想方法选讲——化归法

回顾我们处理数学问题的过程和经验就会发现,我们常常是将待解决的陌生问题通过转化,归结为一个比较熟悉的问题来解决,也常将一个复杂的问题转化为一个或几个简单的问题来解决,等等.这些方法的科学概括就是数学上解决问题的基本思想方法——化归法.

一、化归的基本思想

化归法是转化思想这一重要的数学思想在数学方法论上的体现,是数学中普遍适用的重要方法.

人们在认识一个新事物或解决一个新问题时,往往会设法将对新事物或新问题的分析研究纳入已有的认识结构或模式中来.例如,我们在解决数学问题的过程中,常常是将待解决的问题通过转化,归结为较熟悉的问题来解决,因为这样就可以充分调动和运用我们已有的知识、经验和方法用于问题的解决.这种问题之间的转化概括起来

就是化归方法.

"化归"是转化和归结的简称.化归方法是数学中解决问题的一般方法,其基本思想是:人们在解决数学问题时,常常是将待解决的问题 A,通过某种转化手段归结为另一个问题 B,而问题 B 是相对较易解决或已有固定解决模式的问题,且通过对问题 B 的解决而得到原问题 A 的解答.用框图表示如图 5.28 所示,其中问题 B 常被称为化归目标,转化的手段被称为化归途径或化归策略.

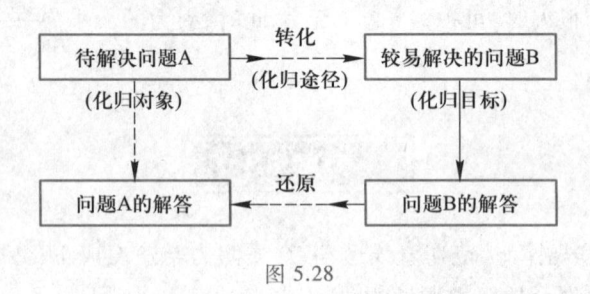

图 5.28

匈牙利著名数学家路莎指出:"对于数学家的思维过程来说是很典型的,他们往往不对问题进行正面的进攻,而是不断地将它变形,直至把它转化为已经能够解决的问题."

路莎用以下比喻,十分生动地说明了化归思维的实质:"假设在你面前有煤气灶、水龙头、水壶和火柴,你想烧开水,应当怎么去做?"正确的回答是:"在水壶中放上水,点燃煤气,再把水壶放到煤气灶上."接着路莎又提出了第二个问题:"如果其他的条件都没有变化,只是水壶中已经放了足够的水,那么你又应当如何去做?"这时人们往往会很有信心地回答说:"点燃煤气,再把水壶放到煤气上."但路莎认为这并不是最好的回答,因为"只有物理学家才这样做,而数学家则会倒去壶中的水,并且声称我已经把后一问题化归成先前已经得到解决的问题了."

在数学中,几乎所有的数学问题的解决都离不开化归,只是体现的化归形式不同而已.计算题是利用规定的计算法则进行归纳;证明题是利用定理、公理或已解决了的命题进行化归;应用问题是利用数学模型进行化归.数学问题的化归方法也是多样的.把高次的化为低次的;多元的化为一元的;高维的化为低维的;把指数运算化为乘法运算;把乘法运算化为加法运算;把几何问题化为代数问题;把微分方程问题化为代数方程问题;化连续为离散;化离散为连续;化一般为特殊;化特殊为一般……总之,数学中的化归法的目的就是化难为易,化繁为简,化生为熟,化暗为明.

比如在微积分中,不定积分的计算方法中就有所谓分部积分法:

设函数 $u(x),v(x)$ 具有连续的导数,则

$$\int u(x)v'(x)\mathrm{d}x = u(x)v(x) - \int u'(x)v(x)\mathrm{d}x, \tag{1}$$

或写作

$$\int u(x)\mathrm{d}v(x) = u(x)v(x) - \int v(x)\mathrm{d}u(x). \tag{2}$$

利用公式(1)或(2)有时可以使难求的不定积分 $\int u(x)v'(x)\mathrm{d}x$ 转化为易求的不定积分 $\int u'(x)v(x)\mathrm{d}x$,从而得到所要求的结果.

在定积分理论中,有著名的牛顿-莱布尼茨公式:

若函数 $F(x)$ 是连续函数 $f(x)$ 在区间 $[a,b]$ 上的一个原函数,则

$$\int_a^b f(x)\,\mathrm{d}x = F(b) - F(a).$$

牛顿-莱布尼茨公式不仅在理论上是很重要的,而且在实际计算中也有重要的意义,即将求定积分的问题化归为求被积函数的原函数或不定积分的问题.

二、化归的基本原则

为了实现有效的化归,一般应遵循以下原则.

1. 化归目标简单化原则

化归目标简单化原则是指化归应朝目标简单的方向进行,即复杂的待解决问题应向简单的较易解决的问题化归.这里的简单不仅是指问题结构形式表示上的简单,而且还指问题处理方式方法的简单.

例 1 已知 $af(2x^2-1) + bf(1-2x^2) = 4x^2, a^2-b^2 \neq 0$,求 $f(x)$.

分析 根据题设等式结构的特点,遵循简单化原则,予以简化.只需令 $2x^2-1=y$,条件等式就可以化为 $af(y)+bf(-y)=2y+2$,在此条件下求 $f(x)$,关系就明朗许多.由新条件等式中 $f(y)$ 与 $f(-y)$ 的特殊关系,我们可想到在等式中用 $-y$ 代 y,仍会得到一个关于 $f(y), f(-y)$ 的等式,这样,问题就化归为求解这两个等式组成的关系 $f(y), f(-y)$ 的方程组

$$\begin{cases} af(y)+bf(-y) = 2y+2, \\ af(-y)+bf(y) = -2y+2, \end{cases}$$

这是一个简单问题.

2. 和谐统一性原则

化归的和谐统一性原则是指化归应朝着使待解决的问题在表现形式上趋于和谐,在量、形、关系方面趋于统一的方面进行,使问题的条件与结论表现得更匀称和恰当.

例 2 已知 $x+y+z = \dfrac{1}{x}+\dfrac{1}{y}+\dfrac{1}{z} = 1$,求证:$x,y,z$ 三个数中至少有一个为 1.

分析 由于条件给出的是 x,y,z 的运算关系,由和谐统一性原则,欲证结构,我们只需证:

① $(1-x)(1-y)(1-z) = 0$.

将结果也表明为一种运算关系,如何证明①,不妨把它化为

② $1-x-y-z+xy+yz+zx-xyz = 0$.

联想到 $x+y+z=1$,可知要证②,只需证:

③ $xy+yz+zx-xyz = 0$.

而③与条件 $\dfrac{1}{x}+\dfrac{1}{y}+\dfrac{1}{z} = 1$ 等价的,可知原结论是成立的.

3. 具体化原则

化归的具体化原则是指化归的方向一般应由抽象到具体,即分析问题和解决问题时,应着力将问题向较具体的问题转化,以使其中的数量关系更易把握.如尽可能将抽

象的式用具体的形来表示;将抽象的语言描述用具体的形式表示,以使问题中的各种概念以及概念之间的相互关系具体明确.

例 3 求函数 $f(x) = \sqrt{x^4-3x^2-6x+13} - \sqrt{x^4-x^2+1}$ 的最大值.

分析 函数结构复杂,无法用常规方法解.设法将其具体化.由根式我们会联想到距离,问题的关键是两个根式内的被开方式能否化成平方和的形式.通过拆凑,发现可以,即

$$f(x) = \sqrt{(x^2-2)^2+(x-3)^2} - \sqrt{(x^2-1)^2+x^2}.$$

对其作适当的语义解释,问题就转化为:求点 $P(x,x^2)$ 到点 $A(3,2)$ 与点 $B(0,1)$ 距离之差的最大值.进一步将其直观具体化(图 5.29).由 A,B 的位置知直线 AB 必交抛物线 $y=x^2$ 于第二象限的一点 C,由三角形两边之差小于第三边可知,P 位于 C 时,$f(x)$ 才能取到最大值,且最大值就是 $|AB|$,故 $f_{\max}(x) = |AB| = \sqrt{10}$.

上述分析过程的关键是将问题通过几何直观,转化为具体的形,"形"使我们把握住了 $f(x)$ 的变化情况.

4. 标准形式化原则

化归的标准形式化原则是说将待解决问题在形式上向该类问题的标准形式化归,标准形式是指已经建立起来的数学模式.如一元二次方程求根公式及根与系数的关系都是关于标准形式的一元二次方程 $ax^2+bx+c=0$ 而言的,只有化归成标准形式的一元二次方程形式后,才可用有关结果.二次曲线的有关理论都是针对标准形式方程讨论的,因此也只有化成标准方程形式,才可能运用这些理论.所以,问题向标准形式化归也是数学解题思维的一个基本原则.

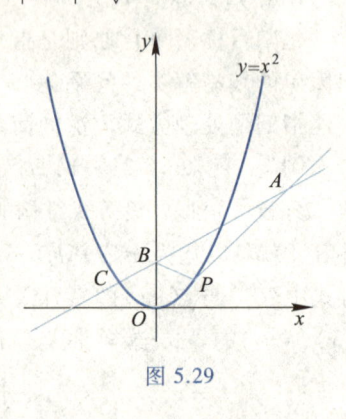

图 5.29

5. 低层次化原则

化归的低层次化原则是说,解决数学问题时,应尽量将高维空间的待解决问题化归成低维空间的问题,高次数的问题化归为低次数的问题,多元问题化归为少元问题解决,这是因为低层次问题比高层次问题更直观、具体、简单.

这些原则都体现了化未知为已知的目的和要求.此外,和谐化原则还实现了把相关的研究对象进行系统整理的有序化过程.

三、化归法应用举例

1. 求积分的第一类换元法(凑微分法)

在求不定积分或定积分时,换元积分是将不易积分的被积函数转化为容易积分的被积函数的一种有效方法.采用第一类换元时,被积函数中一个函数式用一个新变量来代替.

例 4 求 $\int \sin x \cos x \, dx$

分析 用变量 u 代替 $\sin x$,则 $\cos x \, dx$ 可替换成 du,于是原积分化为

$$\int u \, du = \frac{1}{2}u^2 + C,$$

然后把 u 还原为 $\sin x$,得

$$\int \sin x \cos x \, dx = \frac{1}{2}\sin^2 x + C.$$

一般地,在积分式 $\int g(x) \, dx$ 中,若能把被积函数 $g(x)$ 分解成两个因子的乘积,使得其中一个因子可看成 $f[\varphi(x)]$ 这样一个复合函数,同时使另一个因子可看成 $\varphi'(x) \, dx$(用变量 u 代替 $\varphi(x)$,则 $\varphi'(x) \, dx$ 可替换成 du),就可以得到

$$\int f[\varphi(x)]\varphi'(x) \, dx = \int f(u) \, du,$$

这时最重要的是要使新的积分即上式右边的积分比原来的积分容易求出,求出 $f(u)$ 的原函数 $F(u)+C$ 后,再把 u 还原为 $\varphi(x)$,得到 $\int g(x) \, dx = F(\varphi(x)) + C$.

当然,当我们已经熟练掌握凑微分法时,我们可以不必写出 $u = \varphi(x)$ 的过程.

2. 求积分的第二类换元法

把 $\int f(x) \, dx$ 中的积分变量 x 用一个合适的函数 $\varphi(t)$ 来替换,使得 $f[\varphi(t)]\varphi'(t)$ 的积分易求.令 $x = \varphi(t)$,那么 $dx = \varphi'(t) \, dt$,

$$\int f(x) \, dx = \int f[\varphi(t)]\varphi'(t) \, dt,$$

当用右边的积分求出 $f[\varphi(t)]\varphi'(t)$ 的原函数 $G(t)$ 后,我们必须把它还原为 $f(x)$ 的原函数.为此,要求 $x = \varphi(t)$ 的反函数存在且连续.因此,通常要求 $\varphi(t)$ 在区间 I 的导数连续且在 I 的内部不等于零.于是得到 $\int f(x) \, dx = G(\varphi^{-1}(x))$,其中 $\varphi^{-1}(x)$ 是 $\varphi(t)$ 的反函数.

对于定积分 $\int_a^b f(x) \, dx$ 也有变量替换法.以第二类换元法为例,把积分变量 x 用一个合适的函数 $\varphi(t)$ 来替换,使得 $f[\varphi(t)]\varphi'(t)$ 的积分易求.令 $x = \varphi(t)$,那么 $dx = \varphi'(t) \, dt$,

$$\int_a^b f(x) \, dx = \int_\alpha^\beta f[\varphi(t)]\varphi'(t) \, dt. \tag{3}$$

这时,只要求 $\varphi(t)$ 在区间 $[\alpha,\beta]$ 上连续、可导,$\varphi(\alpha) = a, \varphi(\beta) = b$,且 φ 在 $[\alpha,\beta]$ 上变化时,其值域包含在 $[a,b]$ 内.但是,不要求反函数存在,因为不必把关于新变量的原函数还原为 $f(x)$ 的原函数,(3)式右边积分的值就是答案.

3. 递推与递归法

据实际问题的需要,常多重联用化归法,特别地,递推与递归法就是如此.

例如本章第一节例 22 中为了求

$$I_n = \int_0^{\frac{\pi}{2}} \sin^n x \, dx, \text{其中 } n \text{ 为正整数},$$

只要求出 $I_0 = \int_0^{\frac{\pi}{2}} dx = \frac{\pi}{2}, I_1 = \int_0^{\frac{\pi}{2}} \sin x \, dx = 1$,当 $n \geq 2$ 时,建立一个递推公式,把求 I_n 转化为 I_{n-2},其递推公式为

$$I_n = \frac{n-1}{n} I_{n-2} \quad (n \geq 2, n \in \mathbf{N}),$$

那么连续使用递推公式直到 I_1 或 I_0,就可以求得 I_n.

第五节 数学实验(五)——使用 MATLAB 计算积分

MATLAB 进行定积分运算的命令和计算不定积分是一样的,也是使用函数为 int,int 函数计算定积分的调用格式为

int(fun, a, b)计算函数 fun 关于默认变量的定积分.

int(fun, v, a, b)计算 fun 对指定变量 v 的定积分,即 $\int_a^b \text{fun} dv$.

fun 是函数的符号表达式,x 是符号变量.a,b 分别是积分上、下限,MATLAB 允许它们取任何值或符号表达式.

例 1 计算定积分 $\int_0^1 \frac{xe^x}{(1+x)^2}dx$.

解 在 MATLAB 中输入:
```
>> syms x ;
>> y = (x*exp(x))/(1+x)^2;
>> int(y,0,1)
```

计算结果:ans = exp(1)/2-1.也就是 $\frac{e}{2}-1$.

例 2 计算定积分 $\int_1^4 \frac{1}{x+\sqrt{x}}dx$.

解 在 MATLAB 中输入:
```
>> syms x ;
>> y = 1/( x+sqrt(x) );
>> int(y,1,4)
```

计算结果:ans = log(9/4). 也就是 $\ln\frac{9}{4}$.

例 3 计算广义积分 $\int_0^{+\infty} x^2 e^{-2x^2} dx$.

解 在 MATLAB 中输入:
```
>> syms x;
>> f = (x^2)*exp(-2*(x^2)) ;
>> I =int(f,x,0,inf )
```

计算结果:I = (2^(1/2)*pi^(1/2))/16. 也就是 $\frac{\sqrt{2\pi}}{16}$.

例 4 计算广义积分 $\int_0^a \frac{1}{\sqrt{a^2-x^2}}dx$.

解 在 MATLAB 中输入:

```
>> syms x;
>> syms a positive        % 参数 positive 表示 a 是正实数域中的符号变量
>> y = 1/sqrt( a^2-x^2 );
>> I = int( y, x, 0, a )
```

计算结果：I = pi/2. 也就是 $\dfrac{\pi}{2}$.

例 5 计算表达式的值：

(1) $\lim\limits_{x\to 0}\dfrac{\int_0^x (e^{t^2}-1)\mathrm{d}t}{\tan x - x}$. (2) 设 $f(x) = \int_0^{x^2} \ln(1+t)\mathrm{d}t$, 求 $f'(1)$.

解 (1) 用 int 积分命令表示分子，再用极限命令即可，在 MATLAB 中输入：

```
>> syms x t;
>> num = int( exp(t^2)-1, t, 0, x );    % 分子
>> den = tan(x)-x;                       % 分母
>> L = limit( num/den, x, 0 )
```

极限结果：L = 1, 即原式 = 1.

(2) 用 int 积分命令表示积分上限函数，再用求导命令求出 $f'(x)$，在 MATLAB 中输入：

```
>> syms x t;
>> fx = int( log(1+t), t, 0, x^2 );
>> df = diff( fx, x )
```

求出导数：df = 2*x + 2*x*(log(x^2 + 1) - 1), 就是 $2x\ln(1+x^2)$, 再将 $x = 1$ 代入，输入命令：

```
>> df0 = subs(df, 1)
```

得到导数值：df0 = 1.3863, 即 $f'(0) = 2\ln 2$.

知 识 拓 展

我们知道 n 个数 $y_1, y_2, \cdots, y_n$ 的算术平均值为

$$\bar{y} = (y_1 + y_2 + \cdots + y_n)/n = \dfrac{1}{n}\sum_{i=1}^n y_i.$$

在生产实践和科学研究中，不仅要计算 n 个数的算术平均值，有时也常常需要计算一个连续函数 $y = f(x)$ 在区间 $[a,b]$ 上所取得的一切值的平均值. 如平均电流、平均功率、平均速度等. 下面讨论如何求连续函数 $y = f(x)$ 在区间 $[a,b]$ 上所取得的一切值的算术平均值.

设函数 $y = f(x)$ 在区间 $[a,b]$ 上连续. 将区间 $[a,b]$ 分成 n 等份，设分点为

$$a = x_0 < x_1 < x_2 < \cdots < x_n = b,$$

每个小区间 $[x_{i-1}, x_i]$ $(i = 1, 2, \cdots, n)$ 的长度为 $\Delta x_i = \dfrac{b-a}{n}$. 各分点 x_i 所对应的函数值为 $f(x_1), f(x_2), \cdots, f(x_n)$, 它们的平均值

$$\dfrac{f(x_1) + f(x_2) + \cdots + f(x_n)}{n} = \dfrac{1}{n}\sum_{i=1}^n f(x_i)$$

可近似地表达 $f(x)$ 在 $[a,b]$ 上取得的一切值的平均值. 显然 n 越大, 分点越多, 这个平均值就越接近函数 $f(x)$ 在 $[a,b]$ 上的平均值. 因此称极限

$$\lim_{n\to\infty}\frac{1}{n}\sum_{i=1}^{n}f(x_i)$$

为函数 $f(x)$ 在 $[a,b]$ 上的平均值, 记为 $\bar{y}_{[a,b]}$.

下面用定积分表示函数 $f(x)$ 在 $[a,b]$ 上的平均值 $\bar{y}_{[a,b]}$.

由于连续函数 $f(x)$ 在 $[a,b]$ 上可积, 因此可取 $\xi_i=x_i$, $\Delta x_i=\frac{b-a}{n}$, 则

$$\int_a^b f(x)\,dx = \lim_{\lambda\to 0}\sum_{i=1}^{n}f(\xi_i)\Delta x_i = \lim_{n\to\infty}\sum_{i=1}^{n}f(x_i)\frac{b-a}{n},$$

从而

$$\lim_{n\to\infty}\frac{1}{n}\sum_{i=1}^{n}f(x_i)=\frac{1}{b-a}\int_a^b f(x)\,dx,$$

即

$$\bar{y}_{[a,b]}=\frac{1}{b-a}\int_a^b f(x)\,dx.$$

将上式对照定积分中值定理中的 $f(\xi)$ 可见, $f(\xi)$ 即 $f(x)$ 在 $[a,b]$ 上的平均值.

例 1 求 0 到 T 秒这段时间内自由落体运动的平均速度.

解 因为自由落体运动的速度 $v=gt$, 所以

$$\bar{v}=\frac{1}{T-0}\int_0^T gt\,dt=\frac{1}{T}\left[\frac{gt^2}{2}\right]\Big|_0^T=\frac{1}{2}gT.$$

例 2 求纯电阻电路中正弦电流 $i(t)=I_m\sin\omega t$ 在一个周期上的平均功率.

解 设电阻为 R, 则电路中的电压

$$u=iR=I_m R\sin\omega t,$$

而功率

$$P=iu=I_m^2 R\sin\omega t,$$

因此 p 在 $\left[0,\frac{2\pi}{\omega}\right]$ 上的平均功率 (功率的平均值)

$$\bar{p}=\frac{1}{\frac{2\pi}{\omega}-0}\int_0^{\frac{2\pi}{\omega}}I_m^2 R\sin^2\omega t\,dt=\frac{I_m^2 R}{4\pi}\int_0^{\frac{2\pi}{\omega}}(1-\cos 2\omega t)\,d(\omega t)$$

$$=\frac{I_m^2 R}{4\pi}\left[\omega t-\frac{1}{2}\sin 2\omega t\right]\Big|_0^{\frac{2\pi}{\omega}}=\frac{1}{2}I_m^2 R=\frac{1}{2}I_m u_m \quad (u_m=I_m R).$$

这说明纯电阻电路中正弦电流的平均功率等于电流、电压的峰值乘积得一半.

》 本章小结 《

本章主要介绍了定积分的概念、性质, 定积分的计算以及定积分在几何与物理中的应用.

一、知识小结

（一）定积分的概念

函数 $y=f(x)$ 在区间 $[a,b]$ 上的定积分是通过积分和的极限定义的：

$$\int_a^b f(x)\,dx = \lim_{\lambda \to 0} \sum_{i=1}^n f(\xi_i)\Delta x_i,$$

这与不定积分的概念是完全不同的。通过牛顿-莱布尼茨公式，可以利用不定积分来计算定积分，从而建立了这两个概念间的联系。

（二）定积分的性质

定积分的性质（见第一节性质 1~8）在定积分的理论和计算中具有重要的应用。以下列出在积分计算中常用的几条性质：

(1) $\int_a^b [k_1 f(x) \pm k_2 g(x)\,dx] = k_1 \int_a^b f(x)\,dx \pm k_2 \int_a^b g(x)\,dx$.

(2) a,b,c 为常数，有 $\int_a^b f(x)\,dx = \int_a^c f(x)\,dx + \int_c^b f(x)\,dx$.

(3)（积分中值定理）如果函数 $f(x)$ 在闭区间 $[a,b]$ 上连续，则在区间 $[a,b]$ 上至少存在一点 ξ，使得 $\int_a^b f(x)\,dx = f(\xi)(b-a)$.

(4) 对于定义在 $[-a,a]$ 上的连续奇（偶）函数 $f(x)$，有

$$\int_{-a}^a f(x)\,dx = 0, \qquad f(x) \text{ 为奇函数;}$$

$$\int_{-a}^a f(x)\,dx = 2\int_0^a f(x)\,dx, \quad f(x) \text{ 为偶函数.}$$

（三）积分上限函数求导

如果函数 $f(x)$ 在 $[a,b]$ 上连续，则函数 $\Phi(x) = \int_a^x f(t)\,dt, x \in [a,b]$ 的导数等于被积函数在上限 x 处的值，即

$$\Phi'(x) = \left[\int_a^x f(t)\,dt\right]' = f(x).$$

一般地，如果 $g(x)$ 可导，则

$$\left[\int_a^{g(x)} f(t)\,dt\right]' = f([g(x)]) \cdot g'(x).$$

（四）牛顿-莱布尼茨公式

设函数 $f(x)$ 在区间 $[a,b]$ 上连续，且 $F(x)$ 是 $f(x)$ 的一个原函数，则

$$\int_a^b f(x)\,dx = F(b) - F(a).$$

这一公式说明：只需求出 $f(x)$ 的一个原函数，就可以计算 $f(x)$ 在区间 $[a,b]$ 上的定积分。

（五）定积分的计算

(1) 定积分的换元积分法：用换元法计算定积分时，应注意换元后，要换积分的上、下限。

(2) 定积分的分部积分法。

（六）广义积分

本章介绍了无穷区间和无界函数的广义积分，广义积分的计算原则上是把它化为一个定积分，再通过求极限的方法确定该广义积分是否收敛.实际计算中仍可用牛顿-莱布尼茨公式的形式进行计算.

1. 无穷区间上的广义积分

$$\int_{a}^{+\infty} f(x)\mathrm{d}x = F(x)\Big|_{a}^{+\infty} = F(+\infty) - F(a),$$

$$\int_{-\infty}^{b} f(x)\mathrm{d}x = F(x)\Big|_{-\infty}^{b} = F(b) - F(-\infty),$$

$$\int_{-\infty}^{+\infty} f(x)\mathrm{d}x = F(x)\Big|_{-\infty}^{+\infty} = F(+\infty) - F(-\infty).$$

2. 无界函数的广义积分

（1）若 b 为瑕点，则 $\int_{a}^{b} f(x)\mathrm{d}x = F(b^{-}) - F(a)$.

（2）若 a 为瑕点，则 $\int_{a}^{b} f(x)\mathrm{d}x = F(b) - F(a^{+})$.

（3）若瑕点 $c \in (a,b)$，则 $\int_{a}^{b} f(x)\mathrm{d}x = F(b) - F(c^{+}) + F(c^{-}) - F(a)$.

（七）定积分的应用

1. 微元法

在区间 $[a,b]$ 上任取一个微小区间 $[x, x+\mathrm{d}x]$，然后写出在这个小区间上的部分量 ΔF 的近似值，记为 $\mathrm{d}F = f(x)\mathrm{d}x$（称为 F 的微元）.将微元 $\mathrm{d}F$ 在 $[a,b]$ 上无限"累加"，即在 $[a,b]$ 上积分，得 $F = \int_{a}^{b} f(x)\mathrm{d}x$.

2. 定积分在几何上的应用

（1）平面图形的面积（表 5.1）

表 5.1

公式	图例
曲线 $y=f(x)$ 和直线 $x=a, x=b, y=0$ 所围成曲边梯形的面积 $A = \int_{a}^{b} f(x)\mathrm{d}x$	
由曲线 $y=f(x), y=g(x)\ (f(x) \geq g(x))$ 及直线 $x=a, x=b$ 所围成平面的面积 $A = \int_{a}^{b} [f(x) - g(x)]\mathrm{d}x$	

续表

公式	图例
由曲线 $x=\psi(y), x=\varphi(y)\,(\psi(y)\leqslant\varphi(y))$ 及直线 $y=c, y=d$ 所围成平面图形的面积 $$A=\int_c^d [\varphi(y)-\psi(y)]\,dy$$	
由极坐标方程 $\rho=\rho(\theta)$ 与射线 $\theta=\alpha, \theta=\beta\,(\alpha<\beta)$ 所围成图形的面积 $$A=\int_\alpha^\beta \frac{1}{2}[\rho(\theta)]^2\,d\theta$$	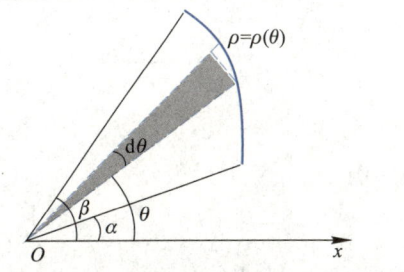

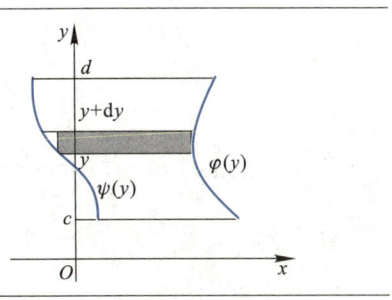

(2) 空间立体的体积(表 5.2)

表 5.2

	公式	图例
平行截面面积为已知的立体体积	立体位于 $x=a$ 和 $x=b\,(a<b)$ 之间,在任意 $x\in[a,b]$ 处的截面面积 $A(x)$ 是 x 的已知连续函数.则立体的体积为 $$V=\int_a^b A(x)\,dx$$	
旋转体的体积	由连续曲线 $y=f(x)$ 和直线 $x=a$, $x=b\,(a<b)$ 及 x 轴所围成的曲边梯形绕 x 轴旋转而成,则旋转体体积为 $$V=\pi\int_a^b f^2(x)\,dx$$	
	曲线 $x=g(y)$,直线 $y=c, y=d$ 及 y 轴所围成的曲边梯形绕 y 轴旋转,所得旋转体的体积为 $$V=\pi\int_c^d g^2(y)\,dy$$	

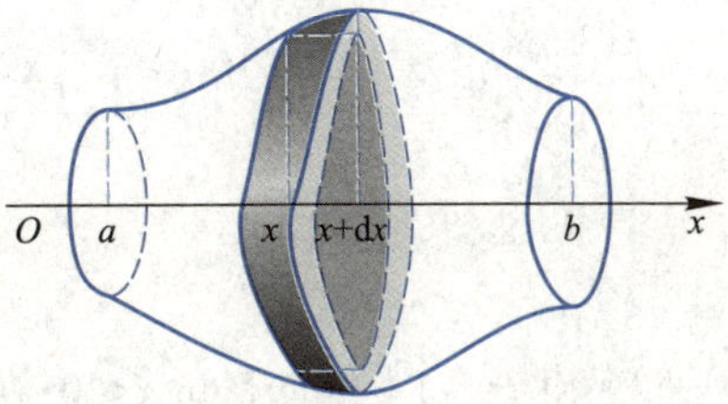

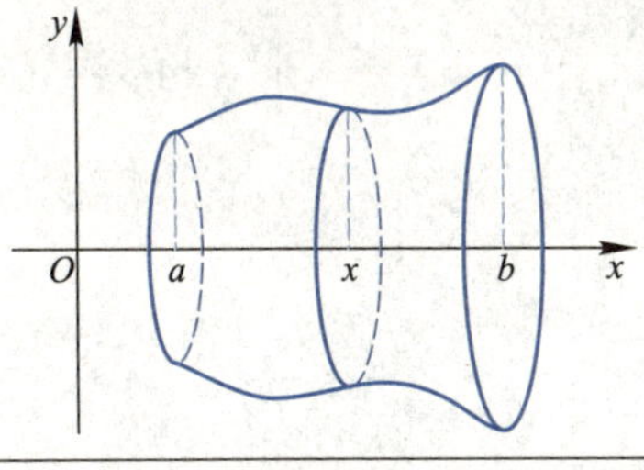

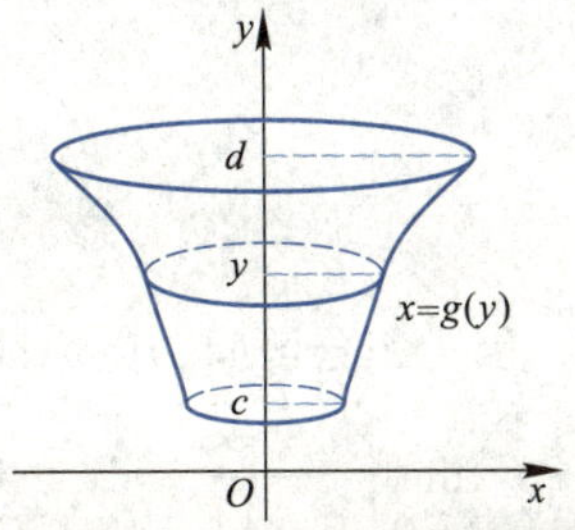

(3) 定积分在物理上的应用

通过具体实例介绍了利用定积分计算变力所做的功、液体的侧压力及引力.

二、典型例题

例 1 已知 $F(x)=\int_{x^2}^{\sin x}\sqrt{1+t}\,dt$，求 $F'(x)$.

解 $F(x)=\int_{x^2}^{\sin x}\sqrt{1+t}\,dt=\int_{x^2}^{c}\sqrt{1+t}\,dt+\int_{c}^{\sin x}\sqrt{1+t}\,dt$

$$=-\int_{c}^{x^2}\sqrt{1+t}\,dt+\int_{c}^{\sin x}\sqrt{1+t}\,dt,$$

$$F'(x)=-\sqrt{1+x^2}(2x)+\sqrt{1+\sin x}\cdot\cos x$$

$$=-2x\sqrt{1+x^2}+\sqrt{1+\sin x}\cdot\cos x.$$

例 2 计算下列积分：

(1) $\int_{0}^{4}\dfrac{1-\sqrt{x}}{1+\sqrt{x}}dx.$ (2) $\int_{0}^{\frac{\pi}{4}}\sec^4 x\tan x\,dx.$

(3) $\int_{\frac{1}{e}}^{e^2}x|\ln x|\,dx.$ (4) $\int_{0}^{+\infty}\dfrac{x}{(1+x^2)^2}dx.$

解 (1) 利用换元积分法，注意在换元时必须同时换限. 令 $t=\sqrt{x},x=t^2,dx=2t\,dt$，当 $x=0$ 时，$t=0$，当 $x=4$ 时，$t=2$，于是

$$\int_{0}^{4}\dfrac{1-\sqrt{x}}{1+\sqrt{x}}dx=\int_{0}^{2}\dfrac{1-t}{1+t}2t\,dt=\int_{0}^{2}\left[4-2t-\dfrac{4}{1+t}\right]dt=\left[4t-t^2-4\ln|1+t|\right]_{0}^{2}=4-4\ln 3.$$

(2) $\int_{0}^{\frac{\pi}{4}}\sec^4 x\tan x\,dx=\int_{0}^{\frac{\pi}{4}}\sec^3 x\,d(\sec x)=\dfrac{1}{4}\sec^4 x\Big|_{0}^{\frac{\pi}{4}}=1-\dfrac{1}{4}=\dfrac{3}{4}.$

(3) 由于在 $\left[\dfrac{1}{e},1\right]$ 上 $\ln x\leq 0$；在 $[1,e^2]$ 上 $\ln x\geq 0$，所以

$$\int_{\frac{1}{e}}^{e^2}x|\ln x|\,dx=\int_{\frac{1}{e}}^{1}(-x\ln x)dx+\int_{1}^{e^2}x\ln x\,dx$$

$$=-\int_{\frac{1}{e}}^{1}\ln x\,d\left(\dfrac{x^2}{2}\right)+\int_{1}^{e^2}\ln x\,d\left(\dfrac{x^2}{2}\right)$$

$$=\left[-\dfrac{x^2}{2}\ln x+\dfrac{x^2}{4}\right]\Big|_{\frac{1}{e}}^{1}+\left[\dfrac{x^2}{2}\ln x-\dfrac{x^2}{4}\right]\Big|_{1}^{e^2}$$

$$=\dfrac{1}{4}-\left(\dfrac{1}{4}\dfrac{1}{e^2}+\dfrac{1}{2}\dfrac{1}{e^2}\right)+\left(e^4-\dfrac{1}{4}e^4+\dfrac{1}{4}\right)$$

$$=\dfrac{1}{2}-\dfrac{3}{4}\dfrac{1}{e^2}+\dfrac{3}{4}e^4.$$

(4) 因为积分区间为无穷区间，所以

$$原式=\lim_{b\to+\infty}\int_{0}^{b}\dfrac{x}{(1+x^2)^2}dx=\lim_{b\to+\infty}\dfrac{1}{2}\int_{0}^{b}\dfrac{d(1+x^2)}{(1+x^2)^2}=\lim_{b\to+\infty}\left[\dfrac{-1}{2(1+x^2)}\right]\Big|_{0}^{b}$$

$$= \lim_{b \to +\infty} \left[\frac{-1}{2(1+b^2)} + \frac{1}{2} \right] = \frac{1}{2},$$

故所给广义积分收敛,且其值为 $\frac{1}{2}$.

例 3 求抛物线 $y = -x^2 + 4x - 3$ 及其在点 $(0, -3)$ 和 $(3, 0)$ 处的切线所围成的图形的面积(图 5.30).

解 首先求得导数 $y'|_{x=0} = 4$, $y'|_{x=3} = -2$, 故抛物线在点 $(0, -3)$ 和 $(3, 0)$ 处的切线分别为 $y = 4x - 3$, $y = -2x + 6$, 容易求得这两条切线交点为 $\left(\frac{3}{2}, 3 \right)$, 因此所求面积为

$$A = \int_0^{\frac{3}{2}} [4x - 3 - (-x^2 + 4x - 3)] dx + \int_{\frac{3}{2}}^3 [-2x + 6 - (-x^2 + 4x - 3)] dx = \frac{9}{4}.$$

例 4 计算由两条抛物线 $y = x^2$ 和 $y^2 = x$ 所围成的图形绕 x 轴旋转而成的旋转体的体积.

解 先解联立方程组 $\begin{cases} y = x^2, \\ x = y^2, \end{cases}$ 得两抛物线的交点坐标为 $(0, 0)$ 和 $(1, 1)$ (图 5.31). 设由曲线 $x = y^2$, 直线 $x = 1, y = 0$ 所围成的曲边梯形绕 x 轴旋转而成的旋转体的体积为 V_1; 由曲线 $y = x^2$, 直线 $x = 1, y = 0$ 所围成的曲边梯形绕 x 轴旋转而成的旋转体的体积为 V_2, 则所求旋转体的体积为

$$V = V_1 - V_2 = \pi \int_0^1 x \, dx - \pi \int_0^1 (x^2)^2 dx = \pi \left[\frac{x^2}{2} \right]_0^1 - \pi \left[\frac{x^5}{5} \right]_0^1 = \frac{3}{10} \pi.$$

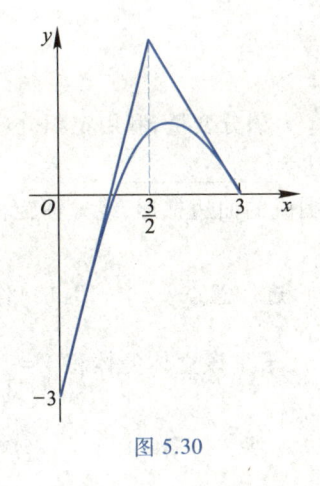

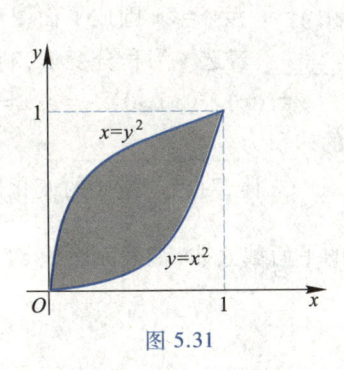

图 5.30

图 5.31

例 5 (1) 证明:把质量为 m 的物体从地球表面升高到 h 处所做的功是

$$W = \frac{mgRh}{R + h},$$

其中 g 是地面上的重力加速度, R 是地球的半径.

(2) 一颗人造地球卫星的质量为 173 kg, 在高于地面 630 km 处进入轨道. 问把这颗卫星从地面送到 630 km 的高空处, 克服地球引力要做多少功? 已知 $g = 9.8$ m/s^2,

地球半径为 $R = 6\ 370$ km.

解 (1) 质量为 m 的物体与地球中心相距 x 时,引力为 $F = k\dfrac{mM}{x^2}$,根据条件 $mg = k\dfrac{mM}{R^2}$,因此有 $k = \dfrac{R^2 g}{M}$,从而做的功为

$$W = \int_R^{R+h} \frac{mgR^2}{x^2}\mathrm{d}x = mgR^2\left(\frac{1}{R} - \frac{1}{R+h}\right) = \frac{mgRh}{R+h}.$$

(2) 做的功为 $W = \dfrac{mgRh}{R+h} = 971\ 973 \approx 9.72 \times 10^5 (\text{kJ})$.

复习题五

一、填空题

1. 曲线 $y = x^2, x = 0, y = 1$ 所围成的图形的面积可用定积分表示为_____.

2. 已知 $\varphi(x) = \int_0^x \sin t^2 \mathrm{d}t$,则 $\varphi'(x) =$ _____.

3. $\lim\limits_{x \to 0} \dfrac{\int_0^{x^2} \arcsin 2\sqrt{t}\,\mathrm{d}t}{x^3} =$ _____.

4. $\int_{-1}^{1} \dfrac{\sin x}{x^2+1}\mathrm{d}x =$ _____.

5. $\int_2^{+\infty} \dfrac{\mathrm{d}x}{\sqrt{(x-1)^3}} =$ _____.

6. 由 $y = x^3$ 及 $y = 2x$ 围成平面图形的面积,若选 x 为积分变量,利用定积分应表达为_____;若选 y 为积分变量,利用定积分应表达为_____.

7. 由 $y = f(x)(f(x) > 0), x = a, x = b(a < b)$ 及 x 轴围成的曲边梯形,绕 x 轴旋转形成旋转体的体积为_____.

8. 有一立体,对应变量 x 的变化区间为 $[-10, 10]$,过任意点 $x \in [-10, 10]$ 作垂直于 x 轴的平面截立体,其截面面积 $S(x) = \dfrac{\sqrt{3}}{4}(10^2 - x^2)$,于是该立体的体积 $V =$ _____.

二、单项选择题

1. 函数 $f(x)$ 在区间 $[a, b]$ 上连续是 $f(x)$ 在 $[a, b]$ 上可积的( ).
 A. 必要条件 B. 充分条件
 C. 充分必要条件 D. 既非充分也非必要条件

2. 下列等式不正确的是( ).

A. $\dfrac{d}{dx}\left[\int_a^b f(x)dx\right]=f(x)$ B. $\dfrac{d}{dx}\left[\int_a^{b(x)} f(t)dt\right]=f[b(x)]b'(x)$

C. $\dfrac{d}{dx}\left[\int_a^x f(t)dt\right]=f(x)$ D. $\dfrac{d}{dx}\left[\int_a^x F'(t)dt\right]=F'(x)$

3. $\lim\limits_{x\to 0}\dfrac{\int_0^x \sin t\,dt}{\int_0^x t\,dt}=(\quad)$.

A. -1 B. 0   C. 1   D. 2

4. 设 $f(x)=x^3+x$，则 $\int_{-2}^{2} f(x)dx=(\quad)$.

A. 0   B. 8   C. $\int_0^2 f(x)dx$ D. $2\int_0^2 f(x)dx$

5. 求由 $y=e^x, x=2, y=1$ 围成的曲边梯形的面积时，若选择 x 为积分变量，则积分区间为( ).

A. $[0,e^2]$ B. $[0,2]$ C. $[1,2]$ D. $[0,1]$

6. 由曲线 $y=e^x, x=0, y=2$ 所围成的曲边梯形的面积为( ).

A. $\int_1^2 \ln y\,dy$ B. $\int_0^{e^2} e^x dy$ C. $\int_1^{\ln 2} \ln y\,dy$ D. $\int_1^2 (2-e^x)dx$

7. 由直线 $y=x, y=-x+1$，及 x 轴所围成的平面图形的面积为( ).

A. $\int_0^1 [(1-y)-y]dy$ B. $\int_0^{\frac{1}{2}} [(-x+1)-x]dx$

C. $\int_0^{\frac{1}{2}} [(1-y)-y]dy$ D. $\int_0^1 [x-(-x+1)]dx$

8. 由 $y=\ln x, y=\log_{\frac{1}{e}} x, x=e$ 围成曲边梯形，用微元法求解时，若选 x 为积分变量，面积微元为( ).

A. $(\ln x+\log_{\frac{1}{e}} x)dx$ B. $(\ln x+\log_{\frac{1}{e}} x)dy$

C. $(\ln x-\log_{\frac{1}{e}} x)dx$ D. $(\ln x-\log_{\frac{1}{e}} x)dy$

9. 由 $y=x^2, x=-1, x=1, y=0$ 所围成的平面图形的面积为( ).

A. $\int_{-1}^1 x^2 dx$ B. $\int_0^1 x^2 dx$

C. $\int_0^1 \sqrt{y}\,dy$ D. $2\int_0^1 \sqrt{y}\,dy$

10. 由 $y=x^2, y=1$ 所围成的平面图形绕 y 轴旋转形成旋转体的体积为( ).

A. $\dfrac{1}{2}\int_0^1 \pi y\,dy$ B. $\dfrac{1}{2}\int_0^1 \pi x^2 dy$

C. $\int_0^1 \pi y\,dy$ D. $\int_0^1 \pi y^2 dy$

11. 由 $y=x^2, y=x$ 所围成的平面图形绕 x 轴旋转形成旋转体的体积为( ).

A. $\int_0^1 \pi(x^2-x)dx$ B. $\int_0^1 \pi(x^2-x^4)dx$

C. $\int_0^1 \pi(x-x^2)dx$ D. $\int_0^1 \pi(x-x^4)dx$

*12. 设广义积分 $\int_1^{+\infty} x^\alpha dx$ 收敛，则必定有(　　).

A. $\alpha < -1$　　　　B. $\alpha > -1$　　　　C. $\alpha < 1$　　　　D. $\alpha > 1$

三、计算题

(一) 计算下列积分

1. $\int_0^{\sqrt{3}a} \dfrac{dx}{a^2+x^2} (a \neq 0)$.

2. $\int_0^2 \dfrac{dx}{2+\sqrt{4-x^2}}$.

3. $\int_1^e \dfrac{dx}{x\sqrt{1-(\ln x)^2}}$.

*4. $\int_1^{\sqrt{3}} \dfrac{dx}{x^2\sqrt{1+x^2}}$.

*5. $\int_1^e \sin(\ln x) dx$.

*6. $\int_{-\pi}^{\pi} \sin kx \cdot \sin lx dx (k \neq l)$.

(二) 求下列曲线围成平面图形的面积

1. $y = x^2, y = 2 - x$.

2. $y = 6 - x^2, y = x$.

3. $y^2 = 4(x+1), y^2 = -4(x-1)$.

4. $y^2 = 2x + 6, y = x - 1$.

5. $y = x^2 - 8, 2x + y + 8 = 0, y = -4$.

6. 求 C 的值 $(0 < C < 1)$, 使两曲线 $y = x^2$ 与 $y = Cx^3$ 所围成图形的面积为 $\dfrac{2}{3}$.

(三) 求下列曲线所围成平面图形绕指定轴旋转形成旋转体的体积

1. $y^2 = x, y = x - 2$ (y 轴).

2. $(x-5)^2 + y^2 = 16$ (y 轴).

3. $y = \dfrac{1}{x}, y = x, x = 2$ (x 轴).

*4. 有一立体以抛物线 $y^2 = 2x$ 与直线 $x = 2$ 所围成的图形为底，而垂直于抛物线轴的截面都是等边三角形，求其体积.

(四) 应用题

1. 半径为 r m 的半球形水池，其中充满了水，把池内的水全部吸尽，需做多少功？

*2. 一梯形闸门，铅直地立于水中，上底与水面相齐，已知上底为 $2a$ m，下底为 $2b$ m，高为 h m，求此闸门所受到的水压力 $(a > b)$.

部分习题答案

请扫描二维码查看

参考文献

[1] 同济大学数学系.高等数学.7版.北京:高等教育出版社,2014.
[2] 魏寒柏,骈俊生.高等数学(工科类).北京:高等教育出版社,2016.
[3] 吴焖圻.高等数学及其思想方法与实验.厦门:厦门大学出版社,2007.
[4] Dale Varberg.Calculus.8版.影印版.北京:机械工业出版社,2008.

郑重声明

高等教育出版社依法对本书享有专有出版权。任何未经许可的复制、销售行为均违反《中华人民共和国著作权法》,其行为人将承担相应的民事责任和行政责任;构成犯罪的,将被依法追究刑事责任。为了维护市场秩序,保护读者的合法权益,避免读者误用盗版书造成不良后果,我社将配合行政执法部门和司法机关对违法犯罪的单位和个人进行严厉打击。社会各界人士如发现上述侵权行为,希望及时举报,我社将奖励举报有功人员。

反盗版举报电话　　(010)58581999　58582371
反盗版举报邮箱　　dd@hep.com.cn
通信地址　　北京市西城区德外大街4号　高等教育出版社法律事务部
邮政编码　　100120

读者意见反馈

为收集对教材的意见建议,进一步完善教材编写并做好服务工作,读者可将对本教材的意见建议通过如下渠道反馈至我社。

咨询电话　　400-810-0598
反馈邮箱　　gjdzfwb@pub.hep.cn
通信地址　　北京市朝阳区惠新东街4号富盛大厦1座　高等教育出版社总编辑办公室
邮政编码　　100029